面向新工科普通高等教育系列教材

# 安全管理学

主编　陈金刚

参编　马　越　高晓蕾

机 械 工 业 出 版 社

本书以现行安全生产法律法规为基础，汲取了国内外安全管理领域的理论成果和实践经验，系统阐述了安全管理学的基本原理和管理方法。全书共 7 章，主要内容包括安全管理概述、安全管理基础、安全管理方法、事故统计与调查、事故预防与控制、事故应急管理和法律责任。

本书内容深入浅出，思路清晰，重点突出。每章设有典型例题和复习思考题，扩展教材的深度和广度，增加可读性和应用性，目的是使读者能够深入理解安全管理学的内涵，培养读者理论联系实际、分析问题和解决问题的能力，提升安全管理水平。

本书既可作为高等院校安全工程专业及相关专业的教材，也可作为企业安全生产培训教材，还可作为安全管理人员、安全技术人员和研究人员的参考用书。

本书配有授课电子课件、教案等教学资源，需要的教师可登录 www.cmpedu.com 免费注册，审核通过后下载，或联系编辑索取（微信：13146070618，电话：010-88379739）。

**图书在版编目（CIP）数据**

安全管理学／陈金刚主编 . —北京：机械工业出版社，2023.2（2025.1 重印）

面向新工科普通高等教育系列教材
ISBN 978-7-111-70985-5

Ⅰ. ①安…　Ⅱ. ①陈…　Ⅲ. ①安全管理学-高等学校-教材

Ⅳ. ①X915.2

中国版本图书馆 CIP 数据核字（2022）第 099182 号

机械工业出版社（北京市百万庄大街 22 号　邮政编码　100037）
策划编辑：汤　枫　　责任编辑：汤　枫
责任校对：张艳霞　　责任印制：郜　敏

北京富资园科技发展有限公司印刷

2025 年 1 月第 1 版·第 4 次印刷
184mm×260mm·12.5 印张·307 千字
标准书号：ISBN 978-7-111-70985-5
定价：49.00 元

电话服务　　　　　　　　　网络服务
客服电话：010-88361066　　机 工 官 网：www.cmpbook.com
　　　　　010-88379833　　机 工 官 博：weibo.com/cmp1952
　　　　　010-68326294　　金 书 网：www.golden-book.com
**封底无防伪标均为盗版**　机工教育服务网：www.cmpedu.com

# 前　　言

党的二十大报告明确指出，"坚持安全第一、预防为主，建立大安全大应急框架，完善公共安全体系，推动公共安全治理模式向事前预防转型。推进安全生产风险专项整治，加强重点行业、重点领域安全监管。"安全问题始终是人类生存和发展活动中永恒的主题。安全生产事关人民群众生命财产安全和社会稳定。近年来，我国安全生产总体平稳，但事故总量仍然较大，重特大事故时有发生，安全生产形势依然严峻复杂，反映出一些地方和企业安全发展理念不牢，安全管理不科学、不到位等问题。

安全生产工作应以人为本，坚持人民至上、生命至上，把保护人民的生命安全摆在首位，树牢安全发展理念，坚持"安全第一、预防为主、综合治理"的方针，从源头上防范化解重大安全风险，全面提升本质安全水平，坚决防范遏制重特大事故发生，切实保障人民群众生命财产安全和社会稳定。

安全管理学是研究安全管理活动规律的一门科学，它运用现代管理科学的理论、原理和方法，探讨并揭示安全管理活动的规律。随着社会生产的发展、安全学科的发展，以及新理论、新技术、新兴行业、新的法律法规的出现，安全管理学也在不断向前发展和完善。

本书以安全管理基本理论和技术为主线，分析了安全生产形势，阐述了安全文化建设、安全管理理论、安全管理方法、事故管理和应急管理，为安全生产管理提供理论和技术支持。本书理论联系实际，既注重科学性和规范性，又注重实用性和实践性，既注重前沿理论与具体实践的结合，又注重安全管理方法与安全科学技术的融合。

全书共7章，编写分工如下：第1、2、5章由陈金刚编写，第7章由马越编写，第3、6章由陈金刚、马越、高晓蕾共同编写，第4章由高晓蕾编写。

在编写过程中，陈甜甜、张文静、袁文超、郭云映、张睿潜、张振邦等人参与了内容编辑和校对工作；同时，本书的编写参考了大量的教材、专著，在此一并向作者表示衷心感谢！

由于编者水平有限，书中的不足之处在所难免，敬请广大读者批评指正。

编　者

# 目　　录

前言
第1章　安全管理概述 ……………………… 1
1.1　安全生产形势 ………………………… 1
1.2　安全管理的意义 ……………………… 3
1.3　安全管理的形成和发展 ……………… 3
　1.3.1　概述 …………………………… 3
　1.3.2　我国安全管理的形成和发展 …… 5
典型例题 …………………………………… 6
复习思考题 ………………………………… 7
第2章　安全管理基础 …………………… 8
2.1　安全管理基本原理 …………………… 8
　2.1.1　系统原理及原则 ……………… 8
　2.1.2　人本原理及原则 ……………… 10
　2.1.3　弹性原理及原则 ……………… 11
　2.1.4　预防原理及原则 ……………… 12
　2.1.5　强制原理及原则 ……………… 13
　2.1.6　责任原理及原则 ……………… 14
2.2　事故概述 …………………………… 14
　2.2.1　事故及其分类 ………………… 14
　2.2.2　事故的基本特性 ……………… 17
　2.2.3　事故的规律性 ………………… 18
2.3　事故致因理论 ……………………… 19
　2.3.1　事故频发倾向论 ……………… 19
　2.3.2　事故因果连锁理论 …………… 20
　2.3.3　能量意外转移理论 …………… 22
　2.3.4　轨迹交叉理论 ………………… 23
　2.3.5　瑟利模型 ……………………… 24
　2.3.6　动态变化理论 ………………… 25
　2.3.7　系统安全理论 ………………… 27
　2.3.8　综合原因理论 ………………… 27
2.4　安全文化 …………………………… 28
　2.4.1　安全文化概述 ………………… 29
　2.4.2　安全文化与安全管理的关系 … 32
　2.4.3　安全文化的建设和发展 ……… 33

　2.4.4　企业安全文化建设实例 ……… 37
人物简介 …………………………………… 39
典型例题 …………………………………… 39
复习思考题 ………………………………… 41
第3章　安全管理方法 …………………… 42
3.1　安全计划管理方法 ………………… 42
　3.1.1　安全计划管理概述 …………… 42
　3.1.2　安全计划管理的指标体系 …… 43
　3.1.3　安全计划管理的编制 ………… 44
　3.1.4　安全计划管理的检查与修订 … 47
3.2　安全决策管理方法 ………………… 47
　3.2.1　安全决策的含义 ……………… 47
　3.2.2　安全决策的特点和作用 ……… 48
　3.2.3　安全决策的原则和步骤 ……… 48
　3.2.4　安全决策的方法 ……………… 49
3.3　安全组织管理方法 ………………… 50
　3.3.1　安全组织的结构设计 ………… 50
　3.3.2　安全管理组织的要求 ………… 51
　3.3.3　几种典型的安全组织结构 …… 52
　3.3.4　安全管理组织的构成 ………… 55
　3.3.5　安全组织的运行 ……………… 55
3.4　安全行为管理方法 ………………… 56
　3.4.1　安全行为概述 ………………… 56
　3.4.2　安全行为模式 ………………… 57
　3.4.3　安全行为的影响因素 ………… 58
　3.4.4　安全行为与心理状态 ………… 62
　3.4.5　安全行为控制方法 …………… 63
3.5　6σ安全管理方法 …………………… 64
　3.5.1　6σ安全管理方法的起源 ……… 64
　3.5.2　6σ安全管理方法的特征 ……… 65
　3.5.3　6σ安全管理方法的实施方法 … 66
3.6　13S安全管理方法 ………………… 67
　3.6.1　13S管理方法的起源与发展 …… 67
　3.6.2　13S管理方法的优势 …………… 69

3.6.3　13S 管理方法的推行步骤 ……… 70
3.7　安全标杆管理方法 …………… 71
3.7.1　标杆管理的产生与发展 …… 72
3.7.2　标杆管理的优势 …………… 72
3.7.3　标杆管理的方法 …………… 73
3.7.4　标杆管理的实施步骤 ……… 74
3.7.5　安全标杆管理实例 ………… 75
典型例题 ……………………………… 76
复习思考题 …………………………… 77

**第4章　事故统计与调查** …………… 78
4.1　事故统计的一般规则 ………… 78
4.2　事故统计方法及主要指标 …… 79
4.2.1　事故统计方法 ……………… 80
4.2.2　事故统计的目的与任务 …… 80
4.2.3　事故统计主要指标 ………… 81
4.3　事故损失统计 ………………… 83
4.3.1　事故损失及分类 …………… 83
4.3.2　伤亡事故经济损失的划分 … 83
4.3.3　伤亡事故经济损失计算方法 … 85
4.4　事故原因统计 ………………… 85
4.5　事故统计报表及报送时间 …… 87
4.6　事故报告 ……………………… 88
4.6.1　事故报告主体、时限和对象 … 88
4.6.2　事故报告的内容 …………… 89
4.7　事故调查 ……………………… 90
4.7.1　事故调查的组织 …………… 90
4.7.2　事故调查组的组成 ………… 90
4.7.3　事故调查组的职权 ………… 91
4.7.4　事故调查的纪律和期限 …… 91
4.8　事故调查基本步骤 …………… 91
4.8.1　现场处理 …………………… 91
4.8.2　现场勘察 …………………… 92
4.8.3　人证问询 …………………… 93
4.8.4　物证收集 …………………… 94
4.9　事故分析 ……………………… 97
4.10　事故批复与处理 ……………… 98
4.11　事故调查案卷管理 …………… 99
典型例题 ……………………………… 100
复习思考题 …………………………… 102

**第5章　事故预防与控制** …………… 103
5.1　安全技术对策 ………………… 103
5.1.1　事故预防安全技术 ………… 103
5.1.2　事故控制安全技术 ………… 107
5.2　安全教育对策 ………………… 108
5.2.1　安全教育的内容 …………… 109
5.2.2　安全教育的类型 …………… 110
5.2.3　安全培训的内容 …………… 112
5.2.4　安全培训的时间 …………… 113
5.3　安全管理对策 ………………… 113
5.3.1　制度管理 …………………… 114
5.3.2　作业环境管理 ……………… 115
5.3.3　安全检查 …………………… 119
5.3.4　隐患排查治理 ……………… 123
5.3.5　劳动防护用品管理 ………… 126
5.3.6　安全审查 …………………… 129
5.3.7　安全评价 …………………… 130
5.4　危险化学品重大危险源辨识与
　　　管理 …………………………… 131
5.4.1　相关概念 …………………… 131
5.4.2　辨识及分级方法 …………… 131
5.4.3　重大危险源预防控制体系 … 136
5.5　保险与事故控制 ……………… 139
5.5.1　保险及其分类 ……………… 139
5.5.2　保险与风险管理 …………… 140
5.5.3　工伤保险 …………………… 141
5.5.4　安全生产责任保险 ………… 146
典型例题 ……………………………… 148
复习思考题 …………………………… 150

**第6章　事故应急管理** …………… 151
6.1　应急管理概述 ………………… 151
6.2　应急管理过程 ………………… 152
6.3　事故应急管理体系 …………… 153
6.3.1　事故应急管理体系构成 …… 153
6.3.2　事故应急管理体系建设原则 … 155
6.3.3　事故应急响应机制 ………… 156
6.3.4　事故应急响应程序 ………… 157
6.3.5　现场应急指挥系统 ………… 158
6.4　事故现场应急管理 …………… 159

6.5 事故应急预案 …………… *163*

  6.5.1 应急预案及其作用 ………… *163*

  6.5.2 应急预案体系 ………… *163*

  6.5.3 生产经营单位应急预案 ……… *164*

6.6 事故应急演练 …………… *169*

  6.6.1 应急演练的目的与原则 …… *169*

  6.6.2 应急演练的类型 ………… *170*

  6.6.3 应急演练的内容 ………… *170*

  6.6.4 应急演练的组织与实施 …… *171*

  6.6.5 应急演练评估、总结与修订 … *173*

典型例题 ………… *174*

复习思考题 ………… *175*

**第7章 法律责任** ………… *176*

7.1 法律责任概述 …………… *176*

  7.1.1 法律责任的概念 ………… *176*

  7.1.2 法律责任的形式 ………… *177*

  7.1.3 违法行为的责任主体 ……… *177*

7.1.4 行政处罚的决定机关 ………… *178*

7.1.5 法律责任的归责与免责 …… *179*

7.2 相关法律责任 …………… *180*

  7.2.1 《安全生产法》 …………… *180*

  7.2.2 《刑法》 …………… *185*

  7.2.3 《突发事件应对法》 ……… *187*

  7.2.4 《生产安全事故应急条例》 …… *188*

  7.2.5 《安全评价检测检验机构管理办法》 …………… *188*

  7.2.6 《生产经营单位安全培训规定》 …………… *189*

  7.2.7 《工伤保险条例》 …………… *190*

  7.2.8 《生产安全事故应急预案管理办法》 …………… *191*

典型例题 ………… *191*

复习思考题 ………… *192*

**参考文献** …………… *193*

# 第 1 章

# 安全管理概述

人类社会的发展史在某种意义上也是解决安全问题的奋斗史。人类在解决安全问题的实践中不断研究和探索，建立了现代安全管理理论、技术和方法。但随着新理论、新技术、新业态的不断涌现，安全问题变得越来越复杂，因而对安全问题的研究也就需要更深入、更科学。

## 1.1 安全生产形势

20 世纪是人类发展史中一个灿烂辉煌的时代，人类的智慧在科学与技术上得以淋漓尽致地发挥。人们发明了飞机、半导体、无线电话、电视、原子能、人造卫星、航天飞机、激光、雷达和电子计算机等，使人类的生产方式和生活方式发生了根本变化。

科学技术在给人们带来舒适、高效、快捷和财富的同时，也带来了生命风险、环境危害和生态破坏等负面影响。1984 年 12 月 3 日，美国联合碳化物公司在印度博帕尔市的农药厂发生毒气泄漏事件，这是世界石油化工生产史上最为惨烈的事故，造成了 2.5 万人直接致死，55 万人间接致死，另外有 20 多万人永久残疾的惨剧，最终赔偿 4.7 亿美元。现在当地居民的患癌率及儿童夭折率，仍然因这场灾难而远高于其他印度城市。1986 年 4 月 26 日，苏联切尔诺贝利核电站 4 号反应堆发生爆炸，事故导致 31 人当场死亡，上万人由于放射性物质远期影响而致命或重病，8 吨多强辐射物质泄漏，经济损失约 180 亿卢布。爆炸产生的放射性污染烟尘致使核电站附近 30 km 内的居民点与耕地被废弃，数万人背井离乡，区域生态环境发生重大改变，这是人类和平利用核能历史上最大的一次灾难。

进入 21 世纪以来，全球安全形势依然严峻复杂，环境污染、重大事故与自然灾害等严重威胁着人类的生命与健康，同时也造成了物质财富的巨大损失。根据国际劳工组织（ILO）的保守估计，全球每年的工伤事故达 2.5 亿起，这意味着平均每天发生 68.5 万起事故，每小时发生 2.8 万起，每分钟发生 475.6 起，每秒钟 7.9 起，全世界每年因工伤事故和职业病危害的死亡人数约为 110 万（其中约 25% 为职业病引起的死亡），平均每天有 3000 人死于工作，每分钟有 2 人因工伤导致死亡。全球每年因工伤和职业病造成的经济损失多达 12500 亿美元，占全球每年平均国内生产总值（GDP）的 4%。

事故的出现，对人类生命与健康构成严重威胁，对物质财富造成巨大损失，给安全生产敲响了警钟。随着高新技术的不断涌现，信息化、数字化生产方式得以普及，硬件的安全化水平得到进一步提高，安全监测监控技术等得到进一步推进，物的可靠性进一步提高，由物的原因导致的事故比例逐渐下降。相反，由人因原因（人的操作失误、组织管理失误）导致的事故比例逐渐上升。国内外大量统计资料显示，人因事故占事故总数的70%~90%，人因事故归根结底是组织管理失误造成的不良后果。造成安全形势严峻的重要原因是安全管理不科学、不到位，其主要表现为事故灾害后果依然严重，人因事故比例逐渐增大，重大责任事故仍然频发。

我国安全生产形势总体平稳。2002年以来，全国各类生产安全事故起数和死亡人数连续20年实现"双降"趋势（见表1-1），安全生产形势总体平稳，但事故总量和死亡人数仍然较大，我国生产安全风险仍然偏高，重特大事故时有发生，安全生产形势依然严峻复杂，安全管理工作依然任重道远。

表1-1 2002—2021年全国发生各类生产安全事故起数和死亡人数

| 时间/年 | 2002 | 2003 | 2004 | 2005 | 2006 | 2007 | 2008 | 2009 | 2010 | 2011 |
|---|---|---|---|---|---|---|---|---|---|---|
| 事故起数/万 | 107.34 | 96.40 | 80.36 | 71.79 | 62.72 | 50.62 | 41.38 | 37.92 | 36.34 | 34.77 |
| 死亡人数/万 | 13.94 | 13.71 | 13.68 | 12.71 | 11.29 | 10.15 | 9.12 | 8.32 | 7.96 | 7.56 |
| 时间/年 | 2012 | 2013 | 2014 | 2015 | 2016 | 2017 | 2018 | 2019 | 2020 | 2021 |
| 事故起数/万 | 33.70 | 30.93 | 30.57 | 28.16 | 6.32 | 5.30 | 5.1 | 4.2 | 3.8 | 3.46 |
| 死亡人数/万 | 7.20 | 6.94 | 6.81 | 6.62 | 4.31 | 3.79 | 3.4 | 2.8 | 2.71 | 2.63 |

例如，2008年9月8日，山西临汾市襄汾县新塔矿业尾矿库溃坝事故，造成277人死亡、4人失踪、33人受伤，直接经济损失9619.2万元。2015年8月12日，天津港瑞海公司危险品仓库特别重大火灾爆炸事故，造成165人遇难、8人失踪、798人受伤，直接经济损失68.66亿元。2020年7月7日，贵州省安顺市一辆公交车在行驶过程中撞坏湖边护栏，坠入西秀区虹山水库中，造成21人死亡、15人受伤。

在安全管理活动中，如果安全管理和应急救援措施得当、及时、科学，就会避免事故发生。

2007年7月29日，河南省陕县的支建煤矿所在地连降暴雨，洪水经废弃的铝土矿溃入煤矿，造成井下水平巷道被淹600余m，69人被困井下。事故发生后，从中央到地方的各级领导高度重视，有关各方快速反应，全力以赴，科学施救。经过76h的紧急救援，井下被困的69名矿工全部获救。

2018年5月14日，川航3U8633航班在执行重庆至拉萨飞行任务中，驾驶舱右座前风挡玻璃破裂脱落，机组实施紧急下降。面对突发状况，全体机组成员沉着应对，克服高空低压、低温等恶劣环境，在多部门的密切配合下，成功备降成都双流机场，确保了机上119名乘客和9名机组成员的生命财产安全。

2021年7月20日，包头至广州K599次列车运行至京广线郑州市南阳寨至海棠寺区间时，遭遇极端强降雨天气。驾驶员严格按照铁路防洪防汛行车相关规定慢速行驶，发现前方线路水漫钢轨后，果断停车，避免了事故发生，铁路工作人员迅速组织旅客有序疏散，将全部旅客安全转移，挽救了全车1196人的生命。

## 1.2　安全管理的意义

安全工作的根本目的是保护广大劳动者的身体健康和生命安全，保护国家和集体财产不受损失，保证生产和建设的正常进行。为了实现这一目标，需要开展安全管理、安全技术和劳动安全卫生 3 个方面的工作，其中，安全管理起着决定性的作用。

安全管理是指为实现安全目标而进行的计划、组织、指挥、协调和控制一系列活动。安全管理是企业生产管理的重要组成部分，是一门综合性的系统科学。安全管理是对生产过程中一切人的因素、物的因素、环境因素和管理因素进行管理和控制，消除或避免事故。安全管理的目的是保护员工在生产过程中的安全与健康，保护国家和集体的财产不受损失，促进企业改善管理，提高效益，保障企业的顺利发展。做好安全管理具有十分重要的意义。

1）做好安全管理是贯彻落实我国安全生产方针的基本保证。"安全第一、预防为主、综合治理"是我国安全生产的根本方针，是多年来实现安全生产的实践经验的科学总结。为了贯彻落实安全生产方针，首先，牢固树立安全发展理念，安全生产工作应当以人为本，坚持人民至上、生命至上，把保护人民的生命安全摆在首位；其次，加强安全生产管理，建立健全全员安全生产责任制，坚持党政同责、一岗双责、失职追责，实行"管行业必须管安全、管业务必须管安全、管生产经营必须管安全"，强化和落实生产经营单位主体责任与政府监管责任，采取各种防止事故和职业危害的对策；再次，需要广大员工提高安全意识，自觉贯彻执行各项安全生产的规章制度，不断增强自我防护意识。

2）做好安全管理是防止伤亡事故和职业危害的根本对策。事故的发生主要有 4 个方面的原因，即人的不安全行为、物的不安全状态、环境的不安全条件和管理的缺陷。而人、物和环境方面出现问题的原因常常是管理的失误或缺陷。管理的缺陷是事故发生的根源，是事故发生的深层次原因。因此，防止伤亡事故和职业危害的发生，必须从加强安全管理做起，不断改进安全管理技术，提高安全管理水平。

3）做好安全管理是实现安全技术和职业安全健康措施发挥作用的保证。安全技术和职业安全健康措施对于改善劳动条件、实现安全生产具有巨大作用，而技术和措施是以物为主的，需要人们进行有效的安全管理活动，才能发挥应有的作用。"三分技术，七分管理"，硬技术的发挥，有赖于软管理的保证。

4）做好安全管理是促进社会经济发展的根本保障。安全管理是企业管理的重要组成部分，企业管理水平的改善、劳动者积极性的发挥，大大促进了劳动生产率的提高，从而促进经济效益的提高。同时，做好安全管理，可以有效防范和遏止各类生产安全事故的发生，极大改善安全生产严峻形势，有力地促进社会经济的发展。

## 1.3　安全管理的形成和发展

### 1.3.1　概述

人类意识的发展经历了一个由蒙昧到开化，再到高度文明的长期历史过程，相应地，由人类意识支配的安全管理也必然经历一个长期的历史演变过程。远古时期，人类以采摘、渔猎为生，在对自然规律的认识水平、对自然力的控制能力都十分低下的情况下，人类时刻都面临着严重的、足以对其生存构成巨大威胁的安全问题。远古人类也会展现出一定的相互协作机制，但这些主要是出于趋利避害和保护同类的本能，而不是出于明确的安全目标和事先计划，安全管理的基本要素尚未形成。

随着文字的出现，人类经验和知识的积累速度极大加快，社会得以迅速发展。在长期的实践过程中，通过事先计划和统一安排来解决安全问题逐渐成为可能。

安全问题伴随着人类的出现而存在，而安全管理则是人类进入文明社会之后，才逐渐形成和发展起来的。

我国古代积累了许多生产安全的知识、经验与防护措施。《周易》中记载了用水灭火的安全技术原理，"水火相忌""水在火上，既济"。公元前 221 年，秦灭六国建立秦朝以后，有关防火法令得到了发展和加强。1975 年，在我国湖北省云梦县睡虎地秦墓出土了大量竹简，从中整理出了关于秦律的珍贵史料，其中，《内史杂律》就有对仓储、府库防火的安全管理规定："善宿卫，闭门辄靡其旁火，慎守唯敬。有不从令而亡、有败、失火，官吏有重罪，大啬夫、丞任之""毋敢以火入臧府、书府中"。公元 610 年，隋代巢元方《诸病源候论》中记载："凡古井冢和深坑井中多有毒气，不可辄入……必入者，先下鸡毛试之，若毛旋转不下即有毒，便不可入。"公元 752 年，唐代王焘《外台秘要》引《小品方》中提出，在有毒物的处所，可用小动物测试，"若有毒，其物即死"。1127 年，宋代孟元老《东京梦华录》记载，开封府城中高处，修建有"望火楼"，楼上"有人瞭望"，楼下"有官屋数间，屯驻军兵百余人"，还有"大小桶、洒子、麻搭、斧锯、梯子、火叉、大索、铁猫儿"等消防设备。一旦发现哪处起火，马上驰报，潜火兵即刻出动，"汲水扑灭，不劳百姓"。首都汴京消防组织相当完善，消防管理机构不仅有地方政府，而且由军队担负值勤任务。1637 年，明代宋应星《天工开物》中记述了我国古代采煤业针对煤层瓦斯和顶部所采取的安全技术措施："深至丈许，方始得煤，初见煤端时，毒气灼人，有将巨竹凿去中节，尖锐其末，插入炭中，其毒烟从竹中透上……或一井而下，炭纵横广有，则随其左右阔取。其上支板，以防压崩耳。"

国外安全管理制度的历史也很悠久。公元前 24 年奥古斯都统治罗马时，创立了警戒人员"值夜"制度。值夜人员要装备消防工具，如水桶、斧子等。古希腊和古罗马时期，设立了以维持社会治安和救火为主要任务的近卫军和值班团。公元前 27 世纪，古埃及建造金字塔时，组织管理 10 万人花 20 年的时间开凿地下甬道、墓穴及建造地面塔体。872 年，英国牛津宣布了一项宵禁命令，要求在晚上规定时间内熄灭火。12 世纪，英国颁布了《防火法令》。1566 年，英国曼彻斯特城颁布防火法令，其中规定面包师傅的炉灶必须安全贮存燃料。17 世纪，英国颁布了《人身保护法》。1631 年，美国波士顿城通过防火法令，禁止用茅草做房顶和用木头做烟囱。美国建国初期，波士顿市规定市民见火不报警、不救火要罚款 10 美元。

安全管理是随着社会生产的发展而发展的。

第一次工业革命前，生产力和自然科学都处于自然和发散发展的状态，主要是个体或作坊式的手工业劳动，由于生产规模不大，安全问题不是很突出，防止事故的技术和方法也比较简单。

18 世纪中叶，蒸汽机的发明引发了工业革命，传统手工业劳动被大规模的机械化生产所替代，生产规模不断扩大，技术不断更新，新设备、新工艺、新材料不断被采用。机器的大规模使用极大提高了生产率，也大大增加了新的危害和危险，资本家出于自身利益的需要，被迫改善劳动条件，促使了安全科学和技术的发展。19世纪初，英、法、比利时等国相继颁布了安全法令，对安全法制管理进行了有益的尝试。1802年，英国立法通过世界上最早的安全健康法律《学徒工的健康与道德法》，也称为第一部《工厂法》。

20世纪初，随着现代工业的兴起及发展，重大生产事故和环境污染相继发生，造成了大量的人员伤亡和巨大的财产损失，给社会带来了极大危害，人们不得不在一些企业设置专职安全人员，对工人进行安全教育。20世纪30年代，很多国家设立了生产安全管理的政府机构，发布了劳动安全卫生的法律法规，逐步建立了较完善的安全教育、管理和技术体系。

20世纪50年代，经济的快速增长，使人们生活水平迅速提高，创造就业机会、改进工作条件、公平分配国民生产总值等问题，引起了越来越多经济学家、管理学家、安全工程专家和政治家的注意。一些工业化国家进一步加强了生产安全法律法规体系建设，在生产安全方面投入大量的资金进行科学研究，加强企业安全生产管理的制度化建设，产生了一些生产安全管理原理、事故致因理论和事故预防原理等风险管理理论，以系统安全理论为核心的现代安全管理方法、模式、思想和理论基本形成。

20世纪90年代以来，国际上又进一步提出了"可持续发展"的口号，人们也充分认识到了安全问题与可持续发展间的辩证关系，进而又提出了职业健康安全管理体系（OHSMS）的基本概念和实施方法，使现代安全管理工作走向了标准化。

## 1.3.2 我国安全管理的形成和发展

新中国成立以来，我国的安全管理工作逐渐起步，20世纪50年代，引入现代安全生产管理理论、方法和模式。20世纪60—70年代，我国开始吸收并研究事故致因理论、事故预防理论和现代安全生产管理思想。20世纪80—90年代，开始研究企业安全生产风险评价、危险源辨识和监控，开始尝试安全生产风险管理。20世纪末，我国几乎与世界工业化国家同步研究并推行了职业健康安全管理体系。

我国的安全管理大致分为5个阶段。

**1. 建立和发展阶段**

（1）三年国民经济恢复时期（1949—1952年）

1949年11月召开的第一次全国煤矿工作会议提出"煤矿生产，安全第一"。1952年，第二次全国劳动保护工作会议明确要坚持"安全第一"方针和"管生产必须管安全"的原则。

（2）第一个五年计划时期（1953—1957年）

确定了"管生产必须同时管安全"的原则，建立了专职安全管理机构。1954年，新中国第一部宪法把加强劳动保护、改善劳动条件作为国家的基本政策。中央人民政府先后颁布了系列法律法规，安全生产达到了新中国成立以来的最佳水平。

**2. 停顿和徘徊阶段**

（1）受挫阶段（1958—1960年）

拼体力、拼设备、浮夸冒进之风盛行，生产秩序遭到破坏，伤亡事故大幅度上升，出现了第一次伤亡事故高峰。

（2）探索阶段（1961—1965 年）

总结经验教训，健全规章制度，加强安全管理，重建安全生产秩序，发布了一系列的安全卫生法规。

（3）动荡和徘徊阶段（1966—1978 年）

"文化大革命"期间，安全工作受到了严重破坏，出现了第二次伤亡事故高峰。1976 年，由于脱离社会现实条件，出现第三次伤亡事故高峰，安全工作呈现徘徊不前的局面。

**3. 恢复与提高阶段（1978—1992 年）**

1978 年，中共中央发布了《关于认真做好劳动保护工作的通知》；1979 年，国务院批准劳动总局、卫生部《关于加强厂矿企业防尘防毒工作的报告》，这两个文件对扭转当时安全卫生状况严重不良的局面，起到了关键性的作用。这一阶段中，先后颁布了 150 多项安全卫生标准。1983 年，确定了国家监察、行政管理、群众监督的安全管理体制，我国安全管理工作从行政管理开始跨入法制管理阶段。

**4. 高速发展阶段（1993—2002 年）**

1993 年开始，经济形势明显好转，事故和职业病又骤然上升，进入了第四次事故高峰期。1993 年以后，先后出台了或修订了一系列的安全生产基本法或相关法，如《矿山安全法》（1993 年）、《劳动法》（1995 年）、《刑法》（1997 年）、《消防法》（1998 年）、《安全生产法》（2002 年）以及《职业病防治法》（2002 年）等。2000 年以来，国家机构体制进行了改革，先后成立了国家安全生产监督管理局、国家煤矿安全监察局以及国务院安全生产委员会。2001 年，正式颁布《职业健康安全管理体系规范》，我国职业健康安全管理体系标准的实施工作得以全面、正规化展开。

**5. 综合协调发展阶段（2003 年至今）**

2003 年之后，我国开始了全面性应急管理体系建设，提出了一案三制（预案、体制、机制、法制），提高了突发公共卫生事件应急能力。2004 年提出"四不放过"原则。2005 年，国家安全生产监督管理局升格为总局，为国务院直属机构。同年发布了《国家突发公共事件总体应急预案》，2006 年设立了首个应急管理的综合性协调机构——国务院应急管理办公室。2006 年国家安全生产应急救援指挥中心的成立，是防范事故灾难、减少事故损失、保障人民生命财产安全的重大举措。2007 年颁布了首部应急管理的综合性法律《突发事件应对法》，明确规定"国家建立统一领导、综合协调、分类管理、分级负责、属地管理"为主的应急管理体制。2018 年出台的《国务院机构改革方案》，将安监、应急、消防、救灾、地质灾害防治、水旱灾害防治、草原防火、森林防火和震灾应急救援等职责跨部门整合在一起，组建应急管理部，这是我国应急管理体制变革的一项重大举措。应急管理部的组建，体现了现代应急管理的显著特征——协调性。

## 典型例题

1.1　生产经营企业是安全生产的主体，对本单位安全生产负全面责任。根据安全生产相关法律法规的要求，关于某公司安全生产主体责任的说法，错误的是（　　　）。

　　A. 法定代表人和实际控制人同为安全生产第一责任人

　　B. 重大事故隐患治理实行监管部门和工会"双报告"制度

  C. 强化部门安全生产职责，落实一岗双责

  D. 企业实行全员安全生产责任制度

1.2 作业场所的缺陷属于生产安全事故主要因素中的（　　　）。

  A. 人的不安全行为      B. 物的不安全状态

  C. 环境的不利因素      D. 管理上的缺陷

1.3 《安全生产法》中，关于"三管三必须"的新格局，正确的是（　　　）。

  A. 各级政府安全生产监督管理部门实施综合监督管理

  B. 负有安全监管职责的部门，在各自的职责范围内对负责的行业和领域的安全生产工作实行监督管理

  C. 新兴的行业领域，由县级以上地方人民政府按照业务相近的原则确定监督管理部门

  D. 企业主要负责人是第一责任人，其他的副职要根据分管的业务对安全生产负责任

  E. 企业安全管理团队配备不到位，分管人力资源的副总经理要负责任

1.4 安全生产监督管理有监督检查、行政许可和行政处罚等多种形式。行政执法人员在执法时，须出示有效的行政执法证件。关于行政执法时出示证件的说法，正确的是（　　　）。

  A. 对煤化工企业行政执法时，应出示企业所在地县级人民政府制作的证件

  B. 对煤矿行政执法时，应出示企业所在地省煤矿安全生产监察局制作的证件

  C. 对机械企业行政执法时，应出示企业所在地市级安全生产监督管理部门制作的证件

  D. 对建筑施工企业行政执法时，应出示企业所在地省级住建部门制作的证件

## 复习思考题

1.1 安全管理的重要意义是什么？

1.2 简述安全管理的定义。

1.3 简述我国安全管理的发展历程。

1.4 阐述我国组建应急管理部的意义。

# 第 2 章

# 安全管理基础

安全管理是全面落实科学发展观的必然要求，是建设和谐社会的迫切需要。安全管理是保证生产活动正常进行、保障人类自身和财产安全的重要支撑，不仅要遵循管理学的规律和原理，而且要遵循安全学的理论和方法。

## 2.1 安全管理基本原理

生产活动是人类认识自然、改造自然过程中最基本的实践活动，是人类赖以生存和发展的必要条件。但是生产活动中的各种意外事件和灾害却对人类的生存产生威胁。安全管理的基础理论在长期的实践和发展中不断完善，成为人类认识危险、解决安全问题的依据。

现代安全生产管理理论、方法和模式是 20 世纪 50 年代引入我国的。20 世纪六七十年代，我国开始吸收并研究事故致因理论、事故预防理论和现代安全生产管理思想。20 世纪八九十年代，我国开始研究企业安全生产风险评价、危险源辨识和监控，一些企业管理者开始尝试安全生产风险管理。20 世纪末，我国几乎与世界工业化国家同步研究并推行了职业健康安全管理体系。21 世纪以来，我国有些学者提出了系统化的企业安全生产风险管理理论雏形，认为企业安全生产管理是风险管理，管理的内容包括危险源辨识、风险评价、危险预警与监测管理、事故预防与风险控制管理及应急管理等。该理论将现代风险管理完全融入安全生产管理之中。

管理是一门科学，遵循基本的管理原理，这些原理表述了管理科学的实质内容及其基本规律。一般地，管理的基本要素包括人、财、物、信息、时间、机构和章法等，前五项是管理内容，后两项是管理手段。其中，人既是被管理者，又是管理者，人有巨大的能动性，是现代化管理中最为重要的因素。管理的基本原理就是正确有效地处理各要素及其相互关系，以达到管理的基本目标。安全生产管理原理是从生产管理的共性出发，对生产管理中安全工作的实质内容进行科学分析、综合、抽象与概括所得出的安全生产管理规律。安全生产管理是管理的主要组成部分，遵循管理的普遍规律，既服从管理的基本原理与原则，又有其特殊的原理与原则。

### 2.1.1 系统原理及原则

**1. 系统原理的含义**

系统原理是指人们在从事管理工作时，运用系统理论、观点和方法，对管理活动进行充分的系统分析，以达到管理的优化目标，即用系统论的理论、观点和方法来认识和处理管理中出现的问题。系统原理是现代管理学的一个最基本原理。所谓系统，是由相互作用和相互依赖的若干部分组成的有机整体。任何管理对象都可以作为一个系统。系统可以分为若干个子系统，子系统可以分为若干个要素，即系统是由要素组成的。按照系统的观点，管理系统具有 6 个特征，即集合性、相关性、目的性、整体性、层次性和适应性。

安全生产管理系统是生产管理的一个子系统，包括各级安全管理人员、安全防护设备与设施、安全管理规章制度、安全生产操作规范和规程以及安全生产管理信息等。安全贯穿于生产活动的方方面面，安全生产管理是全方位、全天候且涉及全体人员的管理。

**2. 系统原理的原则**

（1）动态相关性原则

动态相关性原则表明，构成管理系统的各要素是运动和发展的，它们相互联系又相互制约。任何企业管理系统的正常运转，不仅要受到系统本身条件的限制和制约，还要受到其他有关系统的影响和制约，并随着时间、地点以及人们的不同努力程度而发生变化。企业管理系统内部各部分的动态相关性是管理系统向前发展的根本原因。所以，要提高管理的效果，必须掌握各管理对象要素之间的动态相关特征，充分利用相关因素的作用。

（2）整分合原则

高效的现代安全生产管理必须在整体规划下，明确分工，在分工基础上有效综合，这就是整分合原则。运用该原则，要求企业管理者在制定整体目标和进行宏观决策时，必须将安全生产纳入其中，在考虑资金、人员和体系时，都必须将安全生产作为一项重要内容来考虑。

整体规划就是在对系统进行深入、全面分析的基础上，把握系统的全貌及其运动规律，确定整体目标，制定规划与计划及各种具体规范。

明确分工就是确定系统的构成，明确各个局部的功能，对整体目标分解，确定各个局部的目标以及相应的责、权、利，使各局部都明确自己在整体中的地位和作用，从而为实现最佳的整体效应发挥最大作用。

有效综合就是对各个局部必须进行强有力的组织管理。在各纵向分工之间建立起紧密的横向联系，使各个局部协调配合、综合平衡地发展，从而保证最佳整体效应的圆满实现。

整体把握，科学分解，组织综合。在企业安全管理系统中，整，就是企业领导在制定整体目标，进行宏观决策时，必须把安全作为一项重要内容加以考虑；分，就是安全管理必须做到明确分工，层层落实，建立健全安全组织体系和安全生产责任制度；合，就是要强化安全管理部门的职能，保证强有力的协调控制，实现有效综合。

（3）反馈原则

反馈是指控制过程中对控制机构的反作用。反馈是控制论和系统论的基本概念之一。成功、高效的管理，离不开灵活、准确、快速的反馈。

现代企业管理是一项复杂的系统工程，其内部条件和外部环境都在不断变化。所以，管理系统要实现目标，必须根据反馈及时了解这些变化，及时捕获、反馈各种安全生产信息，以便及时采取行动，从而调整系统的状态，保证目标的实现。

反馈存在于各种系统之中，它也是管理中的一种普遍现象，是管理系统达到预期目标的主要条件。由于负反馈是抵消外界因素的干扰，维持系统的稳定性，因此，为了使系统做合乎目的的运动，一般均采用负反馈。

（4）封闭原则

在任何一个管理系统内部，管理手段、管理过程等必须构成一个连续封闭的回路，才能形成有效的管理活动，这就是封闭原则。在企业安全生产中，各管理机构之间、各种管理制度和方法之间，必须具有紧密的联系，形成相互制约的回路，才能有效。

封闭，就是把管理手段、管理过程等加以分割，使各部、各环节相对独立，各行其是，充分发挥自己的功能；然而又互相衔接，互相制约并且首尾相连，形成一条封闭的管理链。

首先，管理系统的组织结构体系必须是封闭的。任何一个管理系统，仅具备决策指挥中心和执行机构是不足以实施有效管理的，必须设置监督机构和反馈机构，监督机构对执行机构进行监督，反馈机构感受执行效果的信息，并对信息进行处理，再返送回决策指挥中心。决策指挥中心据此发出新的指令，形成了一个连续封闭的回路。

其次，管理法规的建立和实施也必须封闭。不仅要建立尽可能全面的执行法，还应建立对执行的监督法，还必须有反馈法，这样才能发挥法的威力。

当然，管理封闭是相对的，封闭系统不是孤立系统。从空间上看，它要受到系统管理的作用，与环境之间存在着输入/输出关系，有着物质、能量、资金、人员和信息等的交换，只能与它们协调平衡地发展；从时间上讲，事物是不断发展的，依靠预测做出的决策不可能完全符合未来的发展，因此，必须根据事物发展的客观需要，不断以新的封闭代替旧的封闭，求得动态的发展，在变化中不断前进。

## 2.1.2 人本原理及原则

### 1. 人本原理的含义

人本原理就是在管理活动中必须把人的因素放在首位，体现以人民为中心的指导思想。以人民为中心有两层含义：①一切管理活动均是以人民为中心展开的。人即是管理的主体（管理者），也是管理的客体（被管理者），每个人都处在一定的管理层次上。离开人，就无所谓管理。因此，人是管理活动的主要对象和重要资源。②在管理活动中，作为管理对象的诸要素和管理过程的诸环节（组织机构、规章制度等），都是需要人去掌管、动作、推动和实施的。因此，应该根据人的思想和行为规律，运用各种激励手段，充分发挥人的积极性和创造性，挖掘人的内在潜力。

### 2. 人本原理的原则

为了发挥人本原理的作用，充分调动人的积极性，就必须贯彻实施相应原则。

（1）能级原则

现代管理认为，单位和个人都具有一定的能量，并且可以按照能量的大小顺序排列，形成管理的能级。在管理系统中，建立一套合理能级，根据单位和个人能量的大小安排其工作，发挥不同能级的能量，保证结构的稳定性和管理的有效性，这就是能级原则。能级原则确定了系统建立组织结构和安排使用人才的原则。稳定的管理能级符合三角形结构，一般分为4个层次，即经营决策层、管理层、执行层和操作层。4个层次能级不同，使命各异，必须划分清楚，不可混淆。

运用能级原则，应注意：①能级的确定必须保证管理结构具有最大的稳定性，即管理三角形的顶角大小必须适当；②人才的配备使用必须与能级对应，使人尽其才，各尽所能；③责、权、利应做到能级对等，在赋予责任的同时授予权力和给予利益，才能使其能量得到相应能级的发挥。

（2）动力原则

所谓动力原则，是指管理必须有强大的动力，而且要正确地运用动力，才能使管理运动持续而有效地进行下去，即管理必须有能够激发人的工作能力的动力。基本动力有 3 类：物质动力、精神动力和信息动力。物质动力，以适当的物质利益刺激人的行为动机；精神动力，运用理想信念、鼓励等精神力量刺激人的行为动机；信息动力则通过信息的获取与交流使人产生奋起直追或领先他人的动机。

动力原则的运用，首先要注意综合协调地运用 3 种动力，其次要正确认识和处理个体动力与集体动力的辩证关系，再次要处理好暂时动力与持久动力之间的关系，最后则应掌握好各种刺激量的阈值。只有这样，管理才能产生良好的效果。

（3）激励原则

所谓激励原则就是以科学的手段，激发人的内在潜力，充分发挥出积极性和创造性。在管理中即利用某种外部诱因的刺激，调动人的积极性和创造性。

人的动力主要来自 3 个方面：内在动力、外部压力和工作吸引力。内在动力指人本身具有的奋斗精神；外部压力指外部施加于人的某种力量；工作吸引力指那些能够使人产生兴趣和爱好的某种力量。因而运用激励原则，要采用符合人的心理活动和行为活动规律的各种有效的激励措施和手段，并且要因人而异，科学合理地采取各种激励方法和激励强度，从而最大限度地发挥出人的内在潜力。

（4）行为原则

行为原则是指对员工的行为进行全面分析，掌握其特点和发展规律，采取合理的政策和措施，最大限度地调动员工的积极性。

需要与动机是人的行为的基础，人类的行为规律是需要决定动机，动机产生行为，行为指向目标，目标完成，需要得到满足，于是又产生新的需要、动机和行为，以实现新的目标。管理的重要任务之一就是了解员工的需要和动机，强化积极动机，减弱乃至消除消极动机，激励正确行为，抑制错误行为，以最终实现组织目标。

对员工行为进行科学管理，调动各级各类人员的积极性是做好管理工作的根本。现代管理要求管理人员对系统中各类人员的多种行为进行科学的分析和有效的管理，要注意 3 个方面的问题：①尽力解决人员的正当、合理的物质和精神方面的客观需求。这是管理者的责任，也是调动人的积极性的根本方面。②要使每个人都有确定的、可以考核的具体责任，并实行责任制，使每个人明确自己的任务。③对每个人责任的履行进行验收。对每个人的工作效率、结果进行严肃认真地考核和鉴定，并根据规范给予相应奖惩。

## 2.1.3　弹性原理及原则

弹性原理是指管理必须要有很强的适应性和灵活性，用以适应系统外部环境和内部条件千变万化的形势，实现灵活管理。

增强管理弹性可以从 3 个方面入手：增强组织的弹性，增强计划、目标、战略的弹性和增强管理者随机应变、灵活管理的能力。

（1）增强组织的弹性

组织系统的弹性，主要是指组织系统能在外部环境发生变化时迅速地做出反应，采取积极的行动，适应环境的变化，能动地达成组织目标的应变能力。组织系统的弹性必须通过富有弹性的管理来实现，既包括增强组织内各组成部分的局部弹性，还包括增强组织系统的整体弹性。

（2）增强计划、目标、战略的弹性

在制定计划时，既充分考虑到各种有利条件，又充分考虑到各种不利因素，指标既不过高、又不过低，应充分留有余地，根据外部环境及内部条件的变化，适时、适当地加以调整。组织系统的目标和方案的制定也要留有充分的余地，计划和决策的制定要充分考虑需要与可能，从最坏处着想，从最好处入手，指标的确定不能过高或过低，应以平均先进水平为准。防止任务过重、目标过高造成组织承受压力太大而使组织断裂或任务过轻造成资源浪费的现象发生。方案和目标的制定与实施要有阶段性、灵活性，要不断根据变化的条件进行调整，防止一成不变的僵化和形而上学。

（3）增强管理者随机应变、灵活管理的能力

管理活动本身并无一成不变的规定，针对管理过程中可能出现的各种新情况、新问题，管理者必须运用自己的经验、智慧，审时度势、随机应变、巧妙应对，提高管理的艺术性，要做到这一点的关键是提高管理者的素质。

管理者素质的提高是增强管理弹性的重要条件。管理人员要培养自己应付环境变化、处理意外管理实践的应变能力。这种应变能力可以说是一种灵活的弹性，最具有能动性。要增强管理者处理非程序性管理问题的能力，必须提高其科学知识水平，增强其随机应变、灵活的管理技巧和艺术水平。管理者应在管理理论的学习和管理实践锻炼中，有意识地提高自己的理论水平和艺术水平，培养自己的组织才能、联络才能和社交才能，以提高处理管理问题的应变力，从而提高管理的弹性水平。

管理需要弹性是由于企业所处的外部环境、内部条件以及企业管理运动的特性所造成的。在应用弹性原理时：①要正确处理好整体弹性与局部弹性的关系，即处理问题必须在考虑整体弹性的前提下进行。在此前提下，方可解决、协调或调整局部弹性问题。②要严格分清积极弹性和消极弹性的界限，倡导积极弹性，切忌消极保留。③要合理地在有限的范围内运用弹性原理，不能绝对地、无限制地伸缩张弛。恰到好处地运用弹性原理，才能充分发挥现代化管理的作用。

## 2.1.4 预防原理及原则

预防原理是指安全生产管理工作应该做到预防为主，通过有效的管理和技术手段，减少和防止人的不安全行为和物的不安全状态，从而使事故发生的概率降到最低。

在可能发生人身伤害、设备或设施损坏以及环境破坏的场合，事先采取措施，防止事故发生。预防，其本质是在有可能发生意外人身伤害或健康损害的场合，采取事前的措施，防止伤害的发生。预防与善后是安全管理的两种工作方法。善后是针对事故发生以后所采取的措施和进行的处理工作，无论处理工作如何完善，事故造成的伤害和损失已经发生。显然，预防的工作方法是主动的、积极的，是安全管理应该采取的主要方法。

（1）偶然损失原则

事故后果以及后果的严重程度，都是随机的、难以预测的。反复发生的同类事故，并不一定产生完全相同的后果。根据事故损失的偶然性，可得到安全管理上的偶然损失原则：无论事故是否造成了损失，为了防止事故损失的发生，唯一的办法是防止事故再次发生。在安全管理实践中，一定要重视各类事故，才能真正防止事故损失的发生，因此，无论事故损失的大小，都必须做好预防工作。

（2）因果关系原则

事故的发生是许多因素互为因果关系连续发生的最终结果，只要诱发事故的因素存在，发生事故是必然的，只是时间或迟或早而已。事故的必然性中包含着规律性。必然性来自于因果关系，深入调查、了解事故因素的因果关系，就可以发现事故发生的客观规律，从而为防止事故发生提供依据。应用整理统计方法，收集尽可能多的事故案例进行统计分析，就可以从总体上找出带有规律性的问题，为安全决策奠定基础，同时为改进安全工作指明方向，从而做到预防为主，实现安全生产。

（3）"3E"原则

造成人的不安全行为和物的不安全状态的原因可归结为 4 个方面，即技术原因、教育原因、身体和态度原因以及管理原因。针对这 4 个方面的原因，可以采取 3 种防止对策，即工程技术（Engineering）对策、教育（Education）对策和管理（Enforcement）对策，即"3E"原则。

（4）本质安全化原则

本质安全化是指设备、设施或技术工艺含有内在的能够从根本上防止事故发生的功能。本质安全功能是设备、设施在规划设计阶段就被纳入其中，而不是事后补偿。本质安全化原则可以从根本上消除事故发生的可能性，从而达到预防事故发生的目的。本质安全化是安全管理预防原理的根本体现，是安全管理的最高境界。

本质安全化并不表明本系统绝对不会发生安全事故。

1）本质安全化的程度是相对的，不同的技术经济条件有不同的本质安全化水平，当代本质安全化并不是绝对本质安全化。由于经济技术的原因，系统的许多方面尚未安全化，事故隐患仍然存在，事故发生的可能性并未彻底消除，只是有了将安全事故损失控制在可接受程度上的可能。

2）生产是一个动态过程，许多情况事先难以预料。人的作业还会因为健康或心理因素引起某种失误，机具及设备也会因为日常检查时未能发现的缺陷产生临时性故障，环境条件也会由于自然的或人为的原因而发生变化，因此，人-机-环境系统的日常随机的一般性事故损失并未彻底消除。

## 2.1.5　强制原理及原则

采取强制管理的手段控制人的意愿和行为，使个人的活动、行为等受到安全生产管理要求的约束，从而实现有效的安全生产管理，这就是强制原理。所谓强制就是绝对服从，不必经被管理者同意便可采取控制行动。

一般来说，管理均带有一定的强制性。管理是管理者对被管理者施加作用和影响，并要求被管理者服从其意志，满足其要求，完成其规定的任务。不强制便不能有效地抑制被管理者的无拘个性，将其调动到符合整体安全利益和目的的轨道上来。安全管理需要强制性是由事故损失的偶然性、人的"冒险"心理以及事故损失的不可挽回性决定的。安全强制性管理的实现，离不开严格合理的法律、法规、标准和各级规章制度，这些法规、制度构成了安全行为的规范。同时，还要有强有力的管理和监督体系，以保证被管理者始终按照行为规范进行活动，一旦其行为超出规范的约束，就要有严厉的惩处措施。

强制原理应遵循以下原则。

1）安全第一原则。安全第一原则就是要求在进行生产和其他工作时，把安全工作放在一切工作的首要位置。当生产和其他工作与安全发生矛盾时，要以安全为主，生产和其他工作要服从于安全。

2）监督原则。监督原则是指在安全工作中，为了使安全生产法律法规得到落实，必须明确安全生产监督职责，对企业生产中的守法和执法情况进行监督。

### 2.1.6 责任原理及原则

责任原理是指在合理分工的基础上，明确部门与个人必须完成的工作任务和必须承担的责任。挖掘人的潜能的最好办法是明确每个人的职责。职责是指在合理分工的基础上确定每个人的职位，明确规定各职位应担负的责任。职责是整体赋予个体的责任，也是维护整体正常秩序的一种约束力。责任原理应遵循以下原则。

1）职责界限要清楚。在实际工作中，工作职位离实体成果越近，职责越容易明确；工作职位离实体成果越远，职责越容易模糊。应按照与实体成果联系的密切程度，划分出直接责任与间接责任、实时责任和事后责任。其次，职责内容要具体，并要做出明文规定。只有这样，才便于执行与检查、考核。

2）职责中要包括横向联系的内容。在规定某个岗位工作职责的同时，必须规定同其他单位、个人协同配合的要求，只有这样，才能提高组织整体的功效。

3）职责一定要落实到每个人。将职责落实到每一个人，才能做到事事有人负责。没有分工的共同负责，实际上是职责不清、无人负责，结果必然导致管理上的混乱和效率的低下。

## 2.2 事故概述

### 2.2.1 事故及其分类

#### 1. 事故的定义

对事故的认识，不同的角度有不同的描述。

美国工业安全的先驱海因里希认为，事故是指非计划的、失去控制的事件。

《辞海》中，事故是指意外的变故或灾祸。

《现代汉语词典》中，事故多指生产、工作上发生的意外损失或灾祸。

《生产安全事故报告和调查处理条例》（国务院令第493号）中，将生产安全事故定义为，生产经营活动中，发生的造成人身伤亡或者直接经济损失的事件。

一般认为，事故是指在人们生产、生活过程中突然发生的、违反人们意志的、迫使活动暂时或永久停止，可能造成人员伤害、财产损失或环境污染的意外事件。

**2. 事故的分类**

人类在生产、生活过程中创造大量物质财富和精神财富的同时，事故也随之而来，给人们的生命和财产带来了重大损失。事故作为安全科学的研究对象，为了对事故进行科学的研究，探索事故的发生规律和预防措施，需要对事故进行分类。

（1）按事故发生的性质分类

按事故发生的性质，事故可分为自然事故与人为事故。

自然事故是由自然灾害造成的事故。

人为事故是由人为因素而造成的事故，又称为人因事故。

（2）按引起事故的原因分类

根据引起事故的原因分类，可以将事故分为一次事故和二次事故。

一次事故是由造成事故发生的原因引起的事故。

二次事故是由一次事故激发的危险因素引发的事故。

二次事故的特点如下。

1）二次事故是一次事故的扩大蔓延。

2）二次事故往往比一次事故的危害更大，造成的人身伤亡及财产损失更严重。

3）二次事故形成的时间短，往往难以控制，会加大进一步救援工作的难度。

所以，二次事故是在各种事故救援工作中，极力预防的一种事故。

（3）按照物质损失分类

1）物质遭受损失的事故。

2）物质完全没有受到损失的事故。

（4）按事故与工作的关系分类

根据事故与工作的关系，可分为工作事故和非工作事故。

工作事故是员工在工作过程中或从事与工作有关的活动中发生的事故。

非工作事故是员工在非工作活动中发生的事故，如在旅游、娱乐、体育活动及家庭生活中发生的事故。非工作事故虽然不在工作中产生，但会引起员工缺工，影响企业的生产过程，特别是关键岗位员工的缺失，对企业造成的损失会更大。因此，在非工作环境，也要给予员工更多关怀，加强员工安全意识的培养。

（5）按照人员伤亡程度分类

1）按照以人为中心考查事故后果时，事故可分为两类。

① 伤亡事故，是指造成人身伤害或急性中毒的事故。其中，在生产区域中发生的和生产有关的伤亡事故称为工伤事故。工伤事故包括工作意外事故和职业病所致的伤残及死亡。

② 一般事故，是指人身没有受到伤害或受伤轻微，或没有造成生理功能障碍的事故。

2）按照人员伤害的严重程度，伤害分为 4 类。

① 暂时性失能伤害，指受伤害者或中毒者暂时不能从事原岗位工作的伤害。

② 永久性部分失能伤害，指受伤害者或中毒者的肢体或某些器官功能不可逆丧失的伤害。

③ 永久性全失能伤害，指受伤害者完全残疾的伤害。

④ 死亡。

3）按照事故与损失工作日的关系，《生产安全事故统计调查制度》（应急〔2023〕143号）中，将伤害分为 4 类。

① 受伤，指因事故造成的肢体伤残或某些器官功能性或器质性损伤，表现为劳动能力受到伤害，经医院诊断，需歇工 3 个工作日及以上。该类包括轻伤和重伤。

② 轻伤，指因事故造成的肢体伤残或某些器官功能性或器质性损伤，表现为劳动能力受到伤害，经医院诊断，需歇工 3 个工作日及以上、105 个工作日以下。

③ 重伤（包括急性工业中毒），是指因事故造成的肢体残缺或视觉、听觉等器官受到严重损伤甚至丧失或引起人体长期存在功能障碍和劳动能力重大损失的伤害，经医院诊断需歇工 105 个工作日及以上。

急性工业中毒是指人体因接触国家规定的工业性毒物、有害气体，一次吸入大量工业有毒物质使人体在短时间内发生病变，导致人员立即中断工作，需歇工 3 个工作日及以上。

④ 死亡（下落不明），指因事故造成人员在 30 日内（火灾、道路运输事故 7 日内）死亡和下落不明。死亡损失工作日为 6000 天。

（6）按事故严重程度分类

依据《生产安全事故报告和调查处理条例》（国务院令第 493 号），根据生产安全事故造成的人员伤亡或者直接经济损失，事故分为 4 个等级。

1）特别重大事故，指造成 30 人以上死亡，或者 100 人以上重伤（包括急性工业中毒，下同），或者 1 亿元以上直接经济损失的事故。

2）重大事故，指造成 10 人以上 30 人以下死亡，或者 50 人以上 100 人以下重伤，或者 5000 万元以上 1 亿元以下直接经济损失的事故。

3）较大事故，指造成 3 人以上 10 人以下死亡，或者 10 人以上 50 人以下重伤，或者 1000 万元以上 5000 万元以下直接经济损失的事故。

4）一般事故，指造成 3 人以下死亡，或者 10 人以下重伤，或者 1000 万元以下直接经济损失的事故。

注："以上"包括本数，"以下"不包括本数。在衡量一个事故等级时，按照最严重的标准进行划分。

（7）按事故与行业的关系划分

根据《国务院关于特大安全事故行政责任追究的规定》（国务院令第 302 号），将事故分为①火灾事故，②交通安全事故，③建筑质量安全事故，④民用爆炸物品和化学危险品安全事故，⑤煤矿和其他矿山安全事故，⑥锅炉、压力容器、压力管道和特种设备安全事故，⑦其他安全事故。

（8）按事故致损因素划分

《企业职工伤亡事故分类》（GB/T 6441—1986）综合考虑起因物、引起事故发生的诱导性原因、致害物和伤害方式等将事故类别分为 20 类，见表 2-1。

表 2-1　企业职工伤亡事故分类

| 序　号 | 事故类别 | 备　注 |
| --- | --- | --- |
| 1 | 物体打击 | 失控的物体在惯性力或重力等其他外力的作用下产生运动，打击人体而造成人身伤亡事故，不包括爆炸引起的物体打击 |

（续）

| 序　号 | 事故类别 | 备　注 |
|---|---|---|
| 2 | 车辆伤害 | 企业机动车辆在行驶中引起的人体坠落和物体倒塌、下落、挤压伤亡事故，不包括起重设备提升、牵引车辆和车辆停驶时发生的事故 |
| 3 | 机械伤害 | 机械设备运动（静止）部件、工具、加工件直接与人体接触引起的夹击、碰撞、剪切、卷入、绞、碾、割、刺等形式的伤害 |
| 4 | 起重伤害 | 在进行各种起重作业（包括吊运、安装、检修、试验）时发生的重物（包括吊具、吊重或吊臂）坠落、夹挤、物体打击、起重机倾翻等事故 |
| 5 | 触电 | 电流流过人体或人与带电体间发生放电引起的伤害，包括触电、雷击 |
| 6 | 淹溺 | 各种作业中落水及非矿山透水引起的溺水伤害 |
| 7 | 灼烫 | 火焰烧伤、高温物体烫伤、化学物质灼伤、射线引起的皮肤损伤等，不包括电烧伤及火灾事故引起的烧伤 |
| 8 | 火灾 | 在时间或空间上失去控制的燃烧所造成的灾害 |
| 9 | 高处坠落 | 凡在坠落高度基准面 2 m 以上（含 2 m）的可能坠落的高处所进行的作业，人从高处坠落的事故，包括由高处落地和由平地入坑 |
| 10 | 坍塌 | 建筑物、构筑物、堆置物倒塌及土石塌方引起的事故，不适用于矿山冒顶、片帮及爆炸、爆破引起的坍塌事故 |
| 11 | 冒顶片帮 | 矿山开采、掘进及其他坑道作业发生的顶板冒落、侧壁垮塌 |
| 12 | 透水 | 适用于矿山开采及其他坑道作业时因涌水造成的伤害 |
| 13 | 爆破 | 由爆破作业引起的，包括因爆破引起的中毒 |
| 14 | 火药爆炸 | 生产、运输和储藏过程中的意外爆炸 |
| 15 | 瓦斯爆炸 | 包括瓦斯、煤尘与空气混合形成的混合物爆炸 |
| 16 | 锅炉爆炸 | 适用于工作压力在 0.07 MPa 以上、以水为介质的蒸汽锅炉的爆炸 |
| 17 | 压力容器爆炸 | 贮存在容器内的有压气体或液化气体解除壳体的约束，迅速膨胀，瞬间释放出内在能量的现象，包括物理爆炸和化学爆炸 |
| 18 | 其他爆炸 | 可燃性气体、蒸汽、粉尘等与空气混合形成的爆炸性混合物的爆炸；炉膛、钢水包、亚麻粉尘的爆炸等 |
| 19 | 中毒和窒息 | 职业性毒物进入人体引起的急性中毒、缺氧窒息性伤害 |
| 20 | 其他 | 上述范围之外的伤害事故，如冻伤、扭伤、摔伤、野兽咬伤等 |

## 2.2.2　事故的基本特性

人们经过长期的研究和分析，得出事故具有以下基本特性。

（1）普遍性、必然性、偶然性

事故是一种特殊事件，人类的任何生产、生活活动都可能发生事故，涉及人类生产、生活的所有领域。危险和安全具有相对性，因而事故领域众多，危险客观存在，具有普遍性。危险是事故发生的必要条件，事故具有普遍性。

无论从事任何活动，都存在着发生事故、造成伤害或损失的可能。事故的发生具有必然性，不能完全杜绝事故的发生。

一定条件下，事故可能发生，也可能不发生，具有随机性。事故的发生包含着偶然因素。事故发生的时间、地点、形式、规模和事故后果的严重程度都不确定，事故具有客观存在的偶然性。

（2）因果相关性

事故是由系统中相互联系、相互制约的多种因素共同作用的结果。引起事故的原因是多方面的。事故原因可分为人的不安全行为、物的不安全状态、环境作用和管理缺陷；从逻辑上又可分为直接原因和间接原因等。这些原因在系统中相互作用、相互影响，在一定的条件下发生事故。在事故调查分析过程中，弄清事故发生的因果关系，探明事故发生的直接原因、间接原因和主要原因，对于预防事故发生具有积极作用。

（3）潜伏性、突变性、危害性

事故的发生具有突变性，但在事故发生之前存在一个量变过程，即系统内部相关参数的渐变过程。系统在事故发生之前所处的状态是不稳定的，所以事故具有潜伏性，也就是说，系统存在着安全隐患。系统在很长一段时间内没有发生事故，并不意味着系统是安全的，因为可能潜伏着事故隐患。

导致事故发生的因素众多，偶然因素也能引起事故，导致事故的发生具有随机性。一定条件下，当某一触发因素出现时，在特有的时间、场所就会显现为事故。有的事故人们无法意识到，有的即使意识到，也往往难以做出及时准确的反应，有时甚至是猝不及防，因而绝大多数事故都具有突然发生的特点。

事故往往造成一定的人员伤亡或物质损失，会在一定程度上给个人、集体和社会带来危害或损失，甚至夺去人的生命、威胁企业的生存或影响社会的稳定。事故的危害性主要体现在造成损失的多样性和损失后果的严重性两个方面。

（4）可预防性

尽管事故的发生是必然的，存在着安全隐患，但可以通过事故发生原因和规律的研究和探索，安全隐患的排查和治理，采取相应控制措施来预防事故发生或降低事故发生概率。充分认识事故的这一特性，对于防止事故的发生具有积极意义。

## 2.2.3 事故的规律性

### 1. 人员伤害的规律

20世纪30年代，美国人海因里希（Heinrich）研究了人员伤害严重程度与事故发生频率之间的关系。通过统计55万起机械事故（其中，死亡、重伤事故1666件，轻伤48334件，其余为无伤害事故），得出结论，在机械事故中，死亡或重伤、轻伤和无伤害事故的比例为1:29:300，这就是著名的海因里希法则，如图2-1所示。法则表明，在机械生产过程中，每发生330起意外事件，有1起导致人员死亡或重伤，29起造成人员轻伤，300起未产生人员伤害。

海因里希法则是根据机械事故的统计得到的结果，不同事故种类的伤害比例是不相同的。日本人青岛贤司调查表明，日本重型机械和材料工业的重、轻伤之比为1:8，轻工业重、轻伤之比为1:32。美国也有按事故类型进行的统计，我国某钢铁公司也有各类伤亡事故的比例，统计结果显示，各国的伤害比例都有所差异。

伤亡事故的统计规律说明，在进行同类活动中，无数次意外事件必然导致重大伤亡事故

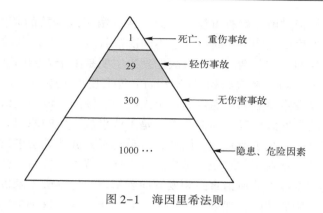

图 2-1　海因里希法则

的发生。因此，要防止重大事故的发生，必须减少和消除无伤害事故，重视事故隐患和风险。

**2. 经济损失的规律**

海因里希最早进行了伤亡事故经济损失的统计分析，通过 5000 余起事故，得出直接经济损失与间接经济损失的比例为 1:4，也就是说，伤亡事故的总经济损失为直接经济损失的 5 倍。由于国内外对伤亡事故直接经济损失和间接经济损失划分不同，直接经济损失与间接经济损失的比例也不同，具体计算详见第 4 章。

## 2.3　事故致因理论

事故致因理论是阐明事故为什么会发生、怎样发生，以及如何防止事故发生的理论。事故致因理论是从大量典型事故的本质原因分析中所提炼出的事故机理和事故模型，反映了事故发生的规律性，能够为事故的定性定量分析、事故的预测预防、改进安全管理工作提供理论依据。事故致因理论是生产力发展到一定阶段的产物，特别是生产方式的变化以及人们在生产过程中所处地位的变化，引起人们安全观念的变化，相应产生了不同的事故致因理论。

概括地讲，事故致因理论的发展大致经历了 3 个阶段：①早期阶段，20 世纪初，资本主义工业化大生产初具规模，大规模流水线生产方式广泛应用，事故致因理论初露端倪，以事故频发倾向论和海因里希因果连锁论为代表；②"二战"时期，随着许多新式、复杂武器装备的使用，人们逐渐认识到生产条件和技术设备的潜在危险在事故中的作用，因而不再把事故简单地归因于作为操作者的"人"，形成了以能量意外转移理论为代表的理论；③20 世纪 60 年代以后，科学技术迅猛发展，技术系统、生产设备、产品工艺越来越复杂，以往的理论很难再解释复杂系统的事故原因，形成了以系统安全论为代表的理论。

### 2.3.1　事故频发倾向论

1919 年，英国人格林伍德（Greenwood）和伍兹（Woods）把许多伤亡事故发生次数按照 3 种分布方式进行了统计分析：①泊松分布。当不存在事故频发倾向者时，一定时间内，事故发生次数服从泊松分布。这种情况下，事故的发生是由生产条件、机械设备等其他偶然因素引起的。②偏倚分布。一些工人由于存在精神或心理方面的问题，如果发生过一次事故，则会造成胆怯或神经过敏，就有重复发生第二次、第三次事故的倾向。③非均等分布。当存在许多特别容易发生事故的工人时，发生不同次数事故的人数服从非均等分布，即每个人发生事故的概率不相同。这种情况下，事故的发生主要是由于人的因素引起的。

1939 年，法默（Farmer）和查姆勃（Chamber）等人提出了事故频发倾向理论。事故频发倾向是指个别人容易发生事故的、稳定的、个人的内在倾向。该理论认为，少数具有事故频发倾向的工人是事故频发倾向者，他们的存在是工业事故发生的原因。如果企业中减少了事故频发倾向者，就可以减少工业事故。因此，人员选择就成了预防事故的重要措施，通过严格的生理、心理检验，从众多的求职人员中选择身体、智力、性格特征及动作特征等方面优秀的人才就业，而把企业中的所谓事故频发倾向者解雇。许多资本家以该理论为借口，掩盖工业生产中的设备等物的缺陷，把事故责任全部归因于工人。这种早期的理论，不符合现代事故致因理论的理念。

## 2.3.2 事故因果连锁理论

### 1. 海因里希事故因果连锁理论

1931 年，海因里希在《工业事故预防》一书中，阐述了根据当时的工业安全实践总结出来的工业安全理论，事故因果连锁理论是其中重要组成部分。

海因里希第一次提出了事故因果连锁理论，该理论的核心思想是，伤亡事故的发生不是一个孤立的事件，而是一系列原因事件相继发生的结果，即伤害与各原因相互之间具有连锁关系。

海因里希将事故因果连锁过程概括为 5 个影响因素。

1）遗传及社会环境（M）。遗传及社会环境是造成人的性格上缺点的原因。遗传因素可能造成鲁莽、固执等不良性格；社会环境可能妨碍教育，助长性格的缺点发展。

2）人的缺点（P）。人的缺点是使人产生不安全行为或造成机械、物质不安全状态的原因，包括鲁莽、固执、过激、神经质、轻率等性格上的先天缺点，以及缺乏安全生产知识和技术等后天缺点。

3）人的不安全行为或物的不安全状态（H）。人的不安全行为或物的不安全状态是指那些曾经引起过事故，可能再次引起事故的人的行为或机械、物质的状态，它们是造成事故的直接原因。

4）事故（D）。事故是由于物体、物质、人或放射线的作用或反作用，使人员受到伤害或可能受到伤害的，出乎意料的、失去控制的事件。

5）伤害（A）。伤害是由于事故直接产生的人身伤害。事故发生是一连串事件按照一定顺序，互为因果依次发生的结果。如先天遗传因素或不良社会环境诱发—人的缺点—人的不安全行为或物的不安全状态—事故—伤害。这一事故连锁关系可以用多米诺骨牌来形象地描述。在多米诺骨牌系列中，一块骨牌被碰倒了，则将发生连锁反应，其余的几块骨牌相继被碰倒。如果移去中间的一块骨牌，则连锁被破坏，事故过程被中止。海因里希认为，企业安全工作的中心就是防止人的不安全行为，消除机械的或物质的不安全状态，中断事故连锁的进程而避免事故的发生。海因里希事故因果连锁理论如图 2-2 所示。

海因里希的工业安全理论主要阐述了工业事故发生的因果连锁论，与他关于在生产安全问题中人与物的关系、事故发生频率与伤害严重度之间的关系、不安全行为的原因等工业安

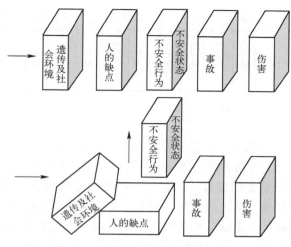

图 2-2　海因里希事故因果连锁理论

全中最基本的问题一起，曾被称为"工业安全公理"，受到世界上许多国家安全工作者的赞同。

海因里希因果连锁理论的积极意义：如果移去因果连锁中的任意一块骨牌，则连锁被破坏，事故过程被中止。海因里希认为，安全工作的中心就是要移去中间的骨牌——防止人的不安全行为或消除物的不安全状态，从而中断事故连锁的进程，避免伤害的发生。

海因里希因果连锁理论的不足之处：海因里希因果连锁理论为 20 世纪 30 年代的理论，具有一定的时代局限性。事故致因连锁关系的描述过于绝对化、简单化、单链条化。事实上，事故的发生往往是多链条因素交叉综合作用的结果，各个骨牌（因素）之间的连锁关系是复杂的、随机的。前面的牌倒下，后面的牌可能倒下，也可能不倒下。事故并不是全都造成伤害，不安全行为或不安全状态也并不是必然造成事故等。

尽管如此，海因里希事故因果连锁理论关注了事故形成中的人与物，开创了事故系统观的先河，促进了事故致因理论的发展，成为事故研究科学化的先导，具有重要的历史地位。

**2. 博德事故因果连锁理论**

海因里希事故因果连锁理论强调人的性格、遗传特征等不同，"二战"后，人们逐渐认识到管理因素作为背后原因在事故致因中的重要作用。人的不安全行为或物的不安全状态是工业事故的直接原因，必须加以追究。但是，它们只不过是其背后深层原因的征兆和管理缺陷的反映。只有找出深层的、背后的原因，改进企业管理，才能有效地防止事故。

博德在海因里希事故因果连锁理论的基础上，提出了与现代安全观点更加吻合的事故因果连锁理论，如图 2-3 所示。其认为，事故的直接原因是人的不安全行为、物的不安全状态；间接原因包括个人因素及工作条件因素。根本原因是管理的缺陷，即管理上存在的问题或缺陷是导致间接原因存在的原因，间接原因的存在又导致直接原因存在，最终导致事故发生。

博德事故因果连锁理论的主要观点有 5 个方面。

1）管理缺陷。事故因果连锁中一个最重要的因素是安全管理。安全管理人员应该充分认识到，安全管理者应该懂得管理的基本理论和原则。控制是管理机能（计划、组织、指

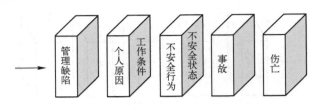

图 2-3　博德事故因果连锁理论

导、协调及控制）中的一种机能。安全管理中的控制包括对人的不安全行为和物的不安全状态的控制。管理的缺陷，是导致事故的基本原因。在安全管理中，企业领导者的安全方针、政策及决策占有十分重要的位置。它包括生产及安全的目标，员工的配备，资料的利用，责任及职权范围的划分，员工的选择、训练、安排、指导及监督，信息传递，设备器材及装置的采购、维修及设计，正常及异常时的操作规程，设备的维修保养等。

2）个人及工作条件因素。个人因素包括缺乏知识或技能、动机不正确、身体上或精神上的问题等。工作条件因素包括操作规程不规范，设备、材料不合格，通常的磨损及异常的使用方法等，以及温度、压力、湿度、粉尘、有毒有害气体、蒸汽、通风、噪声、照明、周围的状况（容易滑倒的地面、障碍物、不可靠的支持物、有危险的物体等）等环境因素。只有找出并控制这些因素，才能有效预防事故的发生。

3）直接原因。不安全行为和不安全状态是事故的直接原因，必须加以追究。但是，直接原因不过是一种表面现象。在实际工作中，如果只抓住作为表面现象的直接原因而不追究其背后隐藏的深层原因，就不能从根本上杜绝事故的发生。

4）事故。从实用的目的出发，往往把事故定义为最终导致人员身体损伤和死亡、财产损失的不希望的事件。但是，越来越多的学者从能量的观点把事故看作人的身体或构筑物、设备与超过其阈值的能量的接触，或人体与妨碍正常活动的物质的接触。于是，防止事故就是防止接触。为了防止接触，可以通过改进装置、材料及设施，防止能量释放，通过训练提高工人识别危险的能力，佩戴个人保护用品等来实现。

5）损失。人员伤害及财物损坏统称为损失。在许多情况下，可以采取恰当的措施使事故造成的损失最大限度地减少。如对受伤人员迅速抢救、对设备进行抢修，以及平日对人员进行应急训练等。

博德事故因果连锁理论的核心是对现场失误的背后原因进行了深入研究，是在海因里希事故因果连锁理论的基础上，提出了反映现代安全观点的事故因果连锁论，是海因里希事故因果连锁理论的发展和完善。

### 2.3.3　能量意外转移理论

人类利用能量做功以实现生产目的。人类社会的发展是在不断开发和利用能量的过程。在正常生产过程中，能量在各种约束和限制条件下，按照人们的意志流动、转换并做功。如果由于某种原因，能量失去了控制，发生了异常或意外释放，则称发生了事故。能量是造成人体伤害的根源，没有能量就没有事故，没有能量就没有伤害。

在现代安全管理的事故致因理论中，能量意外转移理论是从能量的角度出发，认为事故是各种形式的能量以非预期的方式释放而造成的伤害。

1961 年，吉布森（Gibson）提出，事故是一种不正常的或不希望的能量释放，意外释放的能量是构成伤害的直接原因。因此，应该通过控制能量，或控制达及人体的能量载体来预防伤害事故。1966 年，哈登（Haddon）完善了能量意外转移理论，认为事故伤害原因在本质上就是某种能量的转移，并提出了能量逆流于人体造成伤害的分类方法，将伤害分为两类。

第一类伤害是由于转移到人体的能量超过了局部或全身性损伤阈值而产生的。

第二类伤害是由于影响了局部或全身能量交换引起的。

哈登认为，在一定条件下，某种形式的能量能否产生伤害或造成人员伤亡事故，取决于能量大小、接触能量时间长短、频率以及力的集中程度。根据能量意外转移理论，可以利用各种屏蔽来防止意外的能量转移，从而防止事故的发生。

能量意外转移理论的优点：一是把各种能量对人体的伤害归结为伤亡事故的直接原因，从而决定了以对能量源及能量传送装置加以控制，作为防止或减少伤害发生的最佳手段；二是根据该理论建立的对伤亡事故的统计分类，是一种可以全面概括、阐明伤亡事故类型和性质的统计分类方法。

能量意外转移理论的不足之处：由于意外转移的机械能（动能和势能）是造成工业伤害的主要能量形式，这就使按能量转移观点对伤亡事故进行统计分类的方法尽管具有理论上的优越性，然而在实际应用上却存在困难，尚有待于对机械能的分类做更加深入细致的研究，以便对机械能造成的伤害进行分类。

## 2.3.4　轨迹交叉理论

随着生产技术的提高以及事故致因理论的发展完善，人们对人和物两种因素在事故致因中的地位的认识发生了很大变化。一方面是在生产技术进步的同时，生产装置、生产条件不安全的问题越来越引起了人们的重视；另一方面是人们对人的因素研究的深入，能够正确地区分人的不安全行为和物的不安全状态。

轨迹交叉理论是一种从事故的直接和间接原因出发研究事故致因的理论。其主要观点是，人的不安全行为和物的不安全状态发生于同一时间、同一空间，或者说人的不安全行为与物的不安全状态相遇，则将在此时间、空间发生事故。

轨迹交叉理论将事故的发生发展过程描述为基本原因→间接原因→直接原因→事故→伤害。从事故发展运动的角度，这样的过程被形容为事故致因因素导致事故的运动轨迹，具体包括人的因素运动轨迹和物的因素运动轨迹，如图 2-4 所示。

轨迹交叉理论反映了绝大多数事故的情况。统计数字表明，80% 以上的事故既与人的不安全行为有关，也与物的不安全状态有关，因而从这个角度来看，如果人们采取相应措施，控制人的不安全行为或物的不安全状态，避免二者在某个时间、空间上的交叉，就会在相当大的程度上控制事故的发生。这对于事故的预防与控制、事故原因调查等工作都是一种有效的方法。

在人和物两大系列的运动中，二者往往是相互关联、互为因果、相互转化的。有时，人的不安全行为促进物的不安全状态的发展，或导致新的不安全状态的出现；而有时，物的不安全状态诱发人的不安全行为。因此，事故的发生并非完全简单地按人、物两条轨迹独立地运行，而是呈现较为复杂的因果关系。

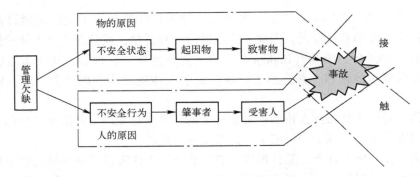

图 2-4　轨迹交叉理论事故模型

### 2.3.5　瑟利模型

1969 年，美国人瑟利（Surry）根据人的认知过程，提出了瑟利模型，如图 2-5 所示。该模型把事故的发生过程分为危险出现和危险释放两个阶段，这两个阶段各自包括一组类似的人的信息处理过程，即感觉、认识和行为响应。在危险出现阶段，如果人的信息处理的每个环节都正确，危险就能被消除或得到控制；反之，就会使操作者直接面临危险。在危险释放阶段，如果人的信息处理过程的各个环节都是正确的，虽然面临着已经显现出来的危险，但仍然可以避免危险释放出来，不会带来伤害或损害；反之，危险就会转化成伤害或损害。

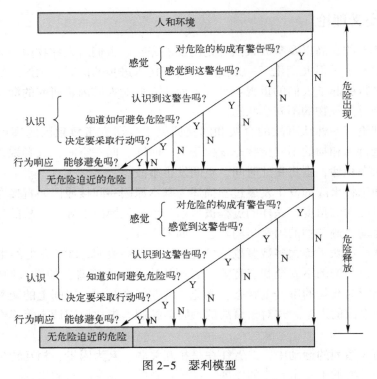

图 2-5　瑟利模型

该模型不仅分析了危险出现、释放直至导致事故的原因，而且还为事故预防提供了一个良好的思路。即要想预防和控制事故，首先应采用技术的手段使危险状态充分地显现出来，使操作者能够有更好的机会感觉到危险的出现或释放，这样才有预防或控制事故的条件和可能；其次应通过培训和教育的手段，提高人感觉危险信号的敏感性，包括抗干扰能力等，同时也应采用相应的技术手段帮助操作者正确地感觉危险状态信息；第三应通过教育和培训的手段使操作者在感觉到警告之后，准确地理解其含义，并知道应采取何种措施避免危险发生或控制其后果，同时，在此基础上，结合各方面的因素做出正确的决策；最后，则应通过系统及其辅助设施的设计使人在做出正确的决策后，有足够的时间和条件做出行为响应，并通过培训的手段使人能够迅速、敏捷、正确地做出行为响应。这样，事故就会在很大程度上得到控制，取得良好的预防效果。

## 2.3.6　动态变化理论

世界是在不断运动、变化着的，工业生产过程也在不断变化之中。安全管理需要随着客观世界的变化而变化。如果管理者不能及时地适应变化，将会发生管理失误；操作者不能及时地适应变化，将会发生操作失误。外界条件的变化也会导致机械、设备等的故障，进而导致事故的发生。

### 1. 扰动理论

本尼尔（Benner）认为，事故过程包含着一组相继发生的事件。事件是指生产活动中某种发生了的事情，如一次重大情况的变化，一次已经被避免的或导致另一事件发生的偶然事件等。因而，可以将生产活动看作一个自觉或不自觉地指向某种预期的或意外的结果的相继出现的事件，它包含生产系统元素间的相互作用和变化着的外界影响。这些相继事件组成的生产活动是在一种自动调节的动态平衡中进行的，在事件的稳定运动中向预期的结果方向发展。

事件的发生必然是某人或某物引起的，如果把引起事件的人或物称为"行为者"，则可以用行为者及其行为来描述一个事件。在生产活动中，如果行为者的行为得当，则可以维持事件过程稳定地进行；否则，可能中断生产，甚至造成伤害事故。生产系统的外界影响是经常变化的，可能偏离正常的或预期的情况。这里称外界影响的变化为扰动（Perturbation），扰动将作用于行为者，产生扰动的事件称为起源事件。

当行为者能够适应不超过其承受能力的扰动时，生产活动可以维持动态平衡而不发生事故。如果某一行为者不能适应这种扰动，承受不了过量的能量而发生伤害或损坏，这些伤害或损坏事件可能依次引起其他变化或能量释放，作用于下一个行为者并使其承受过量的能量，发生连续的伤害或损害。

综上所述，可以将事故看作由事件链中的扰动开始，以伤害或损害为结束的过程。这种事故理论称为扰动理论，其模型图如图 2-6 所示。

### 2. 变化-失误理论

约翰逊（Johnson）认为，事故是由意外的能量释放引起的，事故的发生是由于管理者或操作者没有适应生产过程中人或物的变化，导致不安全行为或不安全状态，破坏了对能量的屏蔽或控制，进而发生了事故。变化-失误理论的主要观点是，在运行系统中，能量和失误相应的变化是事故发生的根本原因，没有变化就没有事故。变化-失误理论示意图如图 2-7 所示。

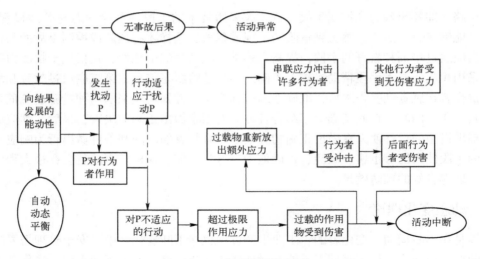

图 2-6　扰动理论模型图

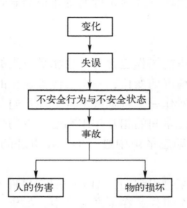

图 2-7　变化-失误理论示意图

在生产过程中，变化是不可避免的，大部分变化对生产是有利的，是生产过程的调整和完善，只有极少数的变化会引起人的失误。这就要求管理要能够适应客观的变化，及时发现和预测变化，并采取恰当的对策，做到顺应有利的变化，克服不利的变化。

常见的变化有：①企业外部社会环境的变化。企业外部社会环境，特别是国家政治或经济方针、政策的变化，对企业的经营理念、管理体制及员工心理等有较大影响，必然也会对安全管理造成影响。②企业内部的变化。企业总体上的变化，领导人的变更，经营目标的调整，员工的调整、录用，生产计划的改变，供应商的变化，机器设备的工艺调整、维护等。③计划内与计划外的变化。对于计划内的变化，应事先进行安全分析并采取安全措施；对于计划外的变化，一是要及时发现变化，二是要根据发现的变化采取正确的措施。④实际的变化和潜在的变化。实际存在的变化可以通过检查和观测来发现；潜在的变化却不易被发现。⑤时间的变化。时间不以人的意志为转移，始终在变化。随着时间的流逝，人员对危险的戒备会逐渐松弛，设备、装置性能会逐渐劣化。⑥技术上的变化。采用新工艺、新技术或开始新工程、新项目时发生的变化，人们由于不熟悉而容易发生失误。⑦人员的变化。员工心理、生理上的变化。⑧劳动组织的变化。劳动组织发生变化，可能造成工作衔接或配合不良，进而导致操作失误和不安全行为的发生。⑨操作规程的变化。新规程替换旧规程以后，往往要有一个逐渐适应和习惯的过程。

## 2.3.7　系统安全理论

系统安全是指在系统寿命周期内应用系统安全管理及系统安全工程原理，识别危险源并使其危险性减至最小，从而使系统在规定的性能、时间和成本范围内达到最佳的安全程度。系统安全的基本原则是在一个新系统的构思阶段就必须考虑其安全性的问题，制定并开始执行安全工作规划，并且把系统安全活动贯穿于系统寿命周期，直到系统报废为止。

系统安全理论是从 20 世纪 60 年代初开始提出的。20 世纪 50 年代末，美国为了与苏联争夺空间优势，匆忙进行导弹技术的开发，开始只是按照以往的经验，没有注意系统安全，结果在不到一年半的时间内，发生了 4 次重大事故，付出了高昂的代价。此后，美国首先在航天领域开始系统安全的研究，系统安全理论应运而生。

系统安全理论的主要观点如下。

1）事故归因方面。改变了人们只注重操作人员的不安全行为而忽略硬件的故障在事故致因中作用的传统观念，开始考虑如何通过改善物的系统的可靠性来提高复杂系统的安全性，从而避免事故。

2）致因理论方面。没有任何一种事物是绝对安全的，任何事物中都潜伏着危险因素。能够造成事故的潜在危险因素称为危险源，来自某种危险源的造成人员伤害或物质损失的可能性称为危险。危险源是一些可能出问题的事物或环境因素，而危险表征潜在的危险源造成伤害或损失的机会，可以用概率来衡量。

3）不可能根除一切危险源和危险，可以减少来自现有危险源的危险性，应减少总的危险性而不是只消除几种选定的危险。

4）由于人的认识能力有限，有时不能完全认识危险源和危险，即使认识了现有的危险源，随着生产技术的发展，新技术、新工艺、新材料和新能源的出现，又会产生新的危险源。由于受技术、资金和劳动力等因素的限制，对于已经认识了的危险源也不可能完全根除，只能把危险降低到可接受的程度，即可接受的危险。安全工作的目标就是控制危险源，努力把事故发生概率降到最低，万一发生事故，则把伤害和损失降到最低。

系统安全理论认为，事故的发生是许多失误（人）和故障（物）复杂关联、共同作用的结果。里格比（Rigby）提出人失误是人的行为结果超出了系统的某种可接受的限度。换言之，人失误是指人在生产操作过程中实际实现的功能与被要求的功能之间的偏差，其结果是可能以某种形式给系统带来不良影响。人失误产生的原因包括两个方面：一是由于工作条件设计不当，即设定工作条件与人接受的限度不匹配引起人失误；二是由于人员的不恰当行为造成人失误。除了生产操作过程中的人失误之外，还要考虑设计失误、制造失误、维修失误以及运输保管失误等，因而较以往工业安全中的不安全行为，人失误对人的因素涉及的内容更广泛、更深入。

## 2.3.8　综合原因理论

进入 21 世纪，有学者提出了事故致因的综合原因理论，如图 2-8 所示。该理论认为，事故的发生是由于多重原因综合造成的，即不是由单一因素造成的，也不是个人偶然失误或单纯设备故障所形成，而是社会因素、管理因素和生产中的危险因素被偶然事件触发所造成的结果。

偶然（意外）事件之所以触发，是由于生产中环境条件存在着危险因素，即人的因素、物的因素和环境因素，这些因素共同构成事故发生的直接原因。而这些人的因素、物的因素和环境因素归根结底是由于管理因素所导致的，因而，管理因素是造成事故的间接原因。形成间接原因的因素，包括社会经济、文化、教育、社会历史和法律等基础原因，统称为社会因素。事故的发生过程可以表述为由基础原因的"社会因素"产生"管理因素"，进一步产生"生产中的危险因素"，通过人与物的偶然因素触发而发生伤亡和损失。

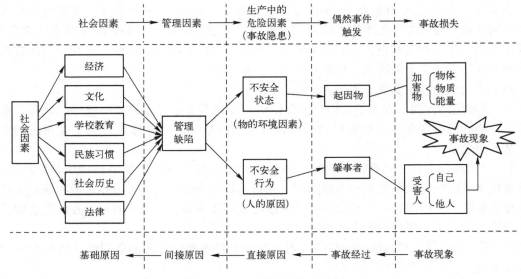

图 2-8　综合原因理论事故模型

100 多年来，事故致因理论的研究一直在不断发展和完善。目前的理论已经基本涵盖了事故致因的因素：管理因素、人的因素、物的因素和环境因素。众多事故致因理论的提出，对事故预防和控制提供了理论依据，对减少事故的发生起到了积极作用。但全球的安全生产形势依然严峻，安全生产事故的出现，对人类生命与健康构成严重威胁，对物质财富造成巨大损失，对环境造成严重污染。因此，需要制定更加有效的事故预防和应急措施，需要进一步完善事故致因理论。

## 2.4　安全文化

文化是一种无形的力量，影响着人的思维方式和行为方式。相对于提高设备设施安全标准和强制性安全制度来讲，安全文化是事故预防的一种软力量，是一种人性化管理手段。安全文化建设通过创造一种良好的安全人文氛围和协调的人机环境，对人的观念、意识、态度和行为等产生从无形到有形的影响，从而对人的不安全行为进行控制，以达到减少事故的效果。

## 2.4.1  安全文化概述

### 1. 安全文化的起源与发展

安全文化伴随着人类的产生而产生，伴随着人类社会的进步而发展。安全文化经历了从自发到自觉、从无意识到有意识的漫长过程。

在世界工业生产范围内，有意识并主动推进安全文化建设源于高技术和高危险的核安全领域。1986 年，苏联切尔诺贝利核电站事故发生以后，国际原子能机构（IAEA）首次使用"安全文化"，同年，美国国家航空航天局（NASA）将安全文化的理念应用到航空航天的安全管理工作中。1988 年，国际核安全咨询组（INSAG）在《核电厂基本安全原则》中将安全文化的概念作为一种重要的管理原则予以确定。1991 年，INSAG 出版了《安全文化》（INSAG-4）一书，首次定义了安全文化的概念"安全文化是存在于单位和个人中的种种素质和态度的总和"。《安全文化》的面世，标志着安全文化正式在世界各国传播和实践。

我国 20 世纪 90 年代初开始引入安全文化。1992 年翻译出版了 INSAG 编写的《安全文化》。1994 年，相关部门指出，"要把安全工作提高到安全文化的高度来认识。"同年，国务院核应急办公室与中国核能学会联合召开安全文化研讨会，把对安全文化的研究向前推进了一步。1995 年，国务院强调："各级党委和政府要通过加强安全生产宣传和教育、倡导安全文化等措施，促进全社会的安全生产意识和素质的普遍提高。"并发出了"中国安全文化发展战略建议书"，对在全社会推动安全文化起到了很大的作用。2001 年，国家安全生产监督管理局成立后，大力推进了安全文化建设。2004 年，国务院颁发的《国务院关于进一步加强安全生产工作的决定》（国发〔2004〕2 号）明确要求推进安全生产理论、安全科技、安全文化等方面的创新。2006 年，国家安全生产监督管理总局组织制定并印发了《"十一五"安全文化建设纲要》，并于 2008 年颁布了《企业安全文化建设导则》（AQ/T 9004—2008）和《企业安全文化建设评价准则》（AQ/T 9005—2008）。2010 年，国家安全生产监督管理总局制定印发了《关于开展安全文化建设示范企业创建活动的指导意见》，标志着我国企业安全文化建设进入了一个新阶段。

随着安全文化工作的建设，我国安全科学界把核安全领域的理念引入传统产业，把核安全文化深化到传统安全生产与安全生活领域，从而形成了一般意义上的安全文化。安全文化从核安全文化、航空航天安全文化到企业安全文化，逐渐拓宽到全民安全文化。

伴随着人类的生存与发展，人类的安全文化可归纳为 5 个阶段（见表 2-2）。

1）17 世纪前，人类的安全观念是宿命论，行为特征是被动承受型，这是人类古代安全文化的特征。

2）17 世纪末期至 20 世纪初，人类的安全观念提高到经验论水平，行为方式有了"事后弥补"的特征，由被动的行为方式变为主动的行为方式，由无意识变为有意识的安全观念，人类安全文化进入近代阶段。

3）20 世纪 50 年代，随着工业社会的发展和技术的进步，人类的安全认识论进入系统论阶段，从而在方法论上能够推行安全生产与安全生活的综合型对策，人类的安全文化进入现代的安全文化阶段。

4）20 世纪 50 年代以来，随着人类对高新技术的不断应用，人类的安全认识论进入本质论阶段，超前预防成为现代安全文化的主要特征，高技术领域的安全思想和方法论推进了传统产业和技术领域的安全手段和对策的进步。

5）21 世纪初期，自美国 2001 年"911"事件以来，国际社会对公共安全与应急管理的重视度迅速提升。2003 年抗击非典后，中国的应急管理受到从未有过的关注和重视。世界范围内各种各样的突发事件越来越呈现出频繁发生、程度加剧、复杂复合等特点，给人类的安全和社会的稳定带来更大挑战。人类的安全认识论进入突发论阶段，应急管理成为安全文化的主要特征。

表 2-2　人类安全文化的发展阶段

| 发展阶段 | 安全文化 | 观念特征 | 行为特征 |
| --- | --- | --- | --- |
| 1 | 古代安全文化 | 宿命论 | 被动承受型 |
| 2 | 近代安全文化 | 经验论 | 事后型，亡羊补牢 |
| 3 | 现代安全文化 | 系统论 | 综合型，人-机-环境对策 |
| 4 | 发展的安全文化 | 本质论 | 超前预防型 |
| 5 | 综合的安全文化 | 突发论 | 应急管理 |

安全文化理论与实践的认识和研究是一项长期的任务，随着人们对安全文化的理解、运用和实践的不断深入，人类安全文化的内涵必定会更加丰富；社会安全文化的整体水平必定会不断提高；企业也将通过安全文化的建设，使员工安全素质得以提高，事故预防的人文氛围和物化条件得以实现。

**2. 安全文化的定义**

安全文化概念最早是由国际原子能机构提出的。INSAG 编写的《安全文化》中，首次给出了安全文化的概念："安全文化是指存在于单位和个人中的种种素质和态度的总和"。英国安全健康委员会的定义：一个单位的安全文化是个人和集体的价值观、态度、能力和行为方式的综合产物。我国《企业安全文化建设导则》（AQ/T 9004—2008）的定义：企业安全文化是指被企业组织的员工群体所共享的安全价值观、态度、道德和行为规范的统一体。

企业安全文化是企业在长期安全生产和经营活动中逐步形成的，或有意识塑造的为全体员工接受、遵循的，具有企业特色的安全价值观、安全思想和意识、安全作风和态度、安全管理机制及行为规范、安全生产奋斗目标，它们是为保护员工身心安全与健康而创造的安全、舒适的生产和生活环境和条件，是企业安全物质因素和安全精神因素的总和。

概括地说，安全文化是人类在生产生活过程中，为维护安全所创造的意识形态和物质形态的总和。

**3. 安全文化的体系**

（1）安全文化的层次体系

从文化的层次来说，安全文化可分为 3 个层次：①深层的安全观念文化；②中间层的安全管理文化和安全行为文化；③表层的安全物态文化。

安全文化的层次结构如图 2-9 所示。

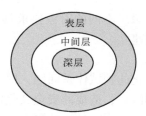

表层：安全物态文化

中间层：安全管理文化
　　　　安全行为文化

深层：安全观念文化

图 2-9　安全文化的层次结构

1）深层：安全观念文化。安全观念文化主要是指决策者和大众共同接受的安全意识、安全理念及安全价值标准。安全观念文化是安全文化的核心和灵魂。目前需要建立的安全观念文化主要有应急管理观念、预防为主的观念、安全也是生产力的观念、以人民为中心的观念、安全就是效益的观念、隐患排查治理的观念、风险最小化的观念、安全超前的观念及安全管理科学化的观念等。同时还要有自我保护的意识、保险防范的意识等。

2）中间层：安全管理文化和安全行为文化。管理文化对社会组织（或企业）和组织人员的行为产生规范性、约束性的影响，集中体现观念文化对领导和员工的要求。安全管理文化的建设包括建立法制观念、强化法制意识、端正法制态度，科学地制定法规、标准和规章制度，严格的执法程序和自觉的守法行为等。由于安全管理具有实现社会聚合及社会控制的功能，安全管理文化的变化对安全文化整体的充实、更新和发展往往能起决定性的作用。

安全行为文化是指人们在生产和生活过程中所表现出的安全行为准则、思维方式和行为模式等。行为文化是观念文化和管理文化的反映。每个员工都应自觉遵守安全法律法规和企业安全规章制度，在工作中规范自己的行为，做到不违章指挥、不违章作业、不违反劳动纪律；同时，在日常工作中要结合工作，努力学习安全技术知识，掌握安全技能，通过自我管理，逐渐养成良好的安全行为习惯。

3）表层：安全物态文化。从物态文化中能体现出组织或企业领导的安全意识和态度，反映出企业安全管理的理念，折射出安全文化的成效。安全物态文化是人类为了保障活动顺利进行，在各领域使用的安全防护设备、安全设施、器材、装置、仪器仪表、工具和用具等。安全物质文化是科学思想和审美意识的物化，是安全文化发展的物质基础，也是安全文化发展和水平的标志，不同的安全物质文化代表了不同时代的安全文化水平。

以上 3 个层次构成了安全文化的整体结构，它们相互联系、相互影响、相互渗透、相互制约。其中，安全观念文化是核心和精髓，作为中间层的安全管理文化和安全行为文化是安全观念文化通向安全物态文化的桥梁和纽带；位于表层的安全物态文化是安全文化的基础。

（2）安全文化的对象体系

从安全文化的作用对象来说，文化是针对具体的人而言的，面对不同的对象，即使是同一种文化也会有所区别。因此，针对不同的对象，安全文化所要求的内涵、层次、水平也是不同的。

以企业安全文化为例，其对象一般有 5 种：企业安全生产主要责任人或企业决策者、企业生产各级管理者（职能处室领导、车间主任、班组长等）、企业安全专职人员、企业员工和员工家属。例如，企业安全生产主要责任人的安全文化素质强调的是安全观念、态度和安全法规，不强调安全的技能和安全的操作知识。不同的对象要求具有不同的安全文化素质，其具体的知识体系需要通过安全教育和培训建立。

（3）安全文化的领域体系

从安全文化建设的空间来讲，有安全文化的领域体系问题，即行业、地区、企业由于生产方式、作业特点、人员素质和区域环境等因素，造成的安全文化内涵和特点的差异性及典型性。以企业安全文化为例，安全文化包括企业内部领域的安全文化，即厂区、车间和岗位等领域的安全文化，也包括企业外部社会领域的安全文化，如家庭、社区和生活娱乐场所等方面的安全文化。

**4. 安全文化的主要功能**

安全文化建设对提高人的安全素质可以发挥重要的作用。利用安全文化的力量，可以引导全体员工采用科学的方法从事安全生产活动。安全文化的主要功能有以下 4 种。

1）导向功能。管理决策者通过安全观念文化建设，建立完善的安全生产规章制度和约束机制，使安全生产管理规范化、科学化。同时，培育全体员工群体安全的理念及共同的价值取向，统一、规范员工群体的思想行为，引导安全生产正规发展，形成统一的、稳定的安全文化。

2）凝聚功能。当统一的价值观和目标形成后，就会产生一种积极而强大的群体意识，将每个员工紧密地联系在一起，形成一种强大的凝聚力和向心力。

3）激励功能。利用文化的激励功能，使每个人明白自己的存在和行为的价值，体现出自我价值，从而产生更大的工作动力。一方面用宏观理想和目标激励员工奋发向上，另一方面也为员工指明了成功的标准，使其有了具体的奋斗目标。

4）辐射和同化功能。企业安全文化一旦在一定的群体中形成，便会对周围群体产生强大的影响作用，迅速向周边辐射。而且，企业安全文化还会保持一个企业稳定的、独特的风格和活力，同化一批又一批新来者，使他们接受这种文化并继续保持与传播，从而使企业安全文化的生命力得以持久。

## 2.4.2　安全文化与安全管理的关系

安全文化与安全管理二者的关系是相辅相成，互相促进，不能相互取代。

1）安全文化是安全管理的基础。安全管理是有投入、有产出、有具体目标、有实践的生产经营活动全过程，是安全文化在具体制度上的体现。制度再周密也不可能涉及生产活动中的全部，而文化可以时时、处处对人们的行为起到约束作用，因此，安全文化是安全管理的基础和背景，是理念和精神支柱。

2）安全文化是安全管理的灵魂。安全文化集中体现了安全意识和观念、价值观和行为准则，安全文化氛围影响员工的行为方式，良好的安全行为减少了事故的发生，因而最终决定着安全业绩。安全文化是企业安全生产的灵魂，安全文化的水平影响安全管理的机制和方法，安全文化的氛围和特征决定安全管理模式。

3）安全文化是安全管理的软手段。在安全管理工作中，安全文化起着提高人的安全意识、规范人的行为的作用；同时文化管理也是一种新的管理方式，运用灵活、全面、能动的手段，充分发挥安全文化在安全管理中的信仰凝聚、行为激励、行为规范和认识导向等作用。

4）安全管理是安全文化的重要组成部分。安全管理能够形成和改变人对安全的认识观念和对安全活动及事物的态度，使人的行为更加符合社会生活及企业生产中的安全规范和要求。安全管理的水平对安全文化的质和量都起着决定性的作用。没有行之有效的安全管理，就没有良好的安全文化，安全文化的建设和发展离不开安全管理。

总之，安全文化能够促进安全管理的理论与机制创新，安全管理能够激励安全文化的创新与发展。正确处理安全文化与安全管理的关系，对营造优良的安全文化氛围和做好安全管理都具有十分深远的意义。

### 2.4.3　安全文化的建设和发展

**1. 安全文化建设的重要意义**

安全文化建设除了关注人的知识、技能、意识、思想、观念、态度和道德等内在素质外，还重视人的行为、安全装置、生产设施和设备、工具材料和环境等外在因素。安全文化建设的重要意义有以下几个方面。

（1）全面提高企业全员安全文化素质

企业安全文化建设应以培养员工安全价值观念为首要目标，分层次、有重点、全面地提高企业员工的安全文化素质。对于决策层，其要求起点要高，不但要树立"安全第一、预防为主""安全就是效益""关爱生命、以人民为中心"等基本安全理念，还要了解安全生产相关法律法规，勇于承担安全责任；企业管理层应掌握安全生产方面的管理知识，熟悉安全生产相关法规和技术标准，做好企业安全生产教育、培训和宣传等工作；企业基层员工不但要自觉培养安全生产的意识，还应主动掌握必需的生产安全技能。

（2）提高企业安全管理的水平和层次

管理活动是人类发展的重要组成部分。提升企业安全管理水平和层次，需要传统安全管理向现代安全管理转变。无论是管理思想、管理理念，还是管理方法、管理模式等都需要进一步改进。企业应建立健全富有自身特色的职业安全健康管理体系，针对企业自身风险特点和类型实施超前预防管理。

（3）营造浓厚的安全生产氛围

通过丰富多彩的企业安全文化活动，在企业内部营造一种"关注安全，关爱生命"的良好氛围，促使企业更多的群体对安全有新的、正确的认识和理解，将全体员工的安全需要转化为具体的愿景、目标、信条和行为准则，转化为员工安全生产的精神动力，并为企业的安全生产目标而努力。

（4）树立企业良好的外部形象

企业文化作为企业的商誉资源，是企业核心竞争力的一个重要体现。树立企业良好的外部形象，提升企业核心竞争力中的软实力，有利于企业在投标、信贷、寻求合作、占有市场和吸引人才等方面，发挥出巨大的作用。

**2. 安全文化建设的核心内容**

安全文化建设的核心内容是安全观念文化的建设。安全观念文化是人们在长期的生产实践活动过程中所形成的一切反映人们安全价值取向、安全意识形态、安全思维方式和安全道德观等精神因素的统称。安全观念文化是安全文化发展的最深层次，是指导和明确企业安全管理工作方向和目标的指南，是激发全体员工积极参与、主动配合企业安全管理的动力，具体表现在有关安全生产的哲学、艺术、伦理、道德、价值观、风俗和习惯等方面。

企业安全价值观是企业安全观念文化的集中体现，而安全观念文化是人们关于安全工作以及安全管理的思想、认识、观念、意识等，这些将时时处处指导和影响员工的行动方向和行动效果。无论是高危企业还是其他有可能出现安全事故的单位，都应该明确企业安全文化建设的核心内容，科学系统地建立、健全企业全体员工能认同、理解、接受、执行的先进安全价值观念。

**3. 安全文化的建设与实践**

（1）安全文化建设的模式

安全文化建设的模式，就是期望用一种直观、简明的概念模式把安全文化建设的规律表现出来，以有效而清晰的形式指导安全文化建设实践。根据安全文化的理论体系与层次结构，可从观念文化、管理与法制文化、行为文化和物态文化4个方面构建安全文化建设的层次结构模式，如图2-10所示。

安全文化建设的层次结构模式归纳了安全文化建设的形态与层次结构的内涵和联系。横向结构体系包括观念、管理与法制、行为和物态4个安全文化方向。纵向结构体系，按层次系统划分，第一个层次是安全文化的形态，第二个层次是安全文化建设的目标体系，第三个层次是安全文化建设的模式和方法体系。

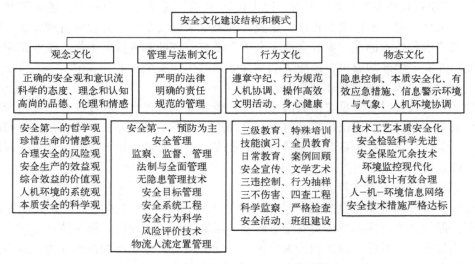

图 2-10　安全文化建设的层次结构模式

根据系统工程的思想，还可以设计出安全文化建设的系统工程模式。即从建设领域、建设对象、建设目标和建设方法4个层次的系统出发，将一个企业安全文化建设所涉及的系统分为企业内部和企业外部。只有全面进行系统建设，企业的安全生产才有文化的基础和保障。不同行业的安全文化建设情况不同。例如，交通、民航、石油化工、商业与娱乐等行业，安全文化建设就不能仅考虑在企业或行业内部进行，必须考虑外部或社会系统建设问题。

因此，企业安全文化建设的系统工程模式，如图2-11所示。

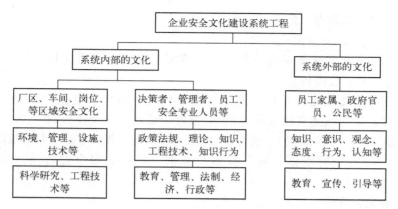

图 2-11　企业安全文化建设的系统工程模式

上述安全文化的建设模式主要是针对企业或行业行为而言的。如果从政府推动安全文化的建设与发展角度出发，则应考虑全社会的文化建设，把建设安全文化、提升全民素质，作为开拓我国安全生产新纪元重大战略发展来认识。为此，在社会层面可从以下方面开展工作，以加强安全文化的系统工程建设：①组建中国安全文化发展促进会，以有效组织全社会的安全文化建设；②成立"安全文化研究和奖励基金"，为推进安全文化进步提供支持；③在研究试点的基础上，推广企业安全文化建设模式样板工程和社会（社区）安全文化建设模式样板工程，加快我国安全文化的发展速度；④在学校（小学、中学）开设安全知识辅导课，提高学生安全素质；⑤有效组织发展安全文化产业，即向社会和企业提供高质量的安全宣教产品，组织和办好安全生产周（月）等活动，改善安全教育方法，统一安全生产培训教育模式，规范安全认证制度，发展安全生产中介组织等。

（2）企业安全文化建设的方式

企业安全文化建设可通过以下 4 种方式进行。

1）班组及员工的安全文化建设。

运用传统的安全文化建设手段：三级教育、特殊教育、检修前教育、开停车教育、日常教育、持证上岗、班前安全活动、标准化岗位和班组建设、技能演练和三不伤害活动等。

推行现代的安全文化建设手段：三群对策（群策、群力、群管）、班组建小家活动、"绿色工程"建设、事故判定技术、危险预知活动、风险报告机制、家属安全教育和应急演习等。

2）管理层及决策者的安全文化建设。

运用传统的安全文化建设手段：全面安全管理、四全安全活动、责任制体系、三同时、定期检查制、行政管理、经济奖惩和岗位责任制大检查等。

推行现代的安全文化建设手段：三同步原则、目标管理法、无隐患管理法、系统科学管理、系统安全评价、动态风险预警模式、应急救援预案和事故保险对策等。

3）生产现场的安全文化建设。

运用传统的安全文化建设手段：安全标语、安全标志和事故警示牌等。

推行现代的安全文化建设手段：技术及工艺的本质安全化、安全标准化建设、车间安全生产工作日计时、三防管理（尘、毒、烟）、四查工程（岗位、班组、车间、厂区）、三点控制（事故多发点、危险点、危害点）等。

4）企业人文环境的安全文化建设。

运用传统的安全文化建设手段：安全宣传墙报、安全生产周（日、月）、安全竞赛活动、安全演讲比赛和事故报告会等。

推行现代的安全文化建设手段：安全文艺（晚会、电影、电视）活动、安全文化月（周、日）、事故祭日（或建事故警示碑）、安全贺年活动、安全宣传的"三个一工程"（一场晚会、一条新标语、一块墙报）、青年员工的"六个一工程"（查一个事故隐患、提一条安全建议、创一条安全警示语、讲一件事故教训、当一周安全监督员、献一笔安全经费）等。

### 4. 企业安全文化评价

（1）企业安全文化评价的目的与意义

安全文化评价既是对企业安全文化现状的一种描述性评估，也可以为提高企业安全文化水平提供科学依据。通过安全文化评价，分析初评结果，可了解接受测试的员工对企业安全文化的感受程度，进行不同管理层人员和不同部门的工作人员对安全文化敏感性的分析，同时，也可初步了解企业在安全文化建设上的薄弱环节，以实现持续改进。

通过对企业安全文化的评价，可以把企业安全文化这样一个较为抽象的概念，具体到每一个部门及每一位成员的身上，将软的、难以把握的安全价值观转变为硬的技术经济约束。企业安全文化一旦与生产实践相结合就转变为经济，这种结合的技术手段之一就是评价。因此安全文化评价不单是为了取得结论性的评语，评价过程本身就是对企业安全文化进行系统建设的过程，也是企业安全文化转变为生产力的过程。

（2）安全文化评价标准及考核办法

1）安全文化评价标准。

2019 年，在全国安全文化建设示范企业评选活动中提出了《全国安全文化建设示范企业评价标准（修订版)》（简称《评价标准》）。

《评价标准》中评价指标分为 3 类指标，其中，Ⅰ类一级指标 1 个（二级指标 3 个）；Ⅱ类一级指标 11 个（二级指标 50 个），满分 300 分；Ⅲ类一级指标 1 个（二级指标 4 个），满分 24 分。Ⅰ类二级指标是否决项，不参与评价；每个Ⅱ类二级指标评定分数为 0~6 分；每个Ⅲ类二级指标评定分数为 0 或 6 分。

2）安全文化考核办法。

① Ⅰ类二级指标中有任何一项不合格的企业，不能申报"全国安全文化建设示范企业"。

② Ⅱ类二级指标中出现 0 分指标，不能申报"全国安全文化建设示范企业"。

③ Ⅱ类指标得分总和低于 270 分（含），不能申报"全国安全文化建设示范企业"。

④ 按Ⅱ、Ⅲ类指标得分总和依次排序，高分者优先申报。

（3）安全文化评价实施程序

企业安全文化评价过程一般遵循 9 个步骤，最终形成正式的《企业安全文化建设评价报告》，为企业安全文化建设提供相应的参考。

1）成立评价组织机构。企业开展安全文化评价工作时，首先应成立评价组织机构，并由其确定评价工作的实施机构。

企业实施评价时，由评价组织机构负责确定测评人员并成立安全文化评价工作组。必要时可选聘有关咨询专家或咨询专家组。咨询专家（组）的工作任务和工作要求由评价组织机构明确指出。

安全文化评价人员应具备以下基本条件：①熟悉企业安全文化评价相关业务，有较强的综合分析判断能力与沟通能力；②具有较丰富的企业安全文化建设与实施专业知识；③在安全文化评价工作中坚持原则、秉公办事；④企业安全文化评价的负责人应有丰富的企业安全文化建设经验，熟悉评价指标及评价模型。

2）制定评价工作实施方案。评价工作实施机构应参照相应的安全文化评价标准与体系制定评价工作实施方案。方案中应包括所用的安全文化评价方法、安全文化评价样本、访谈提纲、测评问卷和实施计划等内容，并应报送评价组织机构批准。

3）下达评价通知书。在实施评价前，由评价组织机构向选定的单位下达评价通知书。评价通知书中应当明确：①评价的目的、用途和要求；②应提供的资料及对所提供资料应负的责任；③其他需在评价通知书中明确的事项。

4）收集评价资料。根据前述评价标准设计评价调研问卷，根据评价工作实施方案收集整理评价基础数据和基础资料。资料收集采取访谈、问卷调查、召开座谈会、专家现场观测、查阅有关资料和档案等形式进行。安全文化评价人员要对评价基础数据和基础资料进行认真检查、整理，确保评价基础资料的系统性和完整性。评价工作人员应对接触的资料内容履行保密义务。

5）评价数据统计分析。对调研结果和基础数据核实无误后，可借助 Excel、SPSS、SAS 等统计软件进行数据统计，然后根据评价标准建立的数学模型和实际选用的调研分析方法，对统计数据进行分析。

6）撰写评价报告。统计分析完成后，安全文化评价工作组应按照规范的格式，撰写《企业安全文化建设评价报告》，报告评价结果。

7）反馈企业征求意见。评价报告提出后，应反馈企业征求意见并做出必要修改。

8）提交评价报告。评价工作组修改完成评价报告后，经测评项目负责人签字，报送评价组织机构审核确认。

9）进行评价工作总结。评价项目完成后，评价工作组要进行评价工作总结，将工作背景、实施过程、存在的问题和建议等形成书面报告，报送评价组织机构，同时建立评价工作档案。

企业的安全文化是企业文化的重要组成部分，与企业文化的总目标、内容、层次性和功能相一致。企业在生产的过程中，形成安全文化，同时，安全文化的形成又作用于安全生产，是企业可持续发展的有效保障。企业安全文化的评价是企业安全文化的内涵、外在反映以及可持续发展的综合评价。通过安全文化的评价，可以为企业的安全文化建设提供方向，为企业安全文化的进步发展奠定基础。

## 2.4.4　企业安全文化建设实例

总体上看，国外企业安全文化建设起步比较早，并且取得了较好的成就。其中，美国杜邦公司安全管理取得了卓越的成效，是企业安全文化的优秀代表。

（1）杜邦公司的安全业绩

杜邦公司的安全业绩是惊人的，安全业绩有两个 10 倍：一是杜邦的安全记录优于其他企业 10 倍；二是杜邦员工上班时比下班后还要安全 10 倍。

据统计，杜邦深圳独资厂从 1991 年起，因无工伤事故而连续获得杜邦总部颁发的安全奖；1993 年，上海杜邦农化有限公司创下 160 万工时无意外，成为世界最佳安全记录之一；1996 年，东莞杜邦电子材料有限公司，荣获美国总部的董事会安全奖。2001 年，杜邦公司属下的 370 个工厂和部门中，80% 没有发生过工伤病假及以上的安全事故，至少 50% 的工厂没有出现过工业伤害事故，有 20% 的工厂超过 10 年以上没有发生过安全伤害事故，多年 20 万工时的损工事故发生率在 0.3 以下。2003 年 9 月，杜邦公司被 *Occupational Hazards* 杂志评为最安全的美国公司之一，美国职业安全局 2003 年嘉奖的"最安全公司"中，有 50% 以上的公司接受过杜邦公司的安全咨询服务。

通过 200 多年的努力，杜邦公司保持着优秀的安全纪录：安全事故率是工业平均值的 1/10，杜邦公司员工在工作场所比在家里安全 10 倍，超过 60% 的工厂实现了零伤害，许多工厂都实现了连续 20 年甚至 30 年无事故。这些安全绩效上的成就与杜邦公司倡导和实施的安全文化密不可分。

（2）杜邦安全文化的发展阶段

美国杜邦公司成立于 1802 年，在第一个 100 年里，杜邦公司的安全记录是不良的，发生了很多事故，其中最大的事故发生在 1818 年，杜邦 100 多名员工中有 40 多名在事故中受伤甚至丧生，企业濒临破产。杜邦公司在沉沦中崛起后得出一个结论：安全是公司的核心利益，安全管理是公司事业的一个组成部分，安全具有压倒一切的优先权。从事的高危行业促成了杜邦公司对安全的特殊重视，世界上最早制定出安全条例的公司便是杜邦公司。1812 年公司明确规定：进入工场区的马匹不得钉铁掌，马蹄都要用棉布包裹，以免马蹄碰撞其他物品产生明火引起火药爆炸；任何一道新的工序在没有经过杜邦家庭成员试验以前，其他员工不得进行操作等。杜邦公司经过 200 多年的发展，已经形成了自己的企业安全文化，并把安全、健康和环境作为企业的核心价值之一。杜邦公司认为：安全具有显而易见的价值，而不仅仅是一个项目、制度或培训课程；安全与企业的绩效息息相关；安全是习惯化、制度化的行为。

杜邦安全文化的发展经历了 4 个阶段：自然本能阶段、严格监督阶段、自主管理阶段和团队管理阶段。

第 1 阶段自然本能阶段。该阶段的企业和员工对安全的重视，仅仅是一种自然本能保护的反应，员工对安全是一种被动的服从，安全缺少高级管理层的参与，事故率很高。

第 2 阶段严格监督阶段。该阶段的特征如下：各级管理层对安全责任做出承诺；员工执行安全规章制度仍是被动的，因害怕被纪律处分而遵守规章制度，此阶段安全绩效会有提高，但事故发生率仍较高。

第 3 阶段自主管理阶段。该阶段事故率较低，企业已具有良好的安全管理及体系，员工具备良好的安全意识，视安全为自身生存的需要和价值的实现。

第 4 阶段团队管理阶段。该阶段事故率更低甚至趋于零，员工不但自己遵守各项规章制度，而且有意帮助别人；不但观察自己岗位上的不安全行为和条件，而且能留心观察其他岗位；员工将自己的安全知识和经验分享给其他同事等。

（3）杜邦安全文化的理念

杜邦建立了一整套适合自己的安全管理体系，建立了十大安全理念：①一切事故都可以防治；②管理层要抓安全工作，同时对安全负责任；③所有危害因素都可以控制；④安全工作是雇佣的一个条件；⑤所有员工都必须经过安全培训；⑥管理层必须进行安全检查；⑦所有不良因素都必须立即纠正；⑧工作之外的安全也很重要；⑨良好的安全创造良好的业务；⑩员工是安全工作的关键。杜邦公司坚持安全管理以人民为中心的信念，并制定了一套十分严格、苛刻的安全防范措施。正是这些苛刻的措施，令员工感到十分安全。

杜邦公司除了注重厂区内的工作安全，同样也注重员工离厂后的生活安全，据统计，员工在厂内的事故数量仅为离厂后的 1/19，可见，杜邦公司企业内部的安全生产水平之高。

每周二是杜邦的"工厂安全日"，主管会检讨最近工伤状况，各部门也会派人员宣传工作安全的重要。杜邦公司的主管有一半的时间在做"安全"相关业务，他们不只口头上强调重视安全，在实际作为上也表现出对安全的关注。

杜邦公司的配合厂商，一定要先符合各种安全规定，才可以进一步参与各种招标案，有些承包商嫌麻烦，会先知难而退，其余留下来的都能符合要求。因此，很少发生生产事故。

在杜邦全球所有的机构中，均设有独立的安全管理部门和专业管理人员。这些专业人员与在各部门中经过严格培训的合格安全协调员，共同组成完整的安全管理网络，保证各类信息和管理功能畅通无阻地到达各个环节。同时，杜邦有一整套完善的安全管理方案和操作规程，全体员工均参与危险的识别和消除工作，保证将隐患消灭在萌芽状态。

## 人物简介

赫伯特·威廉·海因里希（Herbert William Heinrich）（1886—1962年），生于美国佛蒙特州的本宁顿，是 20 世纪 30 年代美国工业安全的先驱。曾在纽约大学讲授 20 多年安全课程；第一次世界大战期间，曾担任美国海军工程师；第二次世界大战期间，被任命为美国陆军战争咨询委员会安全部门主席，1961 年成为美国安全工程师协会会员。海因里希在担任旅行者保险公司工程师和检验部助理总监期间，结合 17 年的经历，
于 1931 年出版了安全研究历史上的经典著作 *Industrial Accident Prevention：A Scientific Approach*（《工业事故预防》，简称《事故》）。在《事故》中，最广为人知的是海因里希法则和海因里希事故致因理论，它们是其对安全领域最重要的贡献。《事故》自 1931 年（第 1 版）出版以来，分别于 1941 年（第 2 版）、1950 年（第 3 版）及 1959 年（第 4 版）出版过 4 个版本。海因里希去世后，1980 年，Petersen 和 Roos 对这部著作进行了完善，出版了第 5 版 *Industrial Accident Prevention：A Safety Management Approach*。

## 典型例题

2.1　某矿辅助运输环节复杂，运输事故比例较高。根据对提升事故致因的分析发现：一是由于提升运输的钢丝绳拦挡装置反应迟缓；二是由于矿工在斜井作业时，未能意识到自己的不安全行为。为了保障斜井提升运输的安全性，该矿井对斜井提升运输的安全防护装置进行了智能化改造，同时强化员工安全意识，避免不安全行为发生。上述对事故致因的分析及其采取的措施符合（　　　）。

A. 海因里希事故连锁理论

B. 轨迹交叉理论

C. 事故频发倾向理论

D. 能量意外释放理论

2.2 大型群众性活动的安全管理应当遵循安全第一、预防为主的方针。根据《大型群众性活动安全管理条例》，大型群众性活动应当坚持的安全管理原则是（　　）。

A. 承办者负责、社会监督

B. 承办者负责、政府监管

C. 主办者负责、政府监管

D. 主办者负责、社会监督

2.3 某热力公司供热锅炉发生故障。故障抢修过程中，发现锅炉房桥式起重机主钩抱闸故障，存在溜钩现象。由于起重设备厂家人员不能及时到场，工作负责人急于恢复供热，安排检修工甲站在桥式起重机主钩抱闸处，采用扳手配合制动。起吊过程中，抱闸闸箱突然破裂，碎片击中甲的头部，经送医院抢救无效死亡。根据《企业职工伤亡事故分类》（GB/T 6441—1986），该事故的类别为（　　）。

A. 物体打击事故

B. 起重伤害事故

C. 其他伤害事故

D. 机械伤害事故

2.4 某建筑企业在 2018—2020 年期间，先后发生了 4 起生产安全事故，分别是①汽车吊吊运时模板坠落砸伤 2 人；②员工不慎从光滑的洞口滑落，撞击到脚手架，造成胫骨骨折；③塔吊在起重过程中由于钢丝绳断裂发生倾覆，将员工砸伤；④从脚手架上坠落的角磨机击中一员工肩部，导致其肩部受伤。根据《企业职工伤亡事故分类》（GB/T 6441—1986），以上生产安全事故情形中，包含的事故类型有（　　）。

A. 坍塌　　　B. 物体打击　　　C. 起重伤害　　　D. 高处坠落　　　E. 机械伤害

2.5 某机械制造加工重点县的应急管理部门人员王某，根据《企业职工伤亡事故分类》（GB/T 6441—1986）规定，统计了该县 10 年来失能伤害的起数，见表 2-3。根据海因里希法则，在机械事故中伤亡（死亡、重伤）、轻伤、不安全行为的比例为 1∶29∶300，可以推测该县自 2012 年至 2021 年年底前，不安全行为总的起数是（　　）起。

A. 300　　　　　B. 600　　　　　C. 900　　　　　D. 1200

表 2-3　典型例题 2.5 表　　　　　　　　　　　　（单位：人数）

| 伤害名称 | 2012 | 2013 | 2014 | 2015 | 2016 | 2017 | 2018 | 2019 | 2020 | 2021 |
|---|---|---|---|---|---|---|---|---|---|---|
| 远端指骨（拇指） | 0 | 0 | 0 | 0 | 0 | 1 | 0 | 0 | 0 | 0 |
| 远端指骨（食指） | 0 | 0 | 1 | 0 | 0 | 0 | 0 | 0 | 0 | 1 |
| 远端指骨（中指） | 1 | 0 | 1 | 1 | 0 | 1 | 0 | 1 | 1 | 1 |
| 远端指骨（无名指） | 2 | 1 | 1 | 1 | 1 | 1 | 2 | 1 | 0 | 1 |
| 远端指骨（小指） | 1 | 2 | 0 | 1 | 1 | 0 | 1 | 1 | 1 | 1 |

2.6　某企业在推动安全文化建设过程中，首先从人员的行为规范入手，在厂区内实行人车分流管理模式，指定人车行走轨迹路线，倡导员工"两人成行，三人成列"。按照指定的人行路线出入厂区，形成了浓厚的安全文化氛围。企业从学校和社会分别新招聘了 9 名员工。一周后，这 9 名员工也按照指定行走路线，自觉做到出入厂区时"两人成行，三人成列"。新员工的这种行为，体现了安全文化功能中的（　　）。

　　A. 导向功能　　　　B. 激励功能　　　　C. 辐射和同化功能　　　D. 凝聚功能

2.7　由于人为原因发生爆炸，（　　）事故的发生，酿成了核泄漏的世界性大灾难，由此，国际原子能机构提出核电站"安全文化"概念。

　　A. 日本广岛原子弹爆炸　　　　　　　　B. 韩国的核泄漏事故
　　C. 苏联切尔诺贝利核电站　　　　　　　D. 日本地震

2.8　属于安全文化的物态层面的有（　　）。

　　A. 劳保服、安全帽、电工用的绝缘鞋　　B. 消防车
　　C. 安全标志牌　　　　　　　　　　　　D. 十字路口红绿灯、人行横道斑马线
　　E. 用于宣传劳动保护和安全的设施

2.9　安全文化的行为层面包含（　　）。

　　A. 个体的安全行为文化　　　　　　　　B. 安全管理文化
　　C. 群体的安全文化　　　　　　　　　　D. 领导的安全文化
　　E. 安全物态文化

## 复习思考题

2.1　安全管理有哪些原则？

2.2　如何将管理的原理应用于安全管理工作中？

2.3　简述代表性事故致因理论的主要观点。

2.4　简述事故的规律性。

2.5　什么是安全文化？

2.6　简述安全文化的主要功能。

2.7　企业安全文化建设的核心内容是什么？

2.8　企业安全文化评价的实施程序是什么？

2.9　简述杜邦安全文化的理念。

# 第 3 章

# 安全管理方法

安全管理是以安全为目的，进行的计划、组织、指挥、协调和控制等系列活动。安全管理是安全生产的重要组成部分，是安全生产永恒的主题。人类在长期的安全生产管理活动过程中，探索和总结出了许多行之有效的管理方法。这些安全管理方法对于指导安全生产工作，避免或减少事故的发生，提高安全管理水平具有重要意义。

## 3.1 安全计划管理方法

### 3.1.1 安全计划管理概述

#### 1. 安全计划管理的含义

计划是指未来行动的方案。计划具有 3 个明显的特征：必须与未来有关；必须与行动有关；必须由某个机构负责实施。也就是说，计划是人们对行动及目的的"谋划"，中国古代所说的"凡事预则立，不预则废""运筹帷幄之中，决胜千里之外"，说的就是这种计划。当今社会，人们为了纷繁复杂的社会生产、生活，需要制定各种各样的计划，例如，大至国家的政治方针，小至某项工作。对于企业安全管理而言，需要制定安全计划管理。

安全生产活动作为人类改造自然的一种有目的的活动，需要在安全工作开始前就确定安全工作的目标。安全活动必须以一定的方式消耗一定数量的人力、物力和财力资源，这就要求在安全活动前对所需资源的数量和消耗方式做出相应的安排。企业安全活动本质上是一种社会协作活动，为了有效地进行协作，必须事先按需要安排好人力资源，并把人们的行动相互协调起来，为实现共同的安全生产目标而努力工作。企业安全活动需要在一定的时间和空间中展开，为了使之在时间和空间上协调，必须事先合理地安排各项安全活动的时间和空间。如果没有明确的安全计划管理，安全生产活动就没有方向，人、财、物就不能合理组合，各种安全活动的进行就会出现混乱，活动结果的优劣也没有评价的标准。

#### 2. 安全计划管理的作用

安全计划管理作为企业安全管理的职能，主要有 3 个方面的作用。

（1）安全计划管理是安全决策目标实现的保证

安全计划管理是为了具体实现安全决策目标，将整个安全目标进行分解，计算并筹划人力、财力、物力，拟定实施步骤、方法和制定相应的策略、政策等一系列安全管理活动。任何安全计划管理都是为了促使实现某一个安全决策目标而制定和执行的。安全计划管理能使安全决策目标具体化，能保证安全决策目标的实现。

（2）安全计划管理是安全工作的实施纲领

任何安全管理都是安全管理者为了达到一定的安全目标，而对管理对象实施的一系列的影响和控制活动，这些活动包括计划、组织、指挥、协调和控制等。安全计划管理是安全管理过程的重要职能，是安全工作中一切实施活动的纲领。通过计划使安全管理活动按时间、有步骤地顺利进行。

（3）安全计划管理是资源合理利用的保障

当今时代，由于社会生产力的发展，各行各业以及它们内部的各个组成部分之间分工协作严密，生产呈现出高度社会化。每一项活动中任何一个环节如果出了问题，就可能要影响到整个系统的有效运行。因此，必须统筹安排、反复平衡、充分考虑相关因素和时限，而安全计划管理工作能够通过经济核算，合理地利用企业人力、物力和财力资源，有效地防止可能出现的盲目性和紊乱，使企业安全管理活动取得最佳的效益。

**3. 安全计划管理的内容**

安全计划管理必须具备 3 个要素。

1）目标。安全工作目标是安全计划管理产生的导因，也是安全计划管理的最终方向。因此，制定安全计划管理前，要分析研究安全工作现状，并明确无误地提出安全工作的目的和要求，以及指出这些要求的根据，使安全计划管理的执行者事先了解安全工作未来的结果。

2）措施和方法。措施和方法是实现安全计划管理的保证。措施和方法主要指达到既定安全目标需要什么手段、动员哪些力量、创造什么条件、排除哪些困难，如果是集体的计划，还要写明某项安全任务的责任者，以便于检查监督，确保安全计划管理的实施。

3）步骤。在制定安全计划管理时，有了总的时限以后，还必须有每一阶段的时间要求以及人力、物力、财力的分配使用，使有关单位和人员知道在一定的时间内，在一定的条件下，把工作做到什么程度。

## 3.1.2 安全计划管理的指标体系

**1. 安全计划管理指标的概念**

安全计划管理指标，是指计划任务的具体化，是计划任务的数字表现。一定的计划指标，通常是由指标名称和指标数值两部分组成的，如企业产品产量、销售额等。计划指标的数字有绝对数和相对数之分。以绝对数表示的计划指标，要有计量单位；而以相对数表示的计划指标，通常用百分比等。

由于社会现象和过程是一个有机的整体，因此，表示计划任务的各项指标是相互联系、相互依存的，从而构成一个完整的指标体系。进行计划管理，搞好综合平衡，都要求有一个完整而又科学的计划指标体系。

**2. 安全计划管理指标体系的分类**

安全计划管理指标体系是由不同类型的指标构成的，而每一类指标又包括许多具体指标，这些指标从不同的角度进行划分，大致可以分成以下几类。

（1）数量指标和质量指标

计划任务的实现既表现为数量的变化，又表现为质量的变化，计划指标按其反映的内容不同，可分为数量指标和质量指标。

1）数量指标。数量指标是以数量来表现计划任务，用以反映计划对象的发展水平和规模，一般用绝对数表示。如企业的总产量、安全生产总投入和劳动工资总额等。

2）质量指标。质量指标是以深度、程度来表现计划任务，用以反映计划对象的素质、效率和效益，一般用相对数或平均数表示。如企业的劳动生产率、成本降低率、设备利用率和隐患整改率等。

（2）实物指标和价值指标

1）实物指标。实物指标是指用质量、容积、长度和件数等实物计量单位来表现使用价值的指标。运用实物指标，可以具体确定各生产单位的生产任务、确定各种实物产品的生产与安全的平衡关系。

2）价值指标。价值指标又称为价格指标或货币指标，它是以货币作为计量单位来表现产品价值和资金运动的指标。价值指标是进行综合平衡和考核的重要指标，它能够将不同的产品和劳务加总起来，反映生产和安全管理的总成果，并对各种生产情况进行比较分析。在实际工作中，通常使用的价值指标有两种：一是按不变价格计算的，这可以消除价格变动的影响，反映不同时期商品产品量的变化；二是按现行价格计算的，可以大体反映商品价值量的变动，用于核算分析和综合平衡。

（3）考核指标和核算指标

1）考核指标。考核指标是考核安全计划管理任务执行情况的指标。如考核安全学习情况的指标——员工学习成绩及格率；考核安全检查质量的指标——隐患整改率。考核指标既可以是实物指标，又可以是价值指标；既可以是数量指标，又可以是质量指标。

2）核算指标。核算指标是指在编制安全计划管理过程中供分析研究用的指标，只作计划的依据。如企业中安全生产装备、安全控制能力利用情况、安全生产投入的使用金额和安全生产产生的收益额等。

（4）指令性指标和指导性指标

指令性指标是企业用指令下达的执行单位必须完成的安全生产指标，具有权威性和强制性；指导性指标，对企业安全工作只起指导作用，不带强制性。

（5）单项指标和综合指标

单项指标是指安全工作中单项任务完成情况的指标。如某台设备的检修安全任务完成情况指标、某项工程的安全控制情况指标等。

综合指标是反映安全计划管理任务综合情况的指标。如企业整体安全管理工作是由各项具体安全工作任务指标综合而成的。

### 3.1.3  安全计划管理的编制

**1. 安全计划管理编制的原则**

安全计划管理具有主观性，计划制定的好坏取决于计划和客观相符合的程度。为此，在安全计划管理的编制过程中，必须遵循以下一系列的原则。

（1）科学性原则

科学性原则，是指企业所制定的安全计划管理必须符合安全生产的客观规律，符合企业的实际情况。因此，这就要求安全计划管理编制人员必须从企业安全生产的实际出发，深入调查研究、掌握客观规律，使每一项计划都建立在科学的基础之上。

（2）统筹兼顾的原则

统筹兼顾的原则是指在制定安全计划管理时，不仅要考虑到计划对象系统中所有的各个构成部分及其相互关系，而且还要考虑到计划对象和相关系统的关系，按照它们的必然联系，进行统一筹划。要处理好重点和一般的关系，处理好简单再生产和扩大再生产与安全生产的关系，还要处理好国家、地方、企业和员工个人之间的关系。按照统筹兼顾的原则，一方面要保证国家的整体利益和长远利益，强调局部利益服从整体利益，眼前利益服从长远利益；另一方面又要照顾到地方、企业和员工个人的利益。

（3）积极可靠的原则

制定安全计划管理指标既要积极，又要可靠。计划要落到实处，必须要有资源条件作保证，不能留有缺口。坚持这一原则，把尽力而为和量力而行正确结合起来，使安全计划管理既有先进性，又有科学性，保证安全生产，效益持续、稳定、健康地发展。

（4）弹性原则

弹性原则，是安全计划管理在实际安全管理活动中的适应性、应变能力和与动态的安全管理对象相一致的性质。一是指标不能定得太高，否则经过努力也达不到，既挫伤计划执行者的积极性，又使计划容易落空；二是资金和物资的安排、使用应留有一定的后备，否则难以应付突发事件、自然灾害等不测情况。任何计划都只是预测性的，在计划的执行过程中，往往会出现一些人们事先预想不到或者无法控制的事件。因此，必须使计划具有弹性和灵活的应变能力，以及时适应客观事物各种可能的变化。

（5）瞻前顾后的原则

在制定安全计划管理时，必须有远见，能够预测到未来发展变化的方向；同时又要参考以前的历史情况，保持计划的连续性。为实现安全计划管理的目标，合理地确定各种比例关系。从系统论的角度来说，也就是保持系统内部结构的有序和合理。所以，制定计划时，必须对计划的各个组成部分、计划对象与相关系统的关系进行统筹安排。其中，最重要的就是保持任务、资源与需求之间，局部与整体之间，当前与长远之间的平衡。

（6）群众性原则

群众性原则，是指在制定和执行计划的过程中，必须依靠群众、发动群众、广泛听取群众意见，依靠群众的安全生产经验和安全工作聪明才智，制定出科学、可行的安全计划管理，激发员工的安全积极性，自觉地为安全目标的实现而奋斗。

**2. 安全计划管理编制的程序**

（1）调查研究

编制安全计划管理，必须弄清计划对象的客观情况，这样才能做到目标明确，有的放矢。为此，在计划编制之前，必须按照计划编制的目的要求，对计划对象中的各个有关方面进行现状和历史的调整，全面积累数据，充分掌握资料。从获得资料的方式来看，调查研究方法有亲自调查、委托调查、重点调查、典型调查、抽样调查和专项调查等。

（2）科学预测

预测，就是通过分析和总结某种安全生产现象的历史演变和现状，掌握客观过程发展变化的具体规律性，揭示和预见其未来发展趋势及数量表现。预测是安全计划管理的依据和前期。因此，在调查研究的基础上，必须邀请有关安全专家参加，进行科学预测，得出科学、可信的数据和资料。安全预测的内容十分丰富，主要有工艺状况预测、设备可靠性预测、隐患发展趋势预测和事故发生的可能性预测等。

（3）拟定计划方案

经过充分的调查研究和科学的安全计划管理预测，计划机关或计划者掌握了形成安全计划管理足够的数据和资料，根据这些数据和资料，审慎地提出计划的安全发展战略目标、安全工作主要任务、有关安全生产指标和实施步骤的设想，并附上必要的说明。通常情况下，一般要拟定几种不同的方案以供决策者选择之用。

（4）论证和择定计划方案

该程序的主要工作可归纳为如下。

1）通过各种形式和渠道，召集各方面安全专家，开展评议会，进行科学论证，同时，也可召集员工座谈会，广泛听取意见。

2）修改补充计划草案，拟出修订稿，再次通过各种形式渠道征集意见和建议。这一工作必要时可反复多次。

3）比较各个可行方案的合理性与效益性，从中选择一个满意的安全计划管理，然后由企业权力机关批准实行。

**3. 安全计划管理编制方法**

安全计划管理编制不仅要按照一定原则和步骤进行，而且要采用能够正确核算和确定各项安全指标的科学方法。在实际工作中，常用的安全计划管理方法主要有以下几种。

1）定额法。定额是通过经济、安全统计资料和安全技术手段测定而提出的完成一定安全生产任务的资源消耗标准，或一定的资源消耗所要完成安全生产任务的标准。它是安全计划管理的基础，对计划核算有决定性影响。定额法就是根据有关部门规定的标准，或者目前在正常情况下，已经达到的标准，来计算和确定安全计划管理指标的方法。

2）系数法。系数是两个变量之间比较稳定的数量依存关系的数量表现，主要有比例系数和弹性系数两种形式。比例系数是两个变量的绝对量之比；弹性系数是两个变量的变化率之比。系数法就是运用这些系数从某些计划指标推算其他相关计划指标的方法。

3）动态法。动态法就是按照某项安全指标在过去几年的发展动态，来推算该指标在计划期的发展水平的方法。这种方法常见于确定安全计划管理目标的最初阶段。

4）比较法。比较法就是对同一计划指标在不同时间或不同空间所呈现的结果进行比较，以便研究确定该项计划指标水平的方法。这种方法常被用于进行安全计划管理分析和论证。在运用这种方法时，一定要注意到同一指标的诸多因素的可比性问题，简单的类比是不科学的。

5）因素分析法。因素分析法是指用来确定几个相互联系的因素对分析指标（对象）影响程度的一种分析方法。因素分析法既可以全面分析各因素对指标的影响，又可以单独分析某个因素对指标的影响。

6）综合平衡法。综合平衡是从整个企业安全生产计划管理全局出发，对计划的各个构成部分、各个主要因素和整个安全计划管理指标体系进行的全面平衡，寻求系统整体的最优化。因此，它是进行计划平衡的基本方法。综合平衡法的具体形式很多，主要有编制各种平衡表、建立便于计算的计划图解模型或数学模型等。

### 3.1.4　安全计划管理的检查与修订

在整个安全计划管理的制定、贯彻、执行和反馈的过程中，计划的检查与修订，占有十分重要的地位和作用。

1）计划检查监督计划落实情况，推动计划顺利实施。通过计划检查，可以及时了解计划任务的落实情况，各部门、各单位、各基层完成计划的进度情况，以便研究和提出保证完成计划的有力措施。

2）计划检查可以检验计划编制是否符合客观实际，以便修订和补充计划。计划的编制力求做到从实际出发，使其尽量符合客观实际。但是，由于人的认识不但受着科学条件和技术条件的限制，而且也受着客观过程的发展及其表现程度的限制。当发现计划与实际执行情况不符时，应具体分析其原因，如果是由于计划本身不符合实际，或在执行过程中出现了前所未料的问题，如重大突发事件、突发重大事故等，应修改原定计划。但修订调控计划必须按一定程序进行，必须经原批准机关审查批准。

3）计划的检查要贯穿于计划执行的全过程。从安全计划管理的下达开始，直到计划执行结束，计划检查要做到全面而深入。检查的主要内容包括：①计划的执行是否偏离目标；②计划指标的完成程度；③计划执行中的经验和潜在的问题；④计划是否符合执行中的实际情况，有无必要做修改和补充等。

## 3.2　安全决策管理方法

### 3.2.1　安全决策的含义

安全决策贯穿于整个安全管理过程，是安全管理的核心。安全决策的水平直接影响安全管理的水平和效率，每一个安全管理者都应提高科学安全决策的水平。

安全决策，就是决定安全对策。科学安全决策是指人们针对特定的安全问题，运用科学的理论和方法，拟定各种安全行动方案，并从中做出满意的选择，以较好地达到安全目标的活动过程。

安全决策的内涵包括：①安全决策是一个过程，在这个过程中，必须要按一定程序并进行一系列的安全科学研究。②安全决策总是为了达到一个既定的目标，没有安全目标就无法安全决策。③安全决策总是要付诸实施的，因此，围绕安全目标拟定各种实施方案是安全决策的基本要求。④安全决策的核心是选优，因此，任何一项安全决策必须要充分考虑各种条件和影响因素，制定多种方案，并从中选取满意的方案。⑤安全决策总是要考虑到实施过程中情况的不断变化，还要考虑到实现安全目标之后的社会效果。没有应变方案和不考虑社会效果的安全决策，至少是不完全的安全决策，更谈不上是科学的安全决策。⑥安全决策是指科学安全决策和民主安全决策，在现代企业安全生产管理中必须要运用科学的方法，并尽量集中员工和集体的智慧。

### 3.2.2　安全决策的特点和作用

**1. 安全决策的特点**

1）程序性。安全生产决策是在正确的安全生产理论的指导下，按照一定的工作程序，充分依靠安全管理专家和广大员工群众，选用科学的安全技术和方法来选择行动方案。

2）创造性。安全决策总是针对需要解决的安全问题和需要完成的安全工作任务而做出抉择，必然要求安全决策者根据新的具体情况做出带有创造性的正确抉择。安全决策的创造性要求安全管理者开动脑筋，运用逻辑思维、形象思维和直觉思维等多种思维方法进行创造性的劳动。

3）择优性。安全生产决策必须在多个方案中寻求能获得较大效益，能取得令人满意的安全生产效果的行动方案；因此，择优是安全决策的核心。择优必须要有两个方案对比，才能存在择优的问题。

4）指导性。安全决策一经做出就必须付诸实施，对整个企业安全管理活动、对系统内的每一个人都有约束作用，指导每一个人的安全行为和安全方向，这就是安全决策的指导性。

5）风险性。安全生产决策是一种带有风险的安全管理活动。因为任何备选方案都是在预测未来的基础上制定的，客观事物的变化受多种多样因素的影响，所以作为安全决策对象的备选方案不可避免地会带有某种不确定性，即风险性。

**2. 安全决策的作用**

1）安全决策是安全管理工作的核心部分。企业安全管理职能中最重要的就是安全决策。安全管理的组织、控制等职能都是围绕着总的安全决策目标而开展的。因此，安全决策是安全管理活动的核心。

2）安全决策决定着企业的安全发展方向。安全决策的实质是对企业未来行动方向、路线、措施等的选择和抉择。因此，正确的安全决策能指导企业沿着正确的方向、合理的路线前进，这也是安全管理效能高的保证。

3）安全决策是各级安全管理者的主要职责。一切安全管理者不论其职位高低，都是不同范围、不同层次的安全决策者，都在一定程度上参与安全决策和执行安全决策。安全管理者的安全决策能力是其各方面能力的集中体现。企业安全管理人员首先必须具备的就是安全决策能力。

4）安全决策贯穿安全管理活动的全过程。企业安全管理过程归根到底是一个不断做出安全决策和实施安全决策的过程，安全管理职能的执行与发挥都离不开安全决策。编制安全计划时，无论是确定发展速度，还是规定各类事故发生率，都需要做出周密的安全决策。

### 3.2.3　安全决策的原则和步骤

**1. 安全决策的原则**

1）科学性原则。安全决策的科学性原则是指安全决策必须尊重客观规律，尊重科学，从实际出发，实事求是。执行科学性原则，要求安全决策者具有科学决策的意识，按照科学的决策程序办事，并应尽可能掌握并运用科学的分析方法和手段。

2）系统性原则。安全决策应考虑整个系统与其相关的系统以及构成各个系统的相关环节，以免做出顾此失彼、因小失大的错误决策。

3）经济性原则。一方面应使安全决策过程本身支出费用最小化。安全决策者必须考虑决策过程的费用和成本。在保证安全决策的科学性、合理性的前提下，应选择费用最省、成本最低的决策程序和决策方式。另一方面安全决策的内容应坚持经济效益标准。不同成本的方案，可能产生的效果相同，安全决策就应选择效果佳、花费少的方案。

4）民主性原则。决策过程中应充分发扬民主，认真倾听不同意见。

5）责任性原则。贯彻执行"谁做安全决策，谁负责决策"的原则，以免安全决策目标没有实现，或在决策与实际不符的情况下，决策者有可能把责任推给执行者。决策具有风险，一旦决策失误，企业会受到或多或少的损失。要减少决策的失误，避免一些安全管理者不负责任的主观决策，安全决策者必须对安全决策的后果负责。

**2. 安全决策的步骤**

1）发现问题。发现问题是安全决策的起点。问题通常指应该或可能达到的状况同现实状况之间存在的差距，包括已存在的现实安全问题，也包括可能产生的未来的安全问题。安全决策水平的高低与发现现实安全问题和未来安全问题的程度紧密相关。

2）确定目标。目标决定着方案的拟订，影响到方案的选择和安全决策后的方案实施。目标必须具体明确，既不能含糊不清，也不能抽象空洞。确定目标要根据需要和可能，量力而行，既要留有余地，又应使责任者有紧迫感。

3）拟订方案。拟订方案就是研究实现目标的途径和方法。安全生产决策的一个重要特点就是要在多种方案中选择较好的方案。在拟订方案时贯彻整体详尽性和互相排斥性这两条基本要求。整体详尽性就是要求尽可能地把各种可能的方案全部列出；互相排斥性是指不同方案之间必须有较大的区别，执行甲方案就不能执行乙方案。

4）方案评估。方案评估就是从理论上和可行性方面进行综合分析，对备选方案加以评比估价，从而得出各备选方案的优劣利弊结论。在评估方案时要对方案的限制因素、协调性和潜在问题等进行系统分析。经过分析对比，权衡利弊，对方案进行设计改进。同时，还要进行效益和效应分析，包括经济效益分析、社会效益分析和社会心理效应分析。因此，方案评估中也要考虑方案实施会产生什么样的社会心理效应。

5）方案选优。方案选优是在对各个方案进行分析评估的基础上，从众多方案中选取一个较优的方案，这主要是安全决策者的职责。在进行方案选优的过程中，安全决策者应注意：一是要有正确的选优标准。要求安全决策的主要指标达到相对为优，不可过分追求完美。二是要有科学的思维方法和战略系统的观念。要坚持唯物辩证法，坚持一分为二，善于把握全局与局部、主要矛盾和次要矛盾、矛盾的主要方面和次要方面，抓住重点，兼顾一般，仔细衡量各种方案的优劣利弊，选出优化方案。三是安全决策者要正确处理与专家的关系。专家仅仅是在安全决策者委托和指导下参与安全决策，绝不能代替安全决策者的决策。四是应综合各方面安全专家意见，独立拿出总揽全局的决策。

## 3.2.4  安全决策的方法

科学的安全生产决策是运用科学的决策方法。安全管理学家和从事安全管理活动的实际工作者总结、概括了许多切实可行的安全决策方法。常见的安全决策方法有以下几种。

1）头脑风暴法。头脑风暴法是集中有关专家进行安全专题研究的一种会议形式，即通过会议的形式，将有兴趣解决某些安全问题的人集合在一起，会议在非常融洽和轻松的气氛中进行，自由地发表意见和看法，因而可以迅速地收集到各种安全工作意见和建议。"头脑风暴法"也可以以另一种形式出现，即通过会议对已经系统化的方案或设想提出质疑，研究有碍于方案或设想实施的所有限制性因素，找出方案设计者思考的不足之处，指出实施方案时可能遇到的困难。

2）集体磋商法。集体磋商法是让持有不同思想观点的人或组织进行正面交锋，展开辩论，最后找到一种合理方案的安全决策方法。因为持有不同思想观点的人在一起进行辩论往往会使各方充分阐述自己方案的优越性之处，同时又会极力发现对方方案的不足之处，通过争辩比较出优劣，最终综合不同方案的优点，扬弃每一个方案中的不足。这种方法适用于有着共同利益追求和同样具有责任心的集体。集体磋商可以以"头脑风暴"的形式出现，也可以以其他形式出现。一般来说，集体磋商和"头脑风暴"的成员有所不同，"头脑风暴"的成员，可以是临时请来的某一安全生产领域的专家，而集体磋商的成员是组织内担负安全决策使命的安全生产决策者。

3）加权评分法。加权评分法是指对备选方案进行分项比较的方法，当安全决策处于需要在许多备选方案中进行抉择时，可以通过加权评分发现备选方案中的最优方案。具体做法如下：把备选方案分成若干对应的项，然后进行逐项比较打分，最后对打分结果进行统计，累计得分最高的就可以被确定为最佳方案。该方法可在获得较佳方案的同时，节约大量时间、人力和物力。

4）电子会议法。电子会议法是指利用现代的电子计算机手段进行安全决策的一种方法。所有参加会议的人面前有一台计算机终端，会议主持者通过计算机将问题显示给参加会议者。会议的参与者将自己的意见输入计算机，个人意见通过计算机网络显示在各个与会者的计算机屏幕上，个人的评论和票数统计都投影在会议室的计算机屏幕上。电子会议的主要优点是匿名、诚实和快速；决策的参与者能够表达自己所要表达的意见，自己在发言过程中不担心被别人打断或打断别人。

## 3.3　安全组织管理方法

安全组织管理是安全管理职能之一，是人与人之间或人与物之间资源配置的活动过程。完善的安全组织的特点：①应有明确的保障生产安全、人与财物不受损失的目的性；②应由一定的承担安全管理职能的人群组成；③应有相应的系统性结构，用以控制和规范安全组织内成员的行为。

### 3.3.1　安全组织的结构设计

（1）组织的纵向结构设计

组织的纵向结构设计就是确定管理幅度、划分管理层次。

管理幅度是指一名主管人员有效地管理其直接下属的人数。由于管理者的时间和精力是有限的，其管理能力也因个人的知识、经验、年龄和个性等的不同而有所差异，因而任何管理者的管理幅度都有一定的限度，超过一定限度，就不能做到具体、高效和正确的领导。

管理层次是指职权等级链上所设置的管理职位的层级数。在一个部门的人员数量一定的情况下，一个管理者能直接管理的下属人数越多，那么该部门内的管理层次也就越少，所需要的管理人员也越少；反之，所需要的管理人员就越多，相应地管理层次也越多。由此可见，管理幅度的大小，在很大程度上制约了管理层次的多少。管理幅度同管理层次成反比关系，管理幅度越大，管理层次就越少；反之，管理幅度越小，管理层次就越多。

（2）组织的横向结构设计

当组织的任务分解成具体的可执行的工作以后，就要进行部门划分，也就是将这些工作按某种要求归并成一系列组织单元。部门是指组织中主管人员为完成规定的任务有权管辖的一个特殊领域。部门化是指将工作和人员组合成可以管理的单位的过程。划分部门的目的是以此来明确职权和责任归属，使得分工合理、职责分明，并有利于各部门根据其工作性质的不同而采取不同的政策，加强本部门的内部协调。

### 3.3.2　安全管理组织的要求

为了实现安全生产，必须制定安全工作计划，确定安全工作目标，并组织企业员工为实现确定的安全工作目标努力。因此，企业必须建立安全生产管理体系，而安全管理体系的一个基本要素就是安全管理组织。

由于企业安全工作涉及面广，合理的安全管理组织应形成网络结构，其纵向要形成一个从上而下指挥自如的统一的安全生产指挥系统；横向要使企业的安全工作按专业部门分系统归口管理，层层展开，从而实现企业安全管理"纵向到底，横向到边，全员参加，全过程管理"。建立安全管理组织的基本要求具体如下。

1）合理的组织结构。为了形成"纵向到底，横向到边"的安全工作体系，要合理地设置横向安全管理部门，合理地划分纵向安全管理层次。

2）明确责任和权利。安全工作组织内各部门、各层次乃至各工作岗位都要明确安全工作责任以及上级授予相应的权利。

3）人员选择与配备。根据安全工作组织内不同部门、不同层次和不同岗位的责任情况，选择和配备人员。特别是专业安全技术人员和专业安全管理人员，应该具备相应的专业知识和能力。

4）制定和落实规章制度。制定和落实各种规章制度可以保证安全工作组织有效地运转。

5）信息沟通。组织内部要建立有效的信息沟通模式，使信息沟通渠道畅通，保证安全信息及时、正确地传达。

6）与外界协调。企业安全工作要受到外界环境的影响，要接受政府的指导和监督。

矿山、金属冶炼、建筑施工、运输单位和危险物品的生产、经营、储存、装卸单位，应当设置安全生产管理机构或者配备专职安全生产管理人员。

其他生产经营单位，从业人员超过一百人的，应当设置安全生产管理机构或者配备专职安全生产管理人员；从业人员在一百人以下的，应当配备专职或者兼职的安全生产管理人员。

生产经营单位的安全生产管理机构以及安全生产管理人员履行下列职责。

1）组织或者参与拟订本单位安全生产规章制度、操作规程和生产安全事故应急救援预案。

2）组织或者参与本单位安全生产教育和培训，如实记录安全生产教育和培训情况。

3）组织开展危险源辨识和评估，督促落实本单位重大危险源的安全管理措施。

4）组织或者参与本单位应急救援演练。

5）检查本单位的安全生产状况，及时排查生产安全事故隐患，提出改进安全生产管理的建议。

6）制止和纠正违章指挥、强令冒险作业、违反操作规程的行为。

7）督促落实本单位安全生产整改措施。

生产经营单位可以设置专职安全生产分管负责人，协助本单位主要负责人履行安全生产管理职责。

生产经营单位的安全生产管理机构以及安全生产管理人员应当恪尽职守，依法履行职责。

生产经营单位做出涉及安全生产的经营决策，应当听取安全生产管理机构以及安全生产管理人员的意见。

### 3.3.3 几种典型的安全组织结构

**1. 直线制组织结构**

直线制组织结构的主要特点是，命令系统单一直线传递，管理权力高度集中，实行一元化管理，决策迅速；要求最高管理者要通晓多种专业知识；适用于规模较小、任务比较单一、人员较少的组织。以制造业企业为例，直线制组织的结构如图 3-1 所示。

图 3-1　直线制组织结构

**2. 职能制组织结构**

职能制组织结构的特点是，在组织中设置若干职能专门化的机构，职能机构在自己的职责范围内有权向下发布命令和指示。其优点是能够充分发挥职能机构的专业管理作用，并使直线经理人员摆脱琐碎的经济技术分析工作；缺陷是多头领导，不能实行统一指挥。这种组织形式适用于任务较复杂的社会管理组织和生产技术复杂、各项管理需要具有专门知识的企业管理组织。职能制组织的结构如图 3-2 所示。

**3. 直线职能制组织结构**

直线职能制组织结构是一种综合直线制和职能制两种类型组织特点而形成的组织结构形式。这种组织形式保持了直线制集中统一指挥的优点，又具有职能分工专业化的长处。但是这种类型的组织具有职能部门之间横向联系较差、信息传递路线较长、适应环境变化差的缺陷。直线职能制是一种普遍适用的组织形式，我国大多数企业和一些非营利组织均采用这种组织形式。直线职能制组织结构如图 3-3 所示。

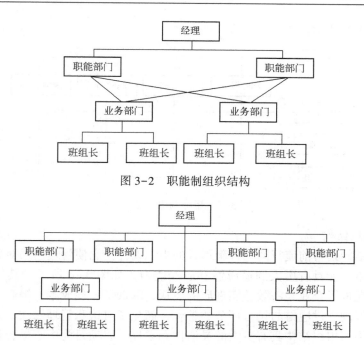

图 3-2 职能制组织结构

图 3-3 直线职能制组织结构

### 4. 事业部制组织结构

事业部制组织结构的特点是，组织按地区或所经营的各种产品和事业来划分部门，各事业部独立核算，自负盈亏。其优点是适应性和稳定性强，有利于组织的最高管理者摆脱日常事务而专心致力于组织的战略决策和长期规划，有利于调动各事业部的积极性和主动性，并且有利于公司对各事业部的绩效进行考评；主要缺陷是资源重复配置，管理费用较高且事业部之间协作较差。这种组织形式主要适用于产品多样化和从事多元化经营的组织，也适用于面临市场环境复杂多变或所处地理位置分散的大型企业和巨型企业。事业部制组织结构如图 3-4 所示。

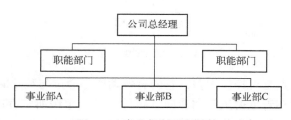

图 3-4 事业部制组织结构

### 5. 矩阵制组织结构

矩阵制组织结构是一种把按职能划分的部门同按产品、服务或工程项目划分的部门结合起来的组织形式。在这种组织中，每个成员既要接受垂直部门的领导，又要在执行某项任务时接受项目负责人的指挥。其主要优点是，灵活性和适应性较强，有利于加强各职能部门之间的协作和配合，并且有利于开发新技术、新产品和激发组织成员的创造性；主要缺陷是，组织结构稳定性较差，双重职权关系容易引起冲突，同时还可能导致项目经理过多、机构臃肿的弊端。这种组织主要适用于科研、设计和规划项目等创新性较强的工作或者单位。矩阵制组织结构如图 3-5 所示。

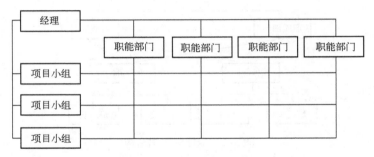

图 3-5 矩阵制组织结构

### 6. 网络型组织结构

网络型组织结构是目前流行的一种新形式的组织设计，它使管理当局对新技术或者来自海外的低成本竞争，能具有更大的适应性和应变能力，如图 3-6 所示。其优点是，网络型组织结构极大地促进了企业经济效益实现质的飞跃，降低了管理成本，提高了管理效益，实现了企业全世界范围内供应链与销售环节的整合，简化了机构和管理层次，实现了企业充分授权式的管理网络型组织结构具有更大的灵活性和柔性，以项目为中心的合作可以更好地结合市场需求来整合各项资源，而且容易操作，网络中的各个价值链部分也随时可以根据市场需求的变动情况调整或撤并；另外，这种组织结构简单、精练，由于组织中的大多数活动都实现了外包，而这些活动更多地靠电子商务来协调处理，使得组织结构可以进一步扁平化，效率也更高了。

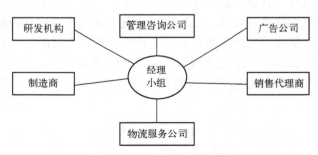

图 3-6 网络型组织结构

这种组织结构的缺点是可控性太差，它的有效动作是通过与独立的供应商广泛而密切的合作来实现的，由于存在着道德风险和逆向选择性，一旦组织所依存的外部资源出现问题，如质量问题、提价问题和及时交货问题等，组织将陷入非常被动的境地。另外，外部合作组织都是临时的，如果某一合作单位因故退出且不可替代，组织将面临解体的危险。网络型组织结构还要求建立较高的组织文化以保持组织的凝聚力，然而由于项目是临时的，员工随时都有被解雇的可能，因而员工对组织的忠诚度也比较低。

网络型组织结构比较适合于玩具和服装制造企业，它们需要相当大的灵活性以对时尚的变化做出迅速反应，也适合于制造活动需要低廉劳动力的公司。

需要指出的是，这些类型基本上是对实际存在的组织结构形式一定程度的理论抽象，仅仅是一个基本框架，而现实组织则要比这些框架丰富得多。此外，多数组织的结构并不是纯粹的一种类型，而是多种类型的综合体。随着社会生产力的发展和人们对管理客观规律认识的逐步深化，组织结构形式的类型也将得到进一步的完善和发展。

### 3.3.4　安全管理组织的构成

不同行业、不同规模的企业，安全管理组织形式也不完全相同，应根据安全工作组织要求，结合本企业的规模和性质，建立本企业的安全管理组织。企业安全管理组织的构成模式如图 3-7 所示，主要由 3 大系统构成：安全工作指挥系统、安全检查系统和安全监督系统。

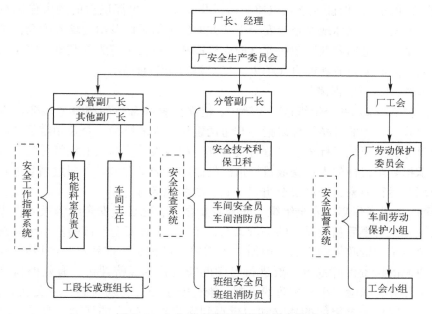

图 3-7　企业安全管理组织的构成模式

1）安全工作指挥系统。该系统由厂长或经理委托一名副厂长或副经理（通常为分管生产的负责人）负责，对职能科室负责人、车间主任、工段长或班组长实行纵向领导，确保企业职业安全卫生计划、目标的有效落实与实施。

2）安全检查系统。安全检查系统是具体负责实施职业安全卫生管理体系中"检查与纠正措施"环节各项任务的重要组织，该系统的主体由分管副厂长、安全技术科、保卫科、车间安全员、车间消防员、班组安全员和班组消防员组成。另外，安全工作指挥系统也兼有安全检查的职责。实际工作中，一些职能部门兼具双重职责。

3）安全监督系统。安全监督系统主要是由工会构成的安全防线。有的企业形成党、政、工、团安全防线，即由组织部门负责筑起"党组织抓党"安全防线；厂长办公室负责筑起"行政抓长"安全防线；工会生产保护部门负责筑起"工会抓网"安全防线；团委负责筑起"共青团抓岗"安全防线。

### 3.3.5　安全组织的运行

安全组织的运行直接关系到事故预防的效果、安全目标的实现情况以及安全资源配置的合理程度。安全组织的运行过程，需要以有关规章制度、深层次的安全文化进行约束，同时需要以完善和合适的绩效考核，以及合理、充足的安全投入作为保障。

（1）安全组织运行的约束

1）安全规章制度约束。安全组织的有效运行需要对各方面的规章制度进行设计和规范。有关规章制度的制定范围应当包括安全组织结构、安全组织所承担的任务、安全组织运行的流程、安全组织人事、安全组织运行规范和安全管理决策权的分配等方面。在有关安全生产法律法规体系的指导下，通过安全规章制度的约束作用，把安全组织中的职位、组织承担的任务和组织中的人很好地协调起来。

2）安全文化约束。保证安全组织通畅运行及其效率，更深层次的约束作用在于企业的安全文化。企业安全文化体现在企业安全生产方面的价值观以及由此培养的全体员工安全行为等方面。安全文化是培养共同职业安全健康目标和一致安全行为的基础。安全文化具有自动纠偏的功能，从而使企业能够自我约束，安全组织能够通畅运行。

（2）安全组织运行的保障

1）绩效考核保障。安全组织运行保障中，建立完善和合适的绩效考核非常重要，通过较为详细、明确、合理的考核指标来指导和协调组织中人的行为。企业制定了战略发展的职业安全健康目标，需要把目标分阶段分解到各部门和各人员。绩效考核就是对企业安全管理人员以及各承担安全目标的人员完成目标情况的跟踪、记录和考评。通过绩效考核的方式以增强安全组织的运行效率，推动安全组织有效、顺利地运行。

2）安全经济投入保障。安全组织的完善需要合理、充足的安全经济投入作为保障。正确认识预防性投入与事后整改投入的等价关系，就需要了解安全经济的基本定量规律。要研究和掌握安全措施投资政策和立法，遵循"谁需要，谁投资，谁受益"的原则，建立国家、企业和个人协调的投资保障系统。要进行科学的安全技术经济评价、有效的风险辨识及控制、事故损失测算、保险与事故预防的机制，推行安全经济奖励与惩罚、安全经济（风险）抵押等方法，最终使安全组织的建立和运行得到安全经济投入的保障。有了充足的安全投入，安全组织才能有足够的资金、人力和物力等资源，才能保证安全组织活动的顺利开展和实施。

## 3.4　安全行为管理方法

### 3.4.1　安全行为概述

一般来说，生产事故主要集中于人、机、环境和管理4个环节，即人的不安全行为、物的不安全状态、环境的不安全条件和管理缺陷。人因事故占事故总量的70%~90%，因此研究和控制人的不安全行为对于预防和减少伤亡事故具有重要意义。

人的安全行为是指那些不会引起事故的人的行为；人的不安全行为则是指那些曾经引起过事故或可能引起事故的人的行为。安全行为与不安全行为是一个相对的概念，安全行为不是绝对的安全，只是发生事故的概率较小而已。人的不安全行为也不是绝对的不安全，只是发生事故的概率较大。

按行为产生的根源，可以将不安全行为分为有意的不安全行为和无意的不安全行为。

1）有意的不安全行为，是指有目的、有意图、明知故犯的不安全行为，主要包括错误和违反。错误是由于人陷入认知上的混淆，当面对与自己已形成的概念不相容的信息时，往往难以正确接收，而坚持原来的判断和决策。违反是指在常规或应急情景下，操作人员走捷径或者认为现行规程不如自己的办法好或者不得不采取冒险做法。

2）无意的不安全行为，是指非故意的或无意识的不安全行为。人们一旦认识到了，就会及时地加以纠正，包括疏忽和遗忘。无意的不安全行为主要发生在技能型动作的执行过程中，因为人丧失或分散注意力或由于作业环境的高度自动化所致。

### 3.4.2　安全行为模式

人的行为一般表现为自然和社会两种属性，自然属性是从生理学描述人的行为性质及其关系，而社会属性是从心理学和社会学描述人的行为性质及其关系。

**1. 自然属性行为模式**

作为自然性的人，其行为趋向生物性。自然属性行为模式表现为外部刺激→肌体感受（五感）→大脑判断（分析处理）→行为反应→目标的完成。各环节相互影响，相互作用，构成了个人千差万别的行为表现。

1）相同的刺激会引起不同的安全行为，如同样是听到危险信号，有的积极寻找原因、排除险情、临危不惧，有的会逃离现场。

2）相同的安全行为有可能来自不同的刺激，如有的是领导重视安全工作，有的是有安全意识，有的可能是迫于监察部门监督，有的可能是受教训于重大事故。

根据自然属性行为模式，人为失误主要表现在人感知环境信息方面的差错；信息刺激人脑，人脑处理信息并做出决策的差错；行为差错等方面。

1）感知差错。人在生产中不断接收各方面的信息，信息通过人的感觉器官传递到中枢神经，这一过程可能出现问题，即感知出现了差错。如信号缺乏足够的诱引效应，无法引起操作者注意；信息呈现时间太短，速度太快，出现认知的滞后效应；操作者对操作对象印象不深而出现判断错觉；由于操作者感觉通道缺陷（如近视、色盲、听力障碍）导致知觉能力缺陷；接收的信息量过大，超过人的感觉通道的限制容量，就会导致信息歪曲和遗漏；环境照明、眩光等情况使人产生一种错觉。

2）判断、决策差错。正确的判断来自全面的感知客观事物，以及在此基础上的积极思维。除感知过程的差错外，判断过程产生差错的原因主要有：遗忘和记忆错误，联络、确认不充分，分析推理差错，决策差错。

3）行为差错。常见的行为差错的原因主要有：习惯动作与作业方法要求不符；由于反射行为而忘记了危险；操作方向和调整差错；工具或作业对象选择错误；疲劳状态下行为差错；异常状态下行为差错，如高空作业、井下作业由于分辨不出方向或方位发生错误行为，低速和超速运转机器易使人麻痹，发生异常时作业人员直接伸手到机器中检查，致使被转轮卷入等。

**2. 社会属性行为模式**

人是社会的成员，具有社会性。作为社会性的人，其行为趋向精神性。行为的精神含量越高，行为的心理过程就越丰富，行为受各种心理因素的支配就越明显。

从人的社会属性角度分析，人的行为遵循图 3-8 所示行为模式。

图 3-8　人的行为遵循的行为模式

需要是一切行为的来源，人有安全的需要就会有安全的动机，从而就会在生产或行为的各个环节进行有效的安全行动。因此，需要是推动人们进行安全活动的内部原动力。动机是为满足某种需要而进行活动的念头和想法，是推动人们进行活动的内部原动力。动机与行为存在着复杂的联系，主要表现在以下方面。

1）同一动机可引起种种不同的行为。如同样为了搞好生产，有的人会从加强安全、提高生产效率等方面入手；而有的人会拼设备、拼原料，进行短期行为。

2）同一行为可出自不同的动机。如积极抓安全工作，有可能出自不同动机：迫于国家和政府督促；本企业发生过重大事故的教训；真正建立了"预防为主"的思想，意识到了安全的重要性等。只有后者才是真正可取的做法。

3）合理的动机也可能引起不合理甚至错误的行为。

### 3.4.3　安全行为的影响因素

影响安全行为的因素是多方面的，包括个性心理、社会心理和生理等，既有客观性因素，也有主观性因素。对于客观性因素，主要从遵从适应性原则，应用教育的方法来有效控制；而对于主观性因素，需要通过管理、监督、自律和文化建设等方法来进行控制。

在影响安全行为的因素中，个性心理因素是一个非常重要的因素。个性是指个人稳定的心理特征和品质的总和。影响个性心理因素主要包括个性心理特征和个性倾向性因素两个方面。

个性心理特征指一个人经常地、稳定地表现出来的心理特点，主要包括性格、气质、能力和情绪等。个体心理活动是在个体身上固定下来而形成的，既有经常、稳定的性质，也与个体与环境相互作用有关，因而个性心理特征又是在缓慢地发生着变化。个性倾向性指一个人所具有的意识倾向，即人对客观事物的稳定程度，主要包括需要、动机、兴趣、理想、信念和世界观等，是个性中最活跃的因素，制约着所有的心理活动，表现出个性的积极性。

**1. 个性心理特征**

（1）性格

性格是每个人所具有的、最主要的、最显著的心理特征，是对某一事物稳定和习惯的方式。人的性格不是天生的，不是由遗传决定的。人的性格是人在具备正常的先天素质的前提下，通过后天的人类社会生活实践形成的。人类社会生活实践在人的性格形成和发展中起着决定作用。人的性格形成和发展不是由社会实践活动机械决定的，而是人在认识和改造客观世界的过程中形成和发展的。人在认识和改造客观世界的实践活动中，由于实践活动的不断积累，主观能动性、积极性的充分发挥，会不断产生新的认识、新的需要和动机，也就有了新的态度和行为方式，从而形成人的新的性格特征。性格贯穿于一个人的全部活动中，是构成个性的核心。性格较稳定，不能用一时的、偶然的冲动作为衡量人的性格特征的根据。良好的性格并不完全是天生的，经历、环境、教育和社会实践等因素对性格的形成具有更重要的意义。安全生产受到表扬和奖励，这就在客观上激发人们以不同方式进行自我教育、自我控制和自我监督，从而形成工作认真负责和重视安全生产的性格特征。因此通过各种途径注意培养员工认真负责、重视安全的性格，对安全生产将带来巨大的好处。

事故的发生率和人的性格有着非常密切的关系，容易发生事故的性格特征有以下几种。

1）攻击型性格。这类人妄自尊大，骄傲自满，喜欢冒险、挑衅，与他人闹无原则的纠纷，争强好胜，不易接纳他人的意见。他们虽然一般技术都比较好，但也很容易出大事故。

2）孤僻型性格。这种人性情孤僻、固执、心胸狭窄、对人冷漠，其性格多属内向，与同事关系较差。

3）冲动型性格。这类人性情不稳定，易冲动，情绪起伏波动很大，情绪长时间不易平静，易忽视安全工作。

4）抑郁型性格。这类人心境抑郁、浮躁不安，精神不振，易导致干什么事情都引不起兴趣，因此很容易出事故。

5）马虎型性格。这类人对待工作马虎、敷衍、粗心，常会引发各种事故。

6）轻率型性格。这类人在紧急或困难条件下表现出惊慌失措、优柔寡断或轻率决定。在发生异常事件时，常不知所措或鲁莽行事，使一些本来可以避免的事故成为现实。

7）迟钝型性格。这类人感知、思维或运动迟钝，不爱活动、懒惰。在工作中反应迟钝、无所用心，亦常会导致事故发生。

8）胆怯型性格。这类人懦弱、胆怯、没有主见，由于遇事爱退缩，不敢坚持原则，人云亦云，不辨是非，不负责任，因此在某些特定情况下，也很容易发生事故。

上述性格特征对操作人员的作业会发生消极的影响，对安全生产极为不利。从安全管理的角度考虑，平时应对具有上述性格特征的人加强安全教育和安全生产的检查督促。同时，尽可能安排他们在发生事故可能性较小的工作岗位上。因而，对某些特种作业或较易发生事故的工种，在招收新工人时，必须考虑与职业有关的良好性格特征。

在经历、环境和教育等因素的影响下，人可以不断地克服不良性格，培养优良性格特征。在良好性格的形成过程中，教育和实践活动具有重要的作用。为了取得安全教育的良好效果，对性格不同的员工进行安全教育时，应该采取不同的教育方法：对性格开朗，有点自以为是，又希望别人尊重的员工，可以当面进行批评教育，甚至争论，但一定要坚持说理，就事论事，平等待人；对性格较固执，又不爱多说话的员工，适合于多用事实、榜样教育或后果教育方法，让他自己进行反思和从中接受教训；对于自尊心强，又缺乏勇气性格的员工，适合于先冷处理，后单独做工作；对于自卑、自暴自弃性格的员工，要多用暗示、表扬的方法，使其看到自己的优点和能力，增强勇气和信心，切不可过多苛责。

（2）气质

气质是人的个性的重要组成部分，是一个人所具有的典型的、稳定的心理特征，俗称性情、脾气，是一个人生来就具有的心理活动的动力特征。气质对个体来说具有较大的稳定性，气质使个人的安全行为表现出独特的个人特色。一个人若具有某种气质类型，则在一般情况下，经常表现在他的情感、情绪和行为当中。一个人的气质是先天的，后天的环境及教育对气质的改变是微小和缓慢的。俗话说，"江山易改，禀性难移"，就是指气质具有较大的稳定性、不易改变的特点。因此，分析员工的气质类型，对其进行合理安排和支配，对保证工作时的行为安全有积极作用。一般认为，人群中具有4种典型的气质类型，即胆汁质、多血质、黏液质和抑郁质。

1）胆汁质的特征：对任何事物发生兴趣，具有很高的兴奋性，但其抑制能力差，行为上表现出不均衡性，工作表现忽冷忽热，带有明显的周期性。

2）多血质的特征：思维、言语、动作都具有很高的灵活性，情感容易产生也容易发生变化，易适应当今世界变化多端的社会环境。

3）黏液质的特征：突出的表现是安静、沉着、情绪稳定、平和，思维、言语、动作比较迟缓。

4）抑郁质的特征：安静、不善于社交、喜怒无常、行为表现优柔寡断，一旦面临危险的情境，会束手无策，感到十分恐惧。

人的气质特征越是在突发事件和危急情况下越是能充分和清晰地表现出来，并本能地支配人的行动。因此，同其他心理特征相比，在处理事故这个环节上，人的气质起着相当重要的作用。事故发生后，为了能及时做出反应，迅速采取有效措施，有关人员应具有这样一些心理品质：能及时体察异常情况的出现，面对突发情况和危急情况能沉着冷静，控制力强；应变能力强，能独立做出决定并迅速采取行动等。

为了防止生产事故的发生，各种气质类型的人都需扬长避短，善于发挥自己的长处，并注意对自己的短处采取一些弥补措施。某些特殊职业具有一定的冒险性和危险性，工作过程中不确定和不可控的干扰因素多，如大型动力系统的调度员、机动车驾驶员和矿井救护员等从业人员负有重大责任，要承受高度的身心紧张。这类特殊的职业要求从业人员冷静理智、胆大心细、应变力强、自控力强、精力充沛，对人的气质具有特定要求。

（3）情绪

情绪为每个人所固有，是受客观事物影响的一种外在表现，这种表现是体验又是反应，是冲动又是行为。情绪是在社会发展中，为了适应生存环境所保持下来的一种本能活动，并在大脑中进化和分化。随着年龄的增长、生活内容的丰富和经验的积累，情绪也将随之变化。情绪在某种条件下产生，并受客观因素的影响，是受外部刺激而引起的兴奋状态。情绪影响人的行为是在无意识的情况下进行的。由于人与人之间的各种差异性，如生活条件、心理状态、感受力、经验和性格等，即使在同一刺激作用下，也可能会导致不同的情绪反应。从安全行为的角度来看，情绪处于兴奋状态时，人的思维与动作较快；处于抑制状态时，思维与动作显得迟缓；处于强化阶段时，往往有反常的举动，这种情绪可能导致思维与行动不协调、动作之间不连贯，这是安全行为的忌讳。当不良情绪出现时，可临时改换工作岗位或停止工作，在生产过程中应杜绝因情绪导致不安全行为发生。

（4）能力

能力反映了个体在某一工作中完成各种任务的可能性，是对个体能够做什么的评估。当能力与工作匹配时，员工的工作绩效便会提高。较高的工作绩效对具体的心理能力、体质能力和情商方面的要求，取决于该工作本身对能力的要求。不同的工作类型有不同的工作能力要求，与工作匹配较强的能力能够减少不安全行为的发生，促进工作绩效的提高。

在安全生产中，任何工作的顺利开展都要求人具有一定的能力。人在能力上的差异不但影响着工作效率，而且也是能否搞好安全生产的重要制约因素。特殊职业的从业人员要从事冒险和危险性及负有重大责任的活动，因此这类职业不但要求从业人员有着较高的专业技能，而且要具有较强的特殊能力，选择这类职业的从业人员，必须要考虑能力问题。作为管理者应重视员工能力的个体差异，首先要求能力与岗位职责的匹配，其次发现和挖掘员工潜能，通过培训再次提高员工能力，使得团队合作能力上相互弥补。

**2. 个性倾向性因素**

（1）需要

需要是个体心理和社会生存的要求在人脑中的反映。当人有某种需求时，就会引起人的心理紧张，产生生理反应，形成一种内在的驱力。形成需要有两个条件：一是个体感到缺乏什么东西，有不足之感；另一个是个体期望得到什么东西，有求足之愿。需要就是这两种状态形成的一种心理现象。

美国心理学家马斯洛将人的需要按其强度的不同，排列成 5 个等级层次：①生理需要，生存直接相关的需要；②安全需要，包括对结构、秩序和可预见性及人身安全等的要求，其主要目的是降低生活中的不确定性；③归属与爱的需要，随着生理需要和安全需要的实质性满足，个人以归属与爱的需要作为其主要内驱力；④尊严需要，既包括社会对自己能力、成就等的承认，又包括自己对自己的尊重；⑤自我实现，是指人的潜力、才能和天赋的持续实现。

（2）动机

动机是为了满足个体的需要和欲望，达到一定目标而调节个体行为的一种力量，主要表现在激励个体去活动的心理方面。动机以愿望、兴趣和理想等形式表现出来，直接引起个体的相关行为。动机在人的一切心理活动中有着最为重要的功能，是引起人的行为的直接原因。个体的动机和行为之间的关系主要表现 3 个方面。

1）行为总是来自动机的支配。某一个体从举手投足，游戏娱乐，到生产活动，无一不是在动机的推动之下进行的，可以说不存在没有动机的行为。

2）某种行为可能同时受到多种动机的影响。比如一个职员的辛勤工作，一方面的动机可能是想获得领导的赏识和提拔，另一方面也可能出自对自身技能提高的一种愿望。不过，在不同的情况下，总是有一些动机起着主导作用，另一些动机起辅助作用。

3）一种动机也可能影响多种行为。一个渴望成功的个体，其行为可以是多方面的，可能包括努力学习提高自身能力、积极参加各种活动、用心培养人际关系网络等。

根据动机的不同，可以把动机分为内在动机和外在动机两种。内在动机指的是个体的行动来自个体本身的自我激发，而不是通过外力的诱发。这种自我激发的源泉在于行动所能引起的兴趣和所能带来的满足感。正是在这种兴趣与满足感的驱使下，行为主体才会主动地做出某些不需外力推动的行为，并且一直贯彻下去。外在动机是指推动行动的动机是由外力引起的。许多心理学家特别强调外在动机对个体行为的影响和作用。实际上，任何的奖励和惩罚措施背后都隐藏着外在动机的作用。

（3）价值观

价值观是人的行为的重要心理基础，决定着个人对人和事的接近或回避、喜爱或厌恶、积极或消极。领导者和员工对安全价值的认识不同，会从其对安全的态度及行为上表现出来。因此，要求员工具有合理的安全行为，首先需要有正确的安全价值观。

**3. 管理因素**

管理人员安全观念欠缺，安全技术水平低，找不到安全管理的切入点，在计划、组织、领导和决策等方面存在缺陷，会造成安全管理不严格、不到位。

**4. 物的状态因素**

运行失常及布置不当，会影响人的识别与操作，造成混乱和差错，打乱人的正常活动。由于物的缺陷，影响人机信息交流，操作协调性差，从而引起人的不愉快刺激与烦躁等，产生急躁等不良情绪，引起误操作，导致不安全行为产生。因此，要保障人的安全行为，必须创造良好的环境，保证物的良好状况，使人、物、环境更加协调，从而增强人的安全行为。

**5. 环境因素**

环境对劳动生产过程中的人也有很大的影响。环境对人的心理具有强烈的暗示性和诱导性。环境变化会刺激人的心理，影响人的情绪，甚至打乱人的正常行动。环境差造成人的不舒适、疲劳、注意力分散，人的正常能力受到影响，从而造成行为失误和差错。

## 3.4.4 安全行为与心理状态

在生产过程中，一些心理状态与安全密切相关，如果调整不当，容易诱发事故。常见的与安全密切相关的心理状态有以下几种。

1）省能心理。人类在同大自然的长期斗争和生活中养成了一种心理习惯，总是希望以最小的能量获得最大效果。当然这有其积极的方面，能够鼓励人们在生产、生活各方面如何以最小的投入获取最大的收获，如经济学中的"投资-效益最大化原理"。这里关键是如何把握"最小"这个尺度，如果在社会、经济和环境等条件许可的范围内，选择"最小"又能获得目标的"较好"，当然应该这样做。但是这个"最小"如果超出了可能范围，目标将发生偏离和变化，就会产生从量变到质变的转变。在安全生产上这经常是造成事故的心理因素。有了这种心理，就会产生简化作业的行为。省能心理还表现为嫌麻烦、怕费劲、图方便、得过且过的惰性心理。

2）侥幸心理。人对某种事物的需要和期望总是受到群体效果的影响，生产中虽有某种危险因素存在，但只要人们充分发挥自己的自卫能力，切断事故链，就不会发生事故。由于事故是小概率事件，有些人违章操作可能也没发生事故，所以就逐渐产生了侥幸心理。在研究分析事故案例中发现，明知故犯的违章操作占有相当的比例，这主要是存在侥幸心理。

3）逆反心理。某些条件下，个别人在好胜心、好奇心、求知欲、偏见、对抗和情绪等心理状态下，产生与常态心理相对抗的心理状态，偏偏去做不该做的事情。

4）凑兴心理。凑兴心理是人在社会群体中产生的一种人际关系的心理反应，多见于精力旺盛、能量有余而又缺乏经验的青年人。从凑兴中得到心理上的满足或发泄剩余精力，常易导致不理智行为。如汽车司机争开飞车，争相超车，以致酿成事故的为数不少；生产过程中因开玩笑而导致事故属凑兴心理造成的。

5）好奇心理。好奇心理是由兴趣驱使的，兴趣是人的心理特征之一。青年工人和刚进单位的新工人对机械设备、环境等有一点恐惧心理，但更多的是好奇心理，他们对安全生产的内涵认识不足，于是将好奇心付诸行动，从而导致事故发生。从安全生产的角度而言，应对青年工人和新工人进行形式多样的安全教育，增强他们的自我保护意识；因势利导，引导他们学习钻研专业技术，帮助他们学会经常注意自己的行为和周围环境，善于发现事故隐患，从而防止事故的发生。

6）骄傲、好胜心理。骄傲、好胜心理在工人中一般有两种类型，一种类型是经常表现为骄傲好胜的性格特征，总认为别人不如自己，满足于一知半解，有些是工作多年的老工人，自以为技术过硬而对安全规章制度、安全操作规程持无所谓态度；另一种类型是在特定情况、特定环境下的表现，争强好胜，打赌、不认输，这种类型多是青年工人。

7）群体心理。社会是个大群体，工厂、车间也是群体，工人所在班组则是更小的群体。群体内无论大小，都有群体自己的标准，也叫规范。这个规范有正式规定的，也有不成文的、没有明确规定的标准。人们通过模仿、暗示和服从等心理因素互相制约。有人违反这个标准，就受到群体的压力和"制裁"。群体中往往有非正式的"领袖"，他的言行常被别人效法，因而有号召力和影响力。如果群体规范和"领袖"是符合目标期望的，就产生积极的效果，反之则产生消极效果。若使安全作业规程真正成为群体规范，且有"领袖"的积极履行，就会使规程得到贯彻。应该利用群体心理，形成良好的规范，使少数人产生从众行为，养成安全生产的习惯。

## 3.4.5　安全行为控制方法

为预防事故的发生，需要对安全行为进行控制，安全行为控制方法有以下几种。

1）安全行为能力测试。通过安全行为能力测试可以大体判断出个人的安全行为能力状况，及早发现其不安全行为倾向，从而及时采取多种方式进行干预，能够有效阻止其不安全行为的发生。同时，通过安全行为能力测试还可判断出人员能力与岗位是否相匹配，如果经过测试，人员不符合岗位要求，则应该对其进行岗位调整或安全培训教育等。

安全行为能力一般从员工的生理机能、心理机能以及业务素质等层面对企业员工进行相应的测量。其中，生理机能指标可采用实验测量，借助于实验仪器进行测量分析。生理机能一般从注意品质、反应特性和工作机能等方面进行测量。心理机能一般会测量心理压力、情绪应激、工作倦怠、人格特征、忠诚度和风险感知能力等指标。业务素质一般从知识与技能掌握程度、安全思想素质和安全诚信等角度进行测量。

2）安全教育和培训。安全知识技能不足往往会引起不安全动作，进而导致事故的发生。通过安全教育和培训，使员工领悟安全意识，掌握安全行为原理、安全操作规程、事故的危害及形成原因、不安全行为与事故的关系等，从而提高员工对各种不安全因素的识别能力。

安全教育和培训的方法有多种，如个体自学、视频教学、单位讲学和系统帮学等手段，促使员工学习相关安全知识。采用员工自考、定期笔试和随机抽考等形式即时动态地掌握员工的实际学习效果，调动员工学习安全知识的热情。

3）安全行为观察。观察法是行为研究中常用到的方法，观察法是指观察者通过感官或借助仪器直接观察员工的行为，并把观察结果按时间顺序做系统记录的方法。行为观察法是一种典型的利用行为干扰方式改变员工行为方式的管理方法，通过在现场观察判断员工的行为状态，如出现不安全行为即对其行为进行纠正，从而达到改变员工行为方式的目的。

4）安全行为激励。安全行为激励是进行安全管理的基本方法之一。通过外部激励可以激发人的安全行为的积极性和主动性，如设安全奖、改善劳动卫生条件、提高待遇、安全与职务晋升和奖金挂钩、表扬、记功、开展"安全竞赛"等手段和活动，都是通过外部作用激励人的安全行为。内部激励是以提高员工的安全生产和劳动保护自觉性为目标的激励方式。通过内部激励可以增强安全意识、素质、能力、信心和抱负等。内部激励的方式有很多，如更新安全知识、培训安全技能、强化观念和情感、理想培养和建立安全远大目标等。

外部激励与内部激励都能激发人的安全行为，但内部激励更具有推动力和持久力，可使人的安全行为建立在自觉、自愿的基础上，能对自己的安全行为进行自我指导、自我控制、自我实现，完全依靠自身的力量来控制行为。

5）建立健全管理制度。健全的安全管理制度是做好安全工作的保障，能够最大限度地调动人的积极性，引导人自觉遵守制度。对于违反制度的行为必须严厉处罚，奖惩分明才能收到良好的效果。

6）创造良好的工作环境。良好的工作环境可以令人感到心情舒畅，缓解工作压力，提高人的工作积极性和工作效率。安全管理人员应经常检查作业环境，发现问题及时改善，避免因环境因素造成人的行为失误。

7）营造特色安全文化。安全文化是安全行为规范和价值观的综合体现，是一个无形的力量。规范制约着人对安全的态度和采取的行为方式，安全文化能时刻提示和驱使行为人自觉地抵制违规、违章和蛮干行为，建设企业自身安全文化是控制人的不安全行为的有效途径。

安全文化宣传可以开展多种形式的活动，如安全知识竞赛、事故案例学习、安全文化图片展、漫画展、安全员工评选、领导及员工安全承诺等。

## 3.5 6σ安全管理方法

### 3.5.1 6σ安全管理方法的起源

**1. 6σ的内涵**

σ（Sigma）是希腊文的一个字母，在统计学上用来表示标准偏差值，用以描述总体中的个体离均值的偏离程度。几个σ是一种表示质量的统计尺度。6σ表示产品的质量合格率为99.99966%，也就是说，做100万件事情，其中只有3.4件是有缺陷的，这几乎趋近到人类能够达到的最为完美的境界。当产品的合格率达到6σ水平时，基本可以消除次品。因此，6σ管理是一项以数据为基础，科学的、系统的、追求完美的管理方法。如果把6σ管理方法运用到安全生产过程中，可以找出事故发生的根本原因和避免事故发生的对策，从根本上消除事故隐患，提高企业安全管理标准，降低工伤事故发生率。表3-1为σ水平、DPMO（百万机会缺陷数）、合格率与管理效果的关系。

表3-1 σ水平、DPMO、合格率与管理效果的关系

| σ水平 | DPMO（×10⁻⁶） | 合格率（%） | 管理效果 |
|---|---|---|---|
| 1σ | 691500 | 30.85 | 每天有三分之二的事情做错，企业无法生存 |
| 1.5σ | 500000 | 50 | 每天有一半的事情做错，企业很难生存 |
| 2σ | 308500 | 69.15 | 每天有三分之一的浪费，企业无竞争力 |
| 3σ | 66800 | 93.32 | 平平常常的管理，缺乏竞争力 |
| 4σ | 6200 | 99.38 | 较好的管理和运营能力、满意的客户 |
| 5σ | 230 | 99.977 | 优秀的管理、很强的竞争力和比较忠诚的客户 |
| 6σ | 3.4 | 99.99966 | 卓越的管理、强大的竞争力和忠诚的客户 |

### 2. 6σ 的起源与发展

20 世纪 70 年代，美国工业的控制方式相当于 2σ，80 年代相当于 3σ，而日本在 20 世纪 80 年代早期已达到 4σ，80 年代中期，进一步发展到 5σ，使得日本产品凭借过硬的品质，从美国人手中抢占了大量的市场份额。1987 年，为迎战日本高品质产品的挑战，美国摩托罗拉公司（Motorola）率先提出了 6σ 质量体系概念并付诸实践，生产效率每年提高 12.3%，由质量缺陷造成的损失减少了 84%，操作失误降低 99.7%，因此取得了巨大成功，并于 1998 年获得美国鲍德里奇国家质量管理奖。

1996 年初，美国通用电气公司（GE）开始把 6σ 作为一种管理战略列在其公司三大战略举措之首，在公司全面推行 6σ 管理方法，取得了巨大的效益，1998 年节省资金 75 亿美元，1999 年节省 160 亿美元。6σ 彻底改变了通用电气公司，构建了公司经营的基因密码，已经成为通用电气的最佳运作模式，从而真正把 6σ 的质量战略变成管理哲学并实践，形成一种企业文化。

6σ 管理模式在摩托罗拉公司和通用电气公司推行并取得立竿见影的效果后，世界各大企业纷纷效仿，引进并推行 6σ 管理，其中包括中国的海尔、联想和宝钢等企业。6σ 也逐渐成为世界上追求管理卓越性的企业最为重要的战略举措。

## 3.5.2　6σ 安全管理方法的特征

### 1. 真正以顾客为关注焦点

在 6σ 管理中，以顾客为关注的焦点是最重要的事情，要真正做到这一点往往有一定难度。对 6σ 业绩的测量首先从顾客开始，通过对 SIPOC（供方、输入、过程、输出和顾客）模型分析，来确定 6σ 对象。6σ 管理方法的改进程度是由其对顾客满意度和价值的影响来定义的，因此，6σ 管理比其他管理方法更能真正地关注顾客。

### 2. 以数据和事实驱动管理

6σ 把"以数据和事实为管理依据"的概念提升到一个新的、更有力的水平。虽然许多公司在改进安全信息系统、安全知识管理等方面投入了很多注意力，但很多经营决策仍然是以主观观念和假设为基础的。6σ 管理则从分析测量业绩关键指标开始，收集数据并分析关键变量，能够更有效地发现、分析和解决问题。

### 3. 对过程的关注、管理和提高

无论把重点放在安全设施、设备和服务的设计、安全的测量、效率和顾客满意度的提升上，还是业务经营上，6σ 都把过程视为成功的关键载体。6σ 最显著的突破之一是使领导和管理者确信过程是构建向顾客传递价值的途径。

### 4. 主动管理

主动即意味着在事件发生之前采取行动，而不是事后做出反应。在 6σ 管理中，主动性的管理意味着对那些常常被忽略的安全活动养成习惯，制定有雄心的目标并经常进行评审，设定清楚的优先级，重视问题的预防而非事后补救，询问做事的理由而不是因为惯例就盲目地遵循。真正做到主动性的管理是创造性和有效变革的起点，而绝不会令人厌烦或认为分析过度。6σ 将综合利用工具和方法，以动态的、积极的、预防性的管理风格取代被动的管理习惯。

**5. 无边界的合作**

"无边界"是 GE 公司经营成功的秘诀之一。在推行 6σ 之前，GE 公司一直致力于打破障碍。6σ 的推行，加强了自上而下、自下而上和跨部门的团队工作，改进公司内部的协作以及与供方和顾客的合作。

**6. 对完美的渴望，对失败的容忍**

虽然每个以 6σ 为目标的公司都必须力求使结果趋于完美，但同时也应该能够接受并管理偶然的失败。这些理论和实践使全面质量管理一直追求的零缺陷和最佳效益目标得以实现。

### 3.5.3　6σ 安全管理方法的实施方法

要做好一个 6σ 项目，首先要组建一个团队，确定团队的项目发起人。在整个过程中需要掌握好 5 个步骤：识别问题、分析原因、产生/选择对策、实施/评估结果以及标准化/复制。

**1. 识别问题**

识别问题是 6σ 的第一步，包括绘制流程图、选择衡量指标、按层次排列数据和陈述问题 4 个步骤。

1）绘制流程图。绘制流程图是将某一过程的所有作业环节文件化，按发生的先后顺序详细描述这些活动。通过流程图可以了解每个过程，研究每个过程存在的危险，澄清工作环节的先后次序，突出不足和遗漏之处。

2）选择衡量指标。选择衡量指标是指根据工作流程选择需要改进的衡量指标。一个过程的指标应符合系统的整体目标，并体现作业人员的要求，主要包括安全、环境和效率 3 个方面的指标。

3）按层次排列数据。根据流程图，确定应该进行测量的活动（特别是对过程的整体效益和对过程产出量有关键影响的活动）；选择一个发挥作用的指标（指标应能清楚展示问题，描述现状与理想状态之间的距离），采用谨慎的方式来收集要用的数据；对所获取的数据按层次进行排列。

4）陈述问题。陈述问题的报告应具体且易懂。书写陈述报告应遵守"三要"与"三不要"原则：要清楚地表明该问题如何与系统的业绩相关；要尽可能以数量、可量度的术语来陈述问题；要确保问题的规模、范围是可以解决的。不要陈述对问题原因预先形成的想法，如"由于""因此"等字眼不应出现在问题报告中；不要暗示特殊的解决方法，如"缺乏""不足"等字眼不应出现在问题报告中；不要将问题归咎于某人或某个小组，问题报告所针对的应是在过程中如何运作。

**2. 分析原因**

分析是追寻问题产生原因的过程，也许会找到许多原因，但要识别出最主要的原因——根源。通过分析流程图中的典型过程缺陷，并借助于安全系统工程的工具来寻找事故发生或安全隐患的根源。

1）寻找隐患原因。通过分析团队收集的数据，寻找造成事故和隐患的原因并识别其特殊原因。

2）辨识根本原因。根本原因是其他原因的来源，分析过程中根本原因会多次出现。当根本原因不存在时，其他原因也将随之消失，根源不是现象。

3）证实根本原因。把需要证实的原因分离出来，减少或消除原因，确定对问题产生的影响。

**3. 产生/选择对策**

产生/选择对策是为了减少或消除问题产生的根本原因而采取的最佳作业计划。作业计划中应有实施最佳对策的具体步骤，包括有助于成功执行对策所需的每一个行动。在计划执行过程中，可能会发生阻止成功执行对策的障碍，因此在产生/选择对策过程中，应采取冗余原理，同时制定一个应急计划确保对策能够有效执行。

**4. 实施/评估结果**

为了使行动有效，应让每一个对策执行者明白行动的原因，并尽早参与行动，以确保行动的潜在变化更易让人接受。如果计划达到预期效果，则说明计划奏效；否则要查明原因并调整计划。证明行动有效性的最有说服力的证据就是对可测量的改善状况进行评估，如果评估发现效果不明显，则建议再返回到第 1 步。

**5. 标准化/复制**

一旦团队确信结果有效，就要把解决问题的方式插入标准化过程中，使之成为标准过程的一部分，这样就能保证问题不再发生。将有效解决问题的所有行动积累在一起，形成过程管理系统，并将所需的行动编制成文件，根据需要来执行。

将团队所利用的工具/技巧整理成文，供其他团队参考，看是否对他们的问题奏效。如果有效，则可以列一个分享团队成果的潜在用户表，从而扩大行动的正面影响，让其他人从中受益。

# 3.6　13S 安全管理方法

一个良好的工作现场、操作现场有利于企业吸引人才、创建企业文化、降低损耗和提高工作效率，同时可以大幅度提高全体人员的素质，增强员工的敬业爱岗精神。13S 安全管理法作为一种科学的管理思想、管理方式，目前在发达国家应用广泛，被认为是一种最基本、最有效的现场管理方法，13S 安全管理法是企业提高生产效率、降低成本、树立竞争优势的关键。

## 3.6.1　13S 管理方法的起源与发展

1955 年，日本推行了 2S，宣传口号为"安全始于整理，终于整理整顿"，其目的是确保作业空间的安全。后因生产和品质控制的需要又逐步提出了 3S，也就是清扫、清洁和素养。1986 年，日本企业 5S 著作逐渐问世，掀起了 5S 管理方法热潮。5S 管理方法是指在生产现场中将人员、机器、材料和方法等生产要素进行有效管理的一种方法。5S 指的是日文 Seiri（整理）、Seiton（整顿）、Seiso（清扫）、Seiketsu（清洁）和 Shitsuke（素养）这 5 个单词，因日语的拼音均以"S"开头，故简称 5S 管理方法。5S 管理方法对于塑造企业的形象、降低成本、准时交货、安全生产、高度的标准化、创造令人心旷神怡的工作场所以及现场改善等方面发挥了巨大作用，逐渐被各国的管理界所认可。随着世界经济的发展，5S 管理方法已经成为企业管理的一股新潮流。

近年来，随着人们对 5S 管理方法认识的不断深入，又逐渐增加了 8 个 S，即节约（Saving）、安全（Safety）、服务（Service）、满意（Satisfaction）、学习（Study）、速度

（Speed）、坚持（Stick）和共享（Share），使得 5S 的核心思想发生了升华，形成了 13S。13S 既讲究个体素养的培养和提高，又强调相互间的团结协作。

不管是 5S，还是 13S，都能够看出人们对从业人员个人素质要求的不断提高。从基本的日常管理，到对工作、对社会的服务意识，再到良好习惯的养成，这不是一个简单的量的变化和简单的创新，而是一种社会对从业人员素质要求的不断完善和进步，是社会发展的必然，也是人类发展的必然。

13S 管理思想在我国很早就有体现，从古人对修身养性的教诲中便能看出，如千里之行始于足下，一屋不扫何以扫天下，勿以善小而不为、勿以恶小而为之，愚公移山，锲而不舍等。13S 管理方法就是对这些思想的继承和演绎，使其理论化、系统化，并用于企业经营活动，进而上升为企业的管理理念。

13S 管理方法的内容如下。

1）整理（Seiri）。整理是把需要与不需要的人、事、物分开，再将不需要的人、事、物加以处理，这是改善生产现场的第 1 步。整理的关键是对"留之无用，弃之可惜"的观念予以突破，必须摒弃"好不容易才做出来的""丢了好浪费""可能以后还有机会用到"等传统观念。

2）整顿（Seiton）。整顿是把需要的人、事、物加以定量和定位，对生产现场需要留下的物品进行科学合理的布置和摆放，以便在最快速的情况下取得所要之物，在最简洁有效的规章、制度和流程下完成事务。简言之，整顿就是人和物放置方法的标准化，减少取放物品的时间，使所有人员都能迅速找到物品并能将其放回原处，使其标准化。整顿的目的包括工作场所一目了然、整齐的工作环境、减少取放物品的时间、有利于提高工作效率、提高产品质量以及保障生产安全。

3）清扫（Seiso）。清扫是根据整理、整顿的结果，把不需要的部分清除掉，把工作场所打扫干净。通过清扫创建一个明快、舒畅的工作环境，目的是使员工保持一个良好的工作情绪，保证稳定工作的质量。清扫活动的关键是按照企业的具体情况确定清扫对象、清扫人员、清扫方法、准备清扫器具和实施清扫的步骤，做到自己使用的物品自己清扫，不增加专门的清扫工，设备的清扫要着眼于设备的维护保养。

4）清洁（Seiketsu）。清洁是维持前 3S 的成果，是对前 3S 活动的坚持和深入，以消除安全事故根源，创造一个良好的工作环境，使员工能愉快地工作，有利于企业提高生产效率，改善管理的绩效。清洁活动的目的是使整理、整顿和清扫工作成为一种惯例和制度，是标准化的基础，有利于企业形成良好的安全文化。

5）节约（Saving）。节约是指减少企业的人力、成本、空间、时间、库存和物料消耗等因素，对时间、空间和能源等方面合理利用，以发挥其最大效能，从而创造一个高效率的、物尽其用的工作场所。节约的目的包括避免场地浪费，提高利用率；减少物品的库存量；减少不良的产品；减少动作浪费，提高作业效率；减少故障发生，提高设备运行效率等。

6）安全（Safety）。安全是指防止伤亡事故、设备事故及各种灾害的发生，保障劳动者的安全健康和生产、劳动过程的正常进行而采取的各种措施和从事的一切活动。安全的目的是清除隐患，排除险情，预防事故的发生。

7）服务（Service）。服务是指站在客户的角度思考问题，努力满足客户要求。强化服务意识，倡导奉献精神，每个员工必须牢固树立服务意识，为集体（或个人）的利益或为事业工作，服务有关的同事和客户。企业的品牌和形象来源于产品的质量、服务。服务的目的是深入企业的方方面面，让员工从内心接受"客户就是上帝"的观念并身体力行。

8）满意（Satisfication）。满意是指客户接受有形产品和无形服务后感到需求得到满足的状态。企业开展的活动能使各有关方满意：①投资者满意，企业达到更高的生产及管理境界，投资者可以获得更大的利润和回报；②客户满意，客户满意表现为高质量、低成本、交货期准、技术水平高和生产弹性高等；③员工满意，效益好，员工生活富裕，人性化管理使每个员工可获得安全、尊重和成就感；④社会满意，对社会有杰出的贡献，热心公众事业，支持环境保护。

9）素养（Shitsuke）。素养就是培养全体员工良好的工作习惯、组织纪律和敬业精神，提高人员的素质，营造团队精神。这是 13S 管理活动的核心，也是各项活动顺利开展、持续进行的关键。抓 13S 管理，要始终着眼于提高员工的素质。素养的目的是通过素养让员工遵守规章制度，使其具有良好的工作习惯。

10）速度（Speed）。工作要迅速才能发挥经济与效率，以最少时间和费用换取最大效能，反应敏捷，接到任务时不超过 1 h 做出反应，提前或按时完成任务。

11）学习（Study）。员工的成长也就是公司的成长，成长的过程需要不断地去学习，学习各种新的技能技巧，才能不断满足公司发展的需求。通过学习，能让员工获得更好的提升空间。学习目的是让员工能更好地发展，注入新动力去应对未来可能存在的竞争。

12）坚持（Stick）。企业在成长发展过程中，需要不间断地持续性地保持这种良好的管理方式，以保持不间断的竞争力。因此，坚持是管理中的一项重要的因素。坚持目的是在保持之前的管理成果，持续保持企业的管理质量。

13）共享（Share）。社会在发展进步中，企业要面对不断出现的各种竞争与环境，但企业会因各种因素而存在局限性，也就是说，企业再强大，也会有薄弱的环节，也会受到各种限制。加强共享，能达到互补、互利，实现共赢。共享的目的是互补知识与技术的薄弱，互补能力的缺陷，提升整体的竞争力与应变力。

### 3. 6. 2　13S 管理方法的优势

（1）有利于提高管理水平

13S 管理方法使企业具有干净整洁的环境，提高了企业的知名度和口碑，扩大了企业的声誉和产品的销路，一方面使顾客对企业更有信心，乐于下订单；另一方面，良好的工作现场、操作现场有利于企业吸引人才，使企业具有广阔的发展空间。

（2）有利于节约材料、空间和时间

1）减少了材料的浪费，在进行整理活动时，要区分需要和不需要的东西，不需要的东西及时清除掉，需要的东西及时保存，避免了不必要的浪费。

2）节省了工作场所，在区分不要的东西之后，对其进行清理，腾出了更多空间。

3）减少了寻找时间和等待时间，降低了成本，提高了工作效率，缩短了加工周期。只保留要的东西并进行规范化整理，在需要使用某个物品时，就可以很容易找到，而不用在寻找物品方面浪费时间。

（3）有利于保障安全生产

1）工作场所宽广明亮、视野开阔，可降低设备的故障发生率，减少意外的发生。

2）全体员工自觉遵守作业标准，就不易发生工作伤害。

3）员工养成良好的习惯，采取必要的防护措施，可以大大降低事故的发生。

（4）有利于推动标准化作业

13S 管理强调作业标准的重要性，规范了现场作业，使员工都正确地按照规定执行任务，养成良好的习惯，促进企业标准化的进程，增强了产品品质的稳定性。

（5）有利于形成满意氛围

1）塑造了良好的企业文化，改善了企业环境面貌。员工更有归属感和成就感，从而提高了员工的敬业精神、工作乐趣和工作效率，坚持学习，养成良好的工作素养，提升了员工的服务意识和工作质量。

2）形成了良好的产品质量和企业文化，使客户对有形产品和无形服务感到满意，进而投资者愿意投资，消费者愿意订购产品。

（6）有利于实现互利共赢

互利共赢是一种思维方式，也是一项能够付诸行动的主张。互利共赢是企业在全球化时代良性发展的理性选择。企业再强大，也会有薄弱环节，也会受到各种限制。面对不断出现的竞争和挑战，企业需要加强前沿技术和先进管理经验的共享，互补知识与技术的薄弱，互补能力的缺陷，促进创新，降低成本，提升整体的竞争力，进而实现互利共赢。

### 3.6.3　13S 管理方法的推行步骤

（1）成立推行组织

成立推行 13S 活动的组织包括成立委员会及推行办公室、确定组织职能、确定委员的主要工作及对委员进行编组与责任区划分。为显示企业对 13S 活动的重视以及为该活动提供充足的人力、物力支持，一般 13S 活动推行委员会主任由企业主要领导出任，具体活动安排可由副主任负责全面推行。

（2）拟定推行方针及目标

方针制定：推动 13S 管理时，制定方针作为导入的指导原则。方针的制定要结合企业具体情况，要有号召力，一旦制定，就要广为宣传。例如，"推行 13S 管理、塑一流形象""于细微处着手，塑造公司新形象""安全第一、质量至上"等。

目标制定：先预设期望目标，作为活动努力的方向以及便于活动过程中进行成果检查。例如，"安全生产 1000 天无事故"等。

（3）拟订工作计划及实施方法

推行 13S 活动一定要有具体的、可操作的计划和实施方法，以便员工对整个过程有一个整体的了解。内容主要包括以下几个方面：拟定日程计划、资料收集及借鉴其他企业的做法、制定 13S 活动实施办法、制定要与不要的物品区分方法、制定 5S 活动评比的方法、制定 5S 活动奖惩办法及相关规定。

（4）教育

要想推行好 13S 管理，教育非常重要，让员工了解 13S 活动能给工作及自己带来好处从而主动地去做，与被别人强迫着去做，其效果是完全不同的。每个部门都需要对全员进行教育，具体内容包括：现场管理法的内容及目的、现场管理法的实施方法和现场管理法的评比方法。另外，新员工还要开展新进员工的 13S 现场管理法训练。教育形式要多样化，讲课、讨论、放录像、观摩案例或样板区域、学习推行手册及实训演习等方式，均可视情况使用。

（5）活动前的宣传造势

13S 活动要全员重视、参与才能取得良好的效果。13S 管理实际上是为了营造一种追求卓越的文化，营造一个良好的工作氛围。因此，适当的宣传造势活动是必不可少的。具体宣传的形式具有多样性，通常包括：最高主管发表宣言，召开实施动员大会，海报、内部报刊、宣传栏、电视和广播宣传，特别是要利用网络媒体（包括内部网站、QQ、微信、微博、网络论坛和网络视频等）进行宣传。

（6）实施

实施是推行 13S 活动最为关键的一个环节，包括：做好作业准备，准备好作业所需的各项道具；全体上下彻底大扫除，给工厂开展"洗澡"运动；建立地面画线及物品标识标准；"3 定"（定点、定容、定量）、"3 要素"（放置场所、放置方法、标示方法）的展开；定点摄影，记录整个实施活动；制作"13S 日常确认表"及实施该活动。

（7）查核

查核包括：①现场查核；②13S 问题点质疑、解答；③举办各种活动及比赛（如征文活动等）。

（8）评比及奖惩

依照 13S 活动竞赛办法进行评比，公布成绩，对表现优秀的部门和个人给予适当的奖励，对表现差的部门和个人给予一定的惩罚，使他们产生改进的压力。要想使评比考核具有可行性与可靠性，制定科学的考核与评分标准就显得十分重要。

（9）检讨与修正

问题是永远存在的，每次考核都会遇到问题，各责任部门依缺点项目进行改善，不断提高，因此，13S 管理是一个永无休止、不断提高的过程。随着 13S 管理水平的提高，可以适当修改和调整考核的标准，逐步严格考核标准，使企业的 13S 管理水平达到更高层次。

（10）纳入定期管理活动中

通过几个月，甚至一年的 13S 管理推行，逐步实施 13S 管理的前 9 个步骤，促使 13S 管理逐渐走向正规之后，可以考虑将 13S 纳入定期管理活动之中。例如，可以导入一些 13S 管理加强月（包括红牌作战月、目视管理月等），即每三个月进行一次红牌作战，每三个月或半年进行一次目视管理月。通过这些方法，可以使企业的 13S 管理得到巩固和提高。需要强调的一点是，企业因其背景、架构、企业文化和人员素质的不同，推行时可能会有各种不同的问题出现，推行办公室要根据实施过程中所遇到的具体问题，采取可行的对策，才能取得满意的效果。

## 3.7　安全标杆管理方法

标杆管理法是美国施乐（Xerox）公司于 1979 年首创，西方管理学界将其与企业再造、战略联盟一起并称为 20 世纪 90 年代三大管理方法。标杆管理方法较好地体现了现代知识管理中追求竞争优势的本质特性，因此具有巨大的实效性和广泛的适用性。

### 3.7.1 标杆管理的产生与发展

**1. 标杆管理的内涵**

所谓标杆管理就是以最强的竞争企业或那些行业中（或行业外）领先的、最有名望的企业作为基准，将本企业的产品、服务和管理措施等方面的实际状况与基准进行定量化评价和比较，分析基准企业的绩效达到优秀水平的原因，在此基础上选取改进的最优策略。通俗地说，标杆管理就是一个确立具体的先进榜样，解剖其各个指标，不断向其学习，发现并解决自身的问题，最终赶上和超过的一个持续渐进地学习、变革和创新的过程。

标杆管理的内涵可归纳为 4 个要点：①对比；②分析和改进；③提高效率；④成为最好的。标杆管理是一种创造性的模仿，以他人的成功经验或实践为基础，通过定点超越获得最有价值的观念，并将其付诸自身企业的实践。

**2. 标杆管理的产生与发展**

1979 年，美国施乐公司最先提出"Benchmarking"的概念，提出标杆管理法。1989 年，第一本标杆管理著作 *Benchmarking：The Search for Industry Best Practices that Lead to Superior Performance* 出版。1991 年，美国 MBNQA 评分标准中正式出现 Benchmarks，要求公司必须适当运用外部比较信息以求自我改善。1992 年，美国国际标杆管理信息交换所（IBC）成立，其结合美国各企业的资源研究，推动标杆管理。

施乐公司一开始只在公司内的几个部门做标杆管理工作，到 1980 年扩展到整个公司范围。标杆管理方法较好地体现了现代知识管理中追求竞争优势的本质特性，因此具有巨大的实效性和广泛的适用性，成为世界各大企业争相采用的管理方法。

随后，摩托罗拉、IBM、杜邦、Kodak 和通用等公司纷纷仿效，实施标杆管理，在全球范围内寻找业内经营实践最好的公司进行标杆比较和超越，成功地获取了竞争优势。因此，西方企业开始把标杆管理作为获得竞争优势的重要工具，通过标杆管理来优化企业实践，提高企业经营管理水平和市场竞争力。

如今，标杆管理已经在市场营销、成本管理、人力资源管理、新产品开发和教育部门管理等各个方面得到广泛的应用。由于标杆管理的广泛适用性，人们不断地开发新的应用领域，如安全领域。安全是与人的生命直接相关的，因此，在企业广泛开展安全标杆管理对企业的持续发展具有重要的意义。

### 3.7.2 标杆管理的优势

标杆管理的优势如下。

1）标杆管理有利于明确目标。企业通过最佳实践和度量标准，使得目标更加明确和具体。最佳实践是指标杆企业在经营管理中所推行的优秀措施和方法，是学习的重点内容。而度量标准是指能真实客观地反映经营管理绩效的一套指标体系以及与之相应的一套基准数据。正是因为标杆管理具有明确的方法和具体指标，所以可以更加有力地唤起人们的奋斗热情，从而赶超竞争对手。

2）标杆管理有利于灵活应用。标杆管理本质上是一种面向实践、面向过程的以方法为主的管理方式，通过学习借鉴他人的成功经验，使自己企业的流程得以优化，系统得以不断完善和持续改进。企业可以根据自己的实际情况，或者从整体上寻找最佳实践，或者发掘优秀的"部分"进行应用，最终使企业得以全面提高。

3）标杆管理有利于主动追求卓越。传统的竞争力分析往往把企业的注意力局限在竞争对手身上，最多也只是关注一个行业里的优秀者。而标杆管理相对来说更科学和卓越，它使企业摆脱了行业的束缚，将目光瞄准所有卓越的企业，通过多种渠道收集信息，学习借鉴最佳流程或管理实践，使自己企业也变得同样卓越。标杆管理还是一个主动追求卓越的过程，在其实施过程中，主动与最优秀企业进行对比，找出差距，进行改善，最终目的是不断追求卓越，成为强中之强。

4）标杆管理有利于持续改善。标杆管理强调的是"追求完美的过程是永无止境的"，强调的是持续不断地标杆，持续不断地改善，在企业如此"持续不断"的坚持中，企业的绩效就会不断地获得提高。正是由于标杆管理强调的是持续改善，才使得它比其他的管理方法更加有利于企业不断地进步，不断地获得竞争优势。

5）标杆管理有利于策略性定位。企业要想获得竞争优势，必须进行策略规划，而策略规划的基础是根据充分的信息资讯做好竞争分析，弄清竞争形势。因为标杆管理本身即是一种收集资料的过程，不论是世界巨头的还是竞争者的资料都是标杆管理数据库的重要组成部分。所以通过标杆管理，企业可以更明确自己在市场竞争中所处的地位，更有利于策略规划的制定。

6）标杆管理有利于塑造核心竞争力。企业存在的关键在于为顾客创造价值，即具有核心能力。通过标杆管理，企业不仅可以知道优秀的企业可以为顾客创造怎样卓越的价值，而且可以明了这些价值是如何被提供的。企业通过标杆管理为自己提供优秀企业的最佳作业流程，并经过消化、吸收，成功地应用到自己的组织内，就可开发出一套做法与技术，从而使自己的核心竞争力得以提升。

7）标杆管理有利于创建学习型组织。标杆管理是一种有目的、有目标的学习过程。通过学习，企业重新思考和设计经营模式，借鉴先进的模式和理念，创造出适合自己的全新最佳经营模式。这实际上就是一个学习和创新的过程。通过标杆管理，企业到外界学习新事物，并且将新观念带进组织内，推动组织向学习型组织转变。

8）标杆管理有利于创造最大价值。标杆管理从系统的角度出发，对企业整体绩效的改进加以评判。标杆管理是一种先进的管理方法，更加强调的是执行和实践，更加注重定量的科学化问题，运用科学的指标体系来实现目标，并且每进行一步都以企业价值最大化为原则，最终为企业创造最大价值。

### 3.7.3　标杆管理的方法

标杆管理的方法主要有以下 3 种。

1）战略性标杆管理方法。它是在与同业最好公司进行比较的基础上，从总体上关注企业如何竞争发展，明确和改进公司战略，提高公司战略运作水平。战略标杆管理是企业超越竞争对手，成为强中之强和跨越行业界限寻求绩优公司的成功战略和优胜竞争模式。

战略性标杆分析需要收集各竞争者的财务、市场状况并进行相关分析，提出自己的最佳战略。许多公司通过标杆管理成功地进行了战略转变。

2）操作性标杆管理方法。这是一种注重公司整体或某个环节的具体运作，找出达到同行最好的运作方法。

从内容上，操作性标杆管理可分为流程标杆管理和业务标杆管理。流程标杆管理是从具有类似流程的公司中发掘最有效的操作程序，使企业通过改进核心过程提高业绩；业务标杆管理是通过比较产品和服务来评估自身的竞争地位。

从形式上，操作性标杆管理可分为环节、成本和差异性3个方面。环节标杆管理是针对任何单独环节，或针对一系列环节及其之间的相互作用。目前多数产业利润率很低，因此实现差异化和低成本是比较困难的。操作性标杆管理通常着眼于把一个做到最好。

3）国际性标杆管理方法。全球经济趋于一体化，国际性标杆越来越广泛地得到了应用。一般来说，国际性标杆管理方法主要应用于以下3种情况。

情况1：外国竞争者威胁公司的传统优势市场时。在经营运作中，一些公司会突然发现，相对于全球竞争对手自己已处于明显不利的位置。这时就需要进行标杆管理，迅速找出问题所在，实施防御和攻击战略。这种方法需要了解竞争对手的优势和弱势，改进自身生产流程并提高革新速度。

情况2：企业进入新的外国市场或新产业时。国际性标杆管理法对企业进入新的外国市场或新产业极有帮助。企业通过研究最成功的企业之所以成功进入某一外国市场或新产业的经验，分析进入方法的优势和不足，并根据自己企业的实际情况进行改进，从而减小企业进入新市场或新产业的风险。

情况3：公司与几家公司的竞争势均力敌、难分胜负、陷入胶着状态时。最有效地确保自身成为最终获胜者的方法就是进行标杆管理。标杆管理可以从竞争者和最好公司的动作中获得思路和经验，从而总结竞争对手和最好的公司独到的管理方法，使自身的实力获得增长，最终冲出竞争者的包围，超越竞争对手。

### 3.7.4 标杆管理的实施步骤

具体来说，一个完整的内外部综合标杆管理的程序通常分以下5步。

1）计划。主要工作：①组建项目小组，担当发起和管理整个标杆管理流程的责任；②明确标杆管理的目标；③通过对组织的衡量评估，确定标杆项目；④选择标杆伙伴；⑤制定数据收集计划，如设置调查问卷、安排参观访问，充分了解标杆伙伴并及时沟通；⑥开发测评方案，为标杆管理项目赋值以便于衡量比较。

2）内部数据收集与分析。主要工作：①收集并分析内部公开发表的信息；②遴选内部标杆管理合作伙伴；③通过内部访谈和调查，收集内部一手研究资料；④通过内部标杆管理，可以为进一步实施外部标杆管理提供资料和基础。

3）外部数据收集与分析。主要工作：①收集外部公开发表的信息；②通过调查和实地访问收集外部一手研究资料；③分析收集的有关最佳实践的数据，与自身绩效相比较，提出最终标杆管理报告，标杆管理报告应揭示标杆管理过程的关键收获，以及对最佳实践调整、转换、创新的见解和建议。

4）实施与调整。这一步是前几步的归宿和目标之所在。根据标杆管理报告，确认正确的纠正性行动方案，制定详细实施计划，在组织内部实施最佳实践，并不断对实施结果进行监控和评估，及时做出调整，以最终达到增强企业竞争优势的目的。

5）持续改进。标杆管理是持续的管理过程，不是一次性的行为，因此，为便于以后继续实施标杆管理，企业应维护好标杆管理数据库，制定和实施持续的绩效改进计划，以不断学习和提高。

### 3.7.5　安全标杆管理实例

（1）施乐公司的标杆管理

标杆管理起源于 20 世纪 70 年代施乐公司，后经过美国生产力和质量中心的系统化和规范化，成为世界各大企业争相采用的管理方法。早在 1979 年，施乐公司最先提出了"Benchmarking"的概念，一开始只在公司内的几个部门做标杆管理工作，到 1980 年扩展到整个公司范围。当时，以高技术产品复印机主宰市场的施乐公司发现，有些日本厂家以施乐公司制造成本的价格出售类似的复印设备。由于这样的大举进攻，其市场占有率几年内从49% 锐减到 22%。为应付挑战，公司最高领导层决定制定一系列改进产品质量和提高劳动生产率的计划，其中的方法之一就是标杆管理。

实施标杆管理后的效果是明显的。通过标杆管理，施乐公司使其制造成本降低了 50%，产品开发周期缩短了 25%，人均创收增加了 20%，并使公司的产品开箱合格率从 92% 上升到 99.5%，公司重新赢得了原先的市场占有率。行业内有关机构连续数年评定，就复印机 6大类产品中施乐公司有 4 类在可靠性和质量方面名列第一。

施乐公司的标杆管理对象，不光着眼于同行的竞争对手，而且扩大到非同行的竞争对象，或将其他行业的产品进行比较研究。研究项目既可以以某种产品为目标，也可以以管理过程中的某个环节为目标，一切以改进管理水平、提高产品质量为宗旨。施乐公司一直把标杆管理作为产品改进、企业发展、赢得竞争对手和保持竞争优势的重要工具。施乐公司深信对竞争对手的标杆管理是赢得质量竞争的关键之一。公司的最高层领导都把标杆管理看作全公司的一项经常性活动，并指导其所属机构和成本中心具体实施标杆管理。

（2）杜邦公司的标杆管理

杜邦公司成立于 1802 年，一直保持着骄人的安全记录。超过 60% 的工厂实现了"0"伤害率，杜邦每年因此而减少了数百万美元支出。成绩的背后是杜邦 200 多年来形成的安全文化、理念和管理体系。杜邦要求每一位员工都要严守十大安全信念：一切事故都可以防治；管理层要抓安全工作，同时对安全负有责任；所有危害因素都可以控制；安全地工作是雇佣的一个条件；所有员工都必须经过安全培训；管理层必须进行安全检查；所有不良因素都必须马上纠正；工作之外的安全也很重要；良好的安全创造良好的业务；员工是安全工作的关键。

（3）海尔集团的标杆管理

海尔集团创立于 1984 年，是一家全球领先的美好生活解决方案服务商。海尔集团始终以用户体验为中心，成为 BrandZ 全球百强品牌中第一个且唯一一个物联网生态品牌。海尔生态品牌和海尔人单合一模式正在实现全球引领。海尔的"OEC"管理不但以自身的先进管理为中国企业树立了学习标杆，而且提供了防止标杆管理中战略趋同的创新理念。这套管理系统方法学习先进企业基本管理理念，以海尔文化和"日清日高"为基础，以订单信息为中心，带动物流和资金流运行，激励员工创造并完成有价值的订单，使员工人人对用户负责，实现了企业管理的新飞跃；并且在学习标杆战略的基础上，突出其企业自身优势，利用海尔的文化创出本土化的世界名牌。

在学习标杆技术的基础上，海尔进行自身技术创新。海尔以技术创新作为本企业实力的坚强后盾，在策略上，着眼于利用全球科技资源，除了在国内建立有独立经营能力的高科技开发公司外，还在国外建立了海外开发设计分部，并与一些世界著名公司建立了技术联盟。

（4）宝钢集团的标杆管理

宝钢集团成立于 1998 年<sup>⊖</sup>，是中国最大、最现代化的钢铁联合企业。它通过引进并对其不断进行技术改造，保持着世界最先进的技术水平。公司采用国际先进的质量管理，年产钢能力 2000 万 t 左右，赢利水平居世界领先地位，产品畅销国内外市场。在多年的建设与发展过程中着眼于提升企业的国际竞争力，始终坚持技术创新，形成了自己的鲜明特色和优势。为了跻身于世界第一流钢铁企业之林，宝钢在 2000 年引入实施了标杆管理作为技术创新管理工具，选定了 164 项生产经营指标作为进行标杆定位的具体内容，选择了 45 家世界先进钢铁企业作为标杆企业。确定了实施标杆管理之后，宝钢在企业内广泛宣传将世界最先进钢铁企业作为标杆的意义，统一思想。紧接着，在技术创新专利、技术创新研发基地建设、未来科技前沿性战略发展研究项目、装备技术和信息技术建设等方面实施了多层次的标杆管理，从各个领域确立了具体先进的榜样，解剖其各个指标，不断向其学习。宝钢发现并解决了企业自身的问题，取得了非常好的管理成效。

宝钢集团的标杆管理是比较成功的，管理成效也非常显著。宝钢集团将标杆管理运用到企业的各个方面，并且选择本行业的佼佼者，最大可能地为宝钢提供了借鉴优势；同时借鉴其他行业经验，在特定方面引用了"外援"。标杆管理的引入和实施为宝钢的技术创新提供了一种可信、可行的奋斗目标，极大地增强了宝钢的技术创新体系对外部环境变化的反应能力。

## 典型例题

3.1 根据《安全生产法》，下列生产经营单位应当设置专职或者兼职的安全生产管理人员的是（    ）。

    A. 从业人员 55 人的建筑施工单位　　B. 从业人员 228 人的机械制造单位

    C. 从业人员 89 人的食品加工单位　　D. 从业人员 96 人的危险化学品使用单位

3.2 企业施工队队长甲率队开挖沟槽。作业中，现场未采取任何安全支撑措施。工人乙认为风险很大，要求暂停作业，甲坚持要求乙继续作业，乙拒绝甲的指挥。关于企业对乙可采取的措施，正确的是（    ）。

    A. 可以给予乙通报批评、记过等处分　B. 不得给予乙任何处分

    C. 可以解除与乙签订的劳动合同　　D. 可以降低乙的工资和福利待遇

3.3 某交通运输股份有限公司的组织机构包括董事会、监事会、工会、总工办、调度室、安全处和财务处等。公司设总经理、安全总监等管理岗位。根据有关规定，该公司安全生产投入资金予以决策的是（    ）。

    A. 董事会　　　　B. 董事长　　　　C. 总经理　　　　D. 安全总监

3.4 小王是某企业的安全生产管理人员，其主要工作任务是开展安全生产检查、发现

---

⊖　2016 年 12 月，宝钢集团有限公司和武汉钢铁（集团）公司联合重组，成立中国宝武钢铁集团有限公司。

事故隐患并督促进行整改。根据《安全生产事故隐患排查治理暂行规定》，小王检查发现的事故隐患，应当认定为一般事故隐患的是（　　　）。

A. 员工李某在离地面 2 m 高的外墙进行设备安装作业，未系好安全带具有坠落危险

B. 员工张某等 3 人在新开挖的深槽内进行维修作业，深槽边坡未支护具有坍塌危险

C. 其他企业的易燃物品库房毗邻本企业，可能发生火灾事故危及本企业安全

D. 生产车间的大型生产设备的接地装置接地阻值偏大，接地保护系统失效

## 复习思考题

3.1　安全计划管理有什么作用？

3.2　简述安全决策的方法。

3.3　安全管理组织有什么要求？

3.4　简要分析安全行为的影响因素及其控制方法。

3.5　简述 6σ 安全管理方法的实施原则和步骤。

3.6　简述 13S 安全管理法的含义及其在实际中的应用。

3.7　安全标杆管理的内涵是什么？怎样将标杆管理应用到实际中？

# 第 4 章

# 事故统计与调查

事故统计分析是安全管理学研究的重要内容。事故统计分析是运用数理统计的方法，通过对大量的事故资料、数据进行加工、整理和综合分析，来研究事故发生的规律和分布特征。科学、准确的事故统计分析结果能够作为判断安全生产状况、观察事故发生趋势、预测未来事故、调查事故原因以及制定预防措施等的重要依据。

事故调查处理应当按照科学严谨、依法依规、实事求是、注重实效的原则，科学合理地运用各种技术手段，及时、准确地查清事故原因，查明事故性质和责任，评估应急处置工作，总结事故教训，提出整改措施，并对事故责任单位和人员提出处理建议。事故调查报告应当依法及时向社会公布。

## 4.1 事故统计的一般规则

依据《生产安全事故统计调查制度》（应急〔2023〕143 号），事故统计的一般规则如下。

1）与生产经营有关的预备性或者收尾性活动中发生的事故纳入统计。

2）生产经营活动中发生的事故，不论生产经营单位是否负有责任，均纳入统计。

3）由建筑施工单位（包括不具有施工资质、营业执照，但属于有组织的经营建设活动）承包的城镇、农村新建、改建、修缮及拆除建筑过程中发生的事故，纳入统计。

以支付劳动报酬（货币或者实物）的形式雇佣人员进行的城镇、农村新建、改建、修缮及拆除建筑过程中发生的事故，纳入统计。

4）各类景区、商场、宾馆、歌舞厅、网吧等人员密集场所，因自身管理不善或安全防护措施不健全造成人员伤亡（或直接经济损失）的事故纳入统计。

5）生产经营单位存放在地面或井下（包括违反民用爆炸物品安全管理规定）用于生产经营建设所购买的炸药、雷管等爆炸物品意外爆炸造成人员伤亡（或直接经济损失）的事故，纳入统计。

6）公路客运、公交客运、出租客运、网络约车、旅游客运、租赁、教练、货运、危化品运输、工程救险、校车，包括企业通勤车在内的其他营运性车辆或其他生产经营性车辆等十二类道路运输车辆在从事相应运输活动中发生的事故，不论这些车辆是否负有事故责任，均纳入道路运输事故统计。

7）因自然灾害引发造成人身伤亡或者直接经济损失，符合以下三种情况之一的即纳入事故统计：一是自然灾害未超过设计风险抵御标准的；二是生产经营单位工程选址不合理的；三是在能够预见、能够防范可能发生的自然灾害的情况下，因生产经营单位防范措施不落实、应急救援预案或者防范救援措施不力的。

8）违法违规生产经营活动（包括无证照或证照不全的生产经营单位擅自从事生产经营活动和自然人从事小作坊、小窝点、小矿洞等生产经营活动）中发生的事故，均纳入统计。

9）服刑人员在劳动生产过程中发生的事故，纳入统计。

10）雇佣人员在单位所属宿舍、浴室、更衣室、厕所、食堂、临时休息室等场所因非不可抗力受到伤害的事故纳入统计。

11）国家机关、事业单位、人民团体在执行公务过程中发生的事故，纳入统计。

12）非正式雇佣人员（临时雇佣人员、劳务派遣人员、实习生、志愿者等）、其他公务人员、外来救护人员以及生产经营单位以外的居民、行人等因事故受到伤害的，纳入统计。

解放军、武警官兵、公安干警、国家综合性消防救援队伍参加事故抢险救援时发生的人身伤亡，不计入统计调查制度规定的事故等级统计范围，仅作为事故伤亡总人数另行统计。

13）两个以上单位交叉作业时发生的事故，纳入主要责任单位统计。

14）甲单位人员参加乙单位生产经营活动（包括劳务派遣人员）发生的事故，纳入乙单位统计。

当甲单位与乙单位因存在劳务分包关系，甲单位派出人员参加乙单位生产经营活动发生的事故，纳入乙单位统计。

15）乙单位租赁甲单位场地从事生产经营活动发生的事故，若乙单位为独立核算单位，纳入乙单位统计；否则纳入甲单位统计。

16）从事煤矿、金属非金属矿山以及石油天然气开采外包工程施工与技术服务活动时发生的事故，纳入发包单位统计。

17）社会人员参加发生事故的单位抢险救灾时发生的事故，纳入事故发生单位统计。

18）因设备、产品不合格或安装不合格等因素造成使用单位发生事故，不论其责任在哪一方，均纳入使用单位统计。

19）没有造成人员伤亡且直接经济损失小于 100 万元（不含）的事故，暂不纳入统计。

20）建筑业事故的"事故发生单位"应填写施工单位名称。其中，分承包工程单位在施工过程中发生的事故，凡分承包工程单位为独立核算单位的，纳入分承包工程单位统计；非独立核算单位的，纳入总承包工程单位统计；凡未签订分承包合同或分承包工程单位的建设活动与分承包合同不一致的，不论是否为独立核算单位，均纳入总承包工程单位统计。同时，应在 A1 表中填写建设单位名称及其所属行业。

21）急性工业中毒按照《生产安全事故报告和调查处理条例》有关规定，作为受伤事故的一种类型进行统计，其人数统计为重伤人数。

22）跨地区进行生产经营活动单位发生的事故，由事故发生地应急管理部门负责统计。

23）因特殊原因无法及时掌握的部分事故信息，应持续跟踪并予以补充完善。

## 4.2　事故统计方法及主要指标

伤亡事故统计分析是伤亡事故综合分析的主要内容。它是以大量的伤亡事故资料为基础，应用数理统计的原理和方法，从宏观上探索伤亡事故发生原因及规律的过程。通过伤亡事故的综合分析，可以了解一个企业、部门在某一时期的安全状况，掌握伤亡事故发生、发展的规律和趋势，探求伤亡事故发生的原因和有关影响因素，从而为有效地采取预防事故措施、宏观事故预测及安全决策提供依据。

### 4.2.1 事故统计方法

事故统计方法通常可以分为描述统计和推断统计。

**1. 描述统计**

描述统计主要是对事故数据进行分析后，通过分组、有关图表等对事故现象加以描述。常用的描述统计方法有事故统计表和事故统计图。

事故统计表是将统计分析的事故或指标以表格的形式列出来，以代替烦琐文字描述的一种表现形式。事故统计表是企业、国家建立伤亡事故管理使用的原始记录，是进行事故统计分析的依据，包括生产安全事故情况、火灾事故情况和特种设备事故情况等 10 种报表。为了做好伤亡事故的定期统计工作，根据《生产安全事故统计调查制度》，要求对中华人民共和国领域内从事生产经营活动中发生的造成人员死亡、重伤（包括急性工业中毒）或者直接经济损失的生产安全事故进行统计上报。

事故统计图是一种形象的事故统计描述工具，是根据事故数据，用直线的升降、直条的长短、面积的大小和颜色的深浅等各种图形来表示统计资料的分析结果。事故统计图可以使复杂的数据简单化、通俗化、形象化，使人对事故数据一目了然，便于事故数据的理解和比较。因此，事故统计图在统计资料整理与分析中占有重要地位，并得到广泛应用。

常用的伤亡事故统计图有柱状图、趋势图、管理图、饼状图、扇形图、玫瑰图和分布图等。

**2. 推断统计**

推断统计是利用样本数据来推断总体特征的统计方法。推断统计是在获得样本数据的基础上，以概率论和数理统计为依据，对总体特征进行科学推断。通过建立回归模型对现象的依存关系进行预测，通过预测可以对未来发生事故的可能性及发生趋势做出判断和估计，提前采取相应措施，避免人员伤亡，减少事故损失，防止事故的发生。

事故发生可能性预测是根据以往的事故经验对某种特定的事故，如倒塌、火灾和爆炸等事故能否发生，发生的可能性如何等进行预测；而事故发生趋势预测主要依据事故发生情况的统计资料，对未来事故发生的趋势进行预测。在伤亡事故发生趋势预测方法中，回归预测法简单易行，具有一定准确度，因而被广泛应用。此外，还有指数平滑法、灰色系统预测法等方法。

### 4.2.2 事故统计的目的与任务

事故统计分析的目的，是通过合理地收集与事故有关的资料、数据，并应用科学的统计方法，对大量重复显现的数字特征进行整理、加工、分析和推断，找出事故发生的规律和事故发生的原因，对制定法规、加强工作决策、采取预防措施、防止事故重复发生，起到重要的指导作用。

事故统计的任务与事故调查是一致的。事故统计是建立在事故调查的基础上，没有成功的事故调查，就没有正确的统计。事故调查是反映有关事故发生的全部详细信息，而事故统计则是抽取那些能反映事故情况和原因的最主要的参数。

事故统计的基本任务如下。

1）对每起事故进行统计调查，弄清事故发生的情况和原因。

2）对一定时间内、一定范围内事故发生的情况进行测定。

3）根据大量统计资料，借助数理统计手段，对一定时间内、一定范围内事故发生的情况、趋势以及事故参数的分布进行分析、归纳和推断。

### 4.2.3 事故统计主要指标

目前，我国安全生产涉及工矿企业（包括商贸流通企业）、道路交通、水上交通、铁路交通、民航飞行、农业机械和渔业船舶等行业。各有关行业主管部门针对本行业特点，制定并实施了各自的事故统计指标体系来反映本行业的事故情况。

事故统计指标通常分为绝对指标和相对指标，如图4-1所示。绝对指标是指反映伤亡事故全面情况的绝对数值，如事故起数、死亡人数、重伤人数、轻伤人数、直接经济损失和损失工作日等。相对指标是伤亡事故的两个相联系的绝对指标之比，表示事故的比例关系，如千人死亡率、千人重伤率和百万吨死亡率等。

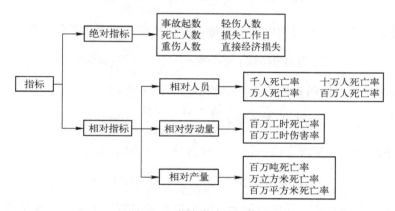

图 4-1 事故统计指标体系

部分事故统计指标及计算方法如下。

1）伤亡事故频率。生产过程中发生的伤亡事故次数与参加生产的员工人数、经历的时间及企业的安全状况等因素有关。在一定时间内，参加生产的员工人数不变的场合，伤亡事故发生次数主要取决于企业的安全状况。

$$a = \frac{A}{NT} \tag{4-1}$$

式中，$\alpha$ 为伤亡事故频率；$A$ 为伤亡事故发生次数（次）；$N$ 为参加生产的员工人数（人）；$T$ 为统计时间。

2）千人死亡率。一定时期内，平均每千名员工中因工伤事故造成死亡的人数。

$$千人死亡率 = \frac{死亡人数}{平均员工数} \times 10^3$$

3）千人重伤率。一定时期内，平均每千名员工中因工伤事故造成重伤的人数。

$$千人重伤率 = \frac{重伤人数}{平均员工数} \times 10^3$$

4）千人受伤率。一定时期内，平均每千名员工中因工伤事故造成的受伤人数的比率。

$$千人受伤率=\frac{受伤人数}{平均员工数}\times 10^3$$

5）伤害频率。一定时期内，平均每百万工时由于工伤事故造成的伤害人数。

$$伤害频率=\frac{伤害人数}{实际总工时数}\times 10^6$$

6）伤害严重率。一定时期内，平均每百万工时由于事故造成的损失工作日数。

$$伤害严重率=\frac{总损失工作日数}{实际总工时数}\times 10^6$$

国家标准中规定了工伤事故损失工作日算法，其中规定永久性全失能伤害或死亡的损失工作日为 6000 个工作日。

7）伤害平均严重率。即受伤害的每人次平均损失工作日数。

$$伤害平均严重率=\frac{总损失工作日数}{伤害人数}$$

8）百万吨死亡率。一定时期内，平均每百万吨产量，因事故造成的死亡人数。

$$百万吨钢（煤）死亡率=\frac{死亡人数}{实际产量（t）}\times 10^6$$

9）重大事故率。一定时期内，重大事故占总事故的比例。

$$重大事故率=\frac{重大事故起数}{事故总起数}\times 100\%$$

10）特大事故率。一定时期内，特大事故占总事故的比例。

$$特大事故率=\frac{特大事故起数}{事故总起数}\times 100\%$$

11）百万人火灾死亡率。一定时期内，某地区平均每百万人中，火灾造成的死亡人数。

$$百万人火灾死亡率=\frac{火灾造成的死亡人数}{地区总人口}\times 10^6$$

12）十万人死亡率。一定时期内，某地区平均每 10 万人中，事故造成的死亡人数。

$$十万人死亡率=\frac{死亡人数}{地区总人口}\times 10^5$$

例如，某煤矿 2021 年平均在职员工 1000 人，年产煤 300 万 t。2021 年度因工伤事故发生事故 8 起，其中，死亡 1 人、重伤 2 人、轻伤 100 人。根据《企业职工伤亡事故分类》（GB/T 6441—1986）计算，因重伤损失工作日累计 6300 日，轻伤损失工作日累计 8000 日。试计算千人死亡率、千人重伤率、伤害频率、伤害严重率、伤害平均严重率、百万吨煤死亡率和重大事故率。（每人每年工作 300 天，每天工作 8 h）

解：

① 千人死亡率 = $1/1000\times 10^3=1$

② 千人重伤率 = $2/1000\times 10^3=2$

③ 伤害频率 = $(1+2+100)/(8\times 300\times 1000)\times 10^6=42.9$

④ 伤害严重率 = $(6000\times 1+6300+8000)/(8\times 300\times 1000)\times 10^6=8.46\times 10^3$

⑤ 伤害平均严重率 = (6000×1+6300+8000)/(1+2+100) = 197.09

⑥ 百万吨煤死亡率 = 1/(300×10^4)×10^6 = 0.33

⑦ 重大事故率 = 0/8×100% = 0

## 4.3　事故损失统计

事故一旦发生，往往就会造成人员伤亡或设备、装置和构筑物等的破坏。这一方面给企业带来许多不良的社会影响，另一方面也给企业带来巨大的经济损失。在伤亡事故的调查处理中，仅仅注重人员的伤亡情况、事故经过、原因分析、责任人处理、人员教育和措施制定等是完全不够的，还必须对事故经济损失进行统计。

### 4.3.1　事故损失及分类

事故损失指意外事件造成的生命与健康丧失、物质或财产毁坏、时间损失、环境破坏等。

事故直接经济损失，指与事故事件当时的、直接相联系的、能用货币直接估价的损失。如，事故导致的资源、设备、设施、材料、产品等物质或财产的损失。

事故间接经济损失，指与事故事件间接相联系的、能用货币直接估价的损失。如，事故导致的处理费用、赔偿费、罚款、劳动时间损失、停工或停产损失等事故非当时的间接经济损失。

事故直接非经济损失，指与事故事件当时的、直接相联系的、不能用货币直接定价的损失。如，事故导致的人的生命与健康、环境毁坏等无直接价值（只能间接定价）的损失。

事故间接非经济损失，指与事故事件间接相联系的、不能用货币直接定价的损失。如，事故导致的工效影响、商誉损失、政治安定影响等。

事故损失分类如下。

1）按损失与事故事件的关系，分为直接损失和间接损失两类。

2）按损失的经济特征，分为经济损失（或价值损失）和非经济损失（非价值损失）。前者指可直接用货币测算的损失；后者指不可直接用货币进行计量，只能通过间接的转换技术对其进行测算。

3）按损失与事故的关系和经济的特征进行综合分类，分为直接经济损失、间接经济损失、直接非经济损失和间接非经济损失四种。

4）按损失的承担者，分为个人损失、企业（集体）损失和国家损失三类。

5）按损失的时间特性，分为当时损失、事后损失和未来损失三类。当时损失是指事件当时造成的损失；事后损失是指事件发生后随即伴随的损失，如事故处理、赔偿、停工和停产等损失；未来损失是指事故发生后相隔一段时间才会显现出来的损失，如污染造成的危害、恢复生产和原有的技术功能所需的设备（施）改造及人员培训费用等。

### 4.3.2　伤亡事故经济损失的划分

伤亡事故给企业带来多方面的经济损失。一般而言，伤亡事故的经济损失包括直接经济损失和间接经济损失两部分。其中，直接经济损失很容易直接统计出来，而间接经济损失比较隐蔽，不容易直接由财务账面上查到。国内外对伤亡事故的直接经济损失和间接经济损失做了不同规定。

**1. 我国对伤亡事故经济损失的划分**

1987 年，我国开始执行《企业职工伤亡事故经济损失统计标准》（GB/T 6721—1986）。该标准把因事故造成人身伤亡及善后处理所支出的费用，以及被毁坏的财产的价值规定为直接经济损失；把因事故导致的产值减少、资源的破坏和受事故影响而造成的其他损失规定为间接经济损失。

（1）伤亡事故直接经济损失

1）人身伤亡后支出费用。包括医疗费用（含护理费用）、丧葬及抚恤费用、补助及救济费用、歇工工资。

2）善后处理费用。包括处理事故的事务性费用、现场抢救费用、清理现场费用、事故罚款及赔偿费用。

3）财产损失价值。包括固定资产损失价值、流动资产损失价值。

（2）伤亡事故间接经济损失

1）停产、减产损失价值。

2）工作损失价值。

3）资源损失价值。

4）处理环境污染的费用。

5）补充新员工的培训费用。

6）其他费用。

**2. 国外对伤亡事故经济损失的划分**

在国外，特别在西方国家，事故的赔偿主要由保险公司承担。于是，把由保险公司支付的费用定义为直接经济损失，而把其他由企业承担的经济损失定义为间接经济损失。

（1）海因里希的间接经济损失内容

1）受伤害者的时间损失。

2）其他人员由于好奇、同情和救助等引起的时间损失。

3）工长、监督人员和其他管理人员的时间损失。

4）医疗救护人员等不由保险公司支付酬金人员的时间损失。

5）机械设备、工具、材料及其他财产损失。

6）生产受到事故的影响而不能按期交货的罚金等损失。

7）按员工福利制度所支付的经费。

8）负伤者返回岗位后，由于工作能力降低而造成的工作损失，以及照付原工资的损失。

9）由于事故引起人员心理紧张，或情绪低落而诱发其他事故造成的损失。

10）即使负伤者停工也要支付的照明、取暖费等每人平均费用的损失。

（2）西蒙兹的间接经济损失内容

1）非负伤者由于中止作业而引起的工作损失。

2）修理、拆除被损坏的设备、材料的费用。

3）受伤害者停止工作造成的生产损失。

4）加班劳动的费用。

5）监督人员的工资。

6）受伤害者返回工作岗位后，生产减少造成的损失。

7）补充新员工的教育、训练费用。

8）企业负担的医疗费用。

9）为进行事故调查，付给监督人员和有关工人的费用。

10）其他损失。

**3. 伤亡事故直接经济损失与间接经济损失的比例**

海因里希最早进行了这方面的工作，通过对 5000 余起伤亡事故经济损失的统计分析，得出直接经济损失与间接经济损失的比例为 1:4 的结论。这一结论至今仍被国际劳工组织（ILO）所采用，作为估算各国伤亡事故经济损失的依据。

由于国内外对伤亡事故直接经济损失和间接经济损失划分不同，直接经济损失与间接经济损失的比例也不同。一般来说，我国的伤亡事故直接经济损失所占的比例比国外大。根据对少数企业伤亡事故经济损失资料的统计，直接经济损失与间接经济损失的比例为 1:1.2~1:2。

### 4.3.3　伤亡事故经济损失计算方法

伤亡事故经济损失 $C$ 可由直接经济损失与间接经济损失之和求出，即

$$C = C_D + C_I \tag{4-2}$$

式中，$C_D$ 为直接经济损失（万元）；$C_I$ 为间接经济损失（万元）。

由于间接经济损失的许多项目很难得到准确的统计结果，所以人们必须探索一种实际可行的伤亡事故经济损失计算方法。

**1. 我国的计算方法**

《企业职工伤亡事故经济损失统计标准》（GB/T 6721—1986）规定的伤亡事故经济损失的计算方法：

$$C = C_D + C_I \tag{4-3}$$

式中，$C$ 为经济损失（万元）；$C_D$ 为直接经济损失（万元）；$C_I$ 为间接经济损失（万元）。

其中，工作损失、医疗费用、歇工工资、处理事故的事务性费用、现场抢救费用、事故罚款和赔偿费用、固定资产损失价值、流动资产损失价值、资源损失价值、处理环境污染的费用、补充新员工的培训费用、补助费、抚恤费的计算内容及方法在《企业职工伤亡事故经济损失统计标准》及附录中有明确的规定。

**2. 海因里希算法**

海因里希通过对事故资料的统计分析，得出伤亡事故间接经济损失是直接经济损失的 4 倍，进而提出伤亡事故经济损失的计算公式为

$$C_T = C_D + C_I = 5C_D \tag{4-4}$$

因此，只要知道了直接经济损失，就可以算出总经济损失。

## 4.4　事故原因统计

根据事故的特性可知，事故具有因果特性，也就是说，事故的原因和结果之间存在着关联，所以，从发生事故的结果中，可以找出事故发生的原因。

事故的原因分为事故的直接原因和间接原因。直接原因是直接导致事故发生的原因；间

接原因是指使事故的直接原因得以产生和存在的原因。

在一般情况下，根据直接原因确定直接责任者。如果不安全状态是直接原因，则造成此状态的人是直接责任者；如果不安全行为是直接原因，则有这种行动的人是直接责任者。

造成间接原因的人是领导责任者，造成主要原因的人是主要责任者，主要责任者是直接责任者和领导责任者两者之一。

**1. 事故的直接原因**

1）物的原因。物的原因是指由于设备不良所引起的，也称为物的不安全状态。所谓物的不安全状态是使事故能发生的不安全的物体条件或物质条件。

2）环境原因。环境原因指由于环境不良所引起的。

3）人的原因。人的原因是指由人的不安全行为而引起的事故。所谓人的不安全行为是指违反安全规则和安全操作原则，使事故有可能或有机会发生的行为。

**2. 事故的间接原因**

对间接原因的分类，有不同的方法。

1）《企业职工伤亡事故调查分析规则》规定，间接原因有如下几种。

① 技术和设计上存在缺陷，如工业构件、建筑物、机械设备、仪器仪表、工艺过程、操作方法、维修检验等的设计、施工和材料使用存在问题。

② 教育培训不够，未经培训，缺乏或不懂安全操作技术知识。

③ 劳动组织不合理。

④ 对现场工作缺乏检查或指导错误。

⑤ 没有安全操作规程或安全操作规程不健全。

⑥ 没有或不认真实施事故防范措施，对事故隐患整改不力。

⑦ 其他。

2）北川彻三方法。北川彻三认为，事故的间接原因可以分为以下几种。

① 技术原因。包括建筑物、机械装置设计不良，材料结构不合适，检修、保养不好，作业标准不合理。

② 教育原因。包括缺乏安全知识（无知），错误理解安全规程要求（不理解、轻视），训练不良习惯、坏习惯，经验不足、没有经验。

③ 身体原因。包括疾病（头疼、腹痛、眩晕、羊角风），残疾（近视、耳聋），疲劳（睡眠不足），酗酊大醉，体格不合适（身高、性别）。

④ 精神原因。包括错觉（错感、冲动、忘却），态度不好（怠慢、不满、反抗），精神不安（恐怖、紧张、焦躁、不和睦、心不在焉），感觉上的缺陷（反应迟钝），性格上的缺陷（顽固、心胸狭窄），智能缺陷。

⑤ 管理原因。包括领导的责任心不强，安全管理机构不健全，安全教育制度不完善，安全标准不明确，检查、保养制度不健全，对策实施迟缓、拖延，人事管理不善，劳动积极性不高。

⑥ 学校教育原因。包括义务教育、高等教育、师资培养、职业教育和社会教育等方面的缺失。

⑦ 社会原因。包括法规、行政和社会结构等方面。

⑧ 历史原因。包括国家、民族特点，产业的发达程度，社会思想的开化、进步程度等方面。

3）后藤方法。后藤认为，妨害生产的原因也就是造成事故的原因，列出的 10 种原因中主要是管理原因：①不正确的作业方法；②技术熟练者较少；③机械故障多；④缺勤者多；⑤生产场所的环境脏乱；⑥各工序间配合差；⑦监督人指导方法不好，不会指导；⑧作业工程本身就存在问题；⑨物料放置不好、不合理；⑩工作任务安排不合理。

对事故间接原因的分类，虽然有不同的方法，但不同分类方法均包含管理原因。

1）对物的管理，也称为技术原因。包括技术、设计、结构上有缺陷，作业现场、作业环境的安排设置不合理等缺陷，缺少防护用品或防护用品有缺陷等。

2）对人的管理。包括教育、培训、指示、对作业任务和作业人员的安排等方面的缺陷或不当。

3）对作业程序、工艺过程、操作规程和方法等的管理。

4）安全监察、检查和事故防范措施等方面的管理。

在分析某次事故的间接原因时，要根据事故的具体情况，把直接原因中物的不安全状态、人的不安全行为分别与其产生的管理方面的原因相关联，就可以找出管理方面存在的所有问题。如果要求只列一种管理原因，则进行综合比较，找出本次事故中管理方面的主要缺陷，然后对照管理原因的分类，以确定属于哪一种。

## 4.5　事故统计报表及报送时间

### 1. 事故统计报表

《生产安全事故统计调查制度》（应急〔2023〕143 号）设计了两张基层报表（A1 和 A2 表），用来收集和记录企业发生的每起事故。统计报表（见表 4-1）最重要的就是两张基层报表，正确理解基层报表的各项指标是做好伤亡事故统计工作的基础，其他各类统计报表都是在基层报表的基础上产生的。

表 4-1　事故统计报表目录

| 表　号 | 表　　名 | 报告期别 | 填报范围 | 报送单位 | 报送日期及方式 |
| --- | --- | --- | --- | --- | --- |
| A1 表 | 生产安全事故登记表 | 即时报送 | 生产安全事故 | 县级以上应急管理部门 | 接报后 24 h 内在"直报系统"中填报 |
| A2 表 | 生产安全事故伤亡（含急性工业中毒）人员登记表 | 即时报送 | 同上 | 同上 | 事故发生 30 日内（火灾、道路运输事故发生 7 日内）伤亡人员发生变化的，应及时补充完善伤亡人员情况。因特殊原因无法及时掌握的部分事故信息，应持续跟踪并予以完善 |
| B1 表 | 生产安全事故按行业统计表 | 月报年报 | 同上 | 同上 | 月报于次月 8 日报送年报于次年 1 月 8 日报送 |
| B2 表 | 生产安全事故按地区统计表 | 月报年报 | 同上 | 同上 | 月报于次月 8 日报送年报于次年 1 月 8 日报送 |

基层报表的各项指标归纳起来分为以下 4 个方面。

1）事故发生单位情况，包括事故发生单位的名称、地址、代码、邮政编码、从业人员数、企业规模、经济类型、所属行业、行业类别、行业中类、行业小类和主管部门。

2）事故情况，包括事故发生地点、发生日期（年、月、日、时、分）、事故类别、人员伤亡总数（死亡、重伤、轻伤）、非本企业人员伤亡（死亡、重伤、轻伤）、事故原因、损失工作日、直接经济损失、起因物、致害物、不安全状态和不安全行为。

3）事故概况，主要是事故经过、事故原因、事故教训和防范措施、结案情况以及其他需要说明的情况。

4）伤亡人员情况，包括伤亡人员的姓名、性别、年龄、工种、工龄、文化程度、职业、伤害部位、伤害程度、受伤性质、就业类型、死亡日期和损失工作日。

**2. 事故统计报送时间**

县级以上应急管理部门接到事故报告后，应在24h内通过"直报系统"填报A1表甲区域内事故统计信息。经查实的瞒报事故，应在接到事故信息后24h内，在"直报系统"中进行填报并纳入事故统计。

事故发生7日内，应及时补充完善A1、A2表相关信息，并纳入事故统计。对于首次填报日期超过事故发生日期7日的，需将超期原因等相关情况在"直报系统"中注明。

事故发生30日内（火灾、道路运输事故发生7日内）伤亡人员发生变化的，应及时补充完善伤亡人员情况，并纳入事故统计。

事故调查结束后30日内，应根据事故调查报告及时完善校正有关事故信息。同时，由负责调查的人民政府的应急管理部门在"直报系统"上传事故调查报告。

县级以上应急管理部门应在每月8日将截取至7日24时"直报系统"内的上月事故统计数据作为月度数据，即月度B1、B2表，经审核确认后，在"直报系统"内上报。

县级以上应急管理部门应在每年1月8日将截取至1月7日24时"直报系统"内的上年事故统计数据作为年度数据，即年度B1、B2表，经审核确认后，在"直报系统"内上报。

## 4.6 事故报告

事故发生后及时向单位负责人和有关主管部门报告，对及时采取应急救援措施、防止事故扩大、减少人员伤亡和财产损失、顺利开展事故调查具有至关重要的作用。

### 4.6.1 事故报告主体、时限和对象

**1. 逐级上报**

事故报告主体主要有5种，相应报告时限和对象为：

1）事故单位现场人员。事故发生后，事故现场有关人员应当立即向本单位负责人报告。

2）事故单位负责人。事故发生单位主要负责人接到事故报告后，应当于1小时内向事故发生地县级以上人民政府安全生产监督管理部门和负有安全生产监督管理职责的有关部门报告。

3）有关政府职能部门。县级以上人民政府安全生产综合监督管理部门、负有安全生产监督管理的有关部门接到事故报告后，应当向上一级人民政府安全生产综合监督管理部门、负有安全生产监督管理的有关部门和本级人民政府上报。国务院安全生产监督管理部门和负有安全生产监督管理职责的有关部门接到发生特别重大事故、重大事故的报告后，应当立即报告国务院。

① 特别重大事故、重大事故逐级上报至国务院安全生产监督管理部门和负有安全生产监督管理的有关部门。

② 较大事故逐级上报至省、自治区、直辖市人民政府安全生产监督管理部门和负有安

全生产监督管理的有关部门。

③一般事故逐级上报至设区的市级安全生产监督管理部门和负有安全生产监督管理的有关部门。

4）有关地方人民政府。县级以上人民政府接到事故报告后，应当向上级人民政府报告。省级人民政府接到发生特别重大事故、重大事故的报告后，应当立即报告国务院。

5）其他报告义务人。

安全生产监督管理部门和负有安全生产监督管理职责的有关部门逐级上报事故，每级上报时间不得超过2小时，如图4-2所示。

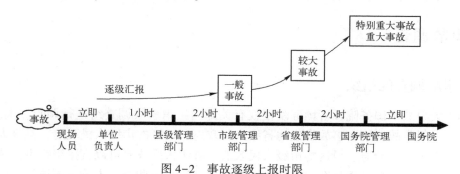

图4-2　事故逐级上报时限

**2. 越级上报**

1）事故发生单位越级报告。情况紧急时，事故现场有关人员可以直接向事故发生地县级以上人民政府安全生产监督管理部门和负有安全生产监督管理职责的有关部门报告。

2）安全生产监管部门和有关部门越级报告。必要时，安全生产监督管理部门和负有安全生产监督管理的有关部门可以越级上报事故。

**3. 事故补报**

事故报告后，出现新情况的，自事故发生之日起30日内（道路交通事故、火灾事故自发生之日起7日内），事故造成的伤亡人数发生变化的，事故发生单位和安全生产监督管理部门和负有安全生产监督管理的有关部门应当及时补报。

## 4.6.2　事故报告的内容

报告事故应当包括事故发生单位概况，事故发生的时间、地点以及事故现场情况，事故的简要经过，事故已经造成或者可能造成的伤亡人数（包括下落不明的人数）和初步估计的直接经济损失，已经采取的措施和其他应当报告的情况。事故报告应当遵照完整性的原则，尽量能够全面地反映事故情况。

1）事故发生单位概况。包括单位的全称、成立时间、所处地理位置、所有制形式和隶属关系、生产经营范围和规模、持有各类证照的情况、单位负责人的基本情况、劳动组织及工程情况、近期生产经营状况等。

2）事故发生的时间、地点以及事故现场情况。报告时间应当具体，并尽量精确到分钟。报告地点要准确，除事故发生的中心地点外，还应当报告波及的区域。报告事故现场总体情况、人员伤亡情况、设备设施的毁损情况以及事故发生前的现场情况。

3）事故的简要经过。事故全过程的简要叙述要前后衔接、脉络清晰、因果相连。

4）伤亡人数和初步估计的直接经济损失。应当遵守实事求是的原则，不做无根据的猜测，更不能隐瞒实际伤亡人数。直接经济损失的初步估计主要指事故所导致的建筑物毁损、生产设备设施和仪器仪表的损坏等。

5）已经采取的措施。主要是指事故现场有关人员、事故单位负责人、已经接到事故报告的安全生产管理部门为减少损失、防止事故扩大和便于事故调查所采取的应急救援和现场保护等具体措施。

6）其他应当报告的情况。应根据实际情况具体确定其他需要报告的情况。

## 4.7 事故调查

### 4.7.1 事故调查的组织

特别重大事故由国务院或者国务院授权有关部门组织事故调查组进行调查。重大事故、较大事故、一般事故分别由事故发生地省级人民政府、设区的市级人民政府、县级人民政府负责调查。省级人民政府、设区的市级人民政府、县级人民政府可以直接组织事故调查组进行调查，也可以授权或者委托有关部门组织事故调查组进行调查。未造成人员伤亡的一般事故，县级人民政府也可以委托事故发生单位组织事故调查组进行调查。

对于事故性质恶劣、社会影响较大的，同一地区连续频繁发生同类事故的，事故发生地不重视安全生产工作、不能真正吸取事故教训的，社会和群众对下级政府调查的事故反响十分强烈的，事故调查难以做到客观、公正的等事故调查工作，上级人民政府可以调查由下级人民政府负责调查的事故。

特别重大事故以下等级事故，事故发生地与事故发生单位不在同一个县级以上行政区域的，由事故发生地人民政府负责调查，事故发生单位所在地人民政府应当派人参加。

因事故伤亡人数变化导致的事故等级发生变化，应当由上级人民政府负责调查，上级人民政府可以另行组织事故调查组进行调查。

事故调查工作实行"政府领导、分级负责"的原则，不管哪级事故，其事故调查工作都是由政府负责的；不管是政府直接组织事故调查还是授权或者委托有关部门组织事故调查，都是在政府的领导下，以政府的名义进行的，都是政府的调查行为，不是部门的调查行为。

### 4.7.2 事故调查组的组成

事故调查组的组成应当遵循精简、效能的原则。根据事故的具体情况，事故调查组由有关人民政府、应急管理部门、负有安全生产监督管理职责的有关部门、公安机关以及工会派人组成。事故调查组可以聘请有关专家参与调查。

事故调查组可以根据事故调查的需要设立管理、技术、综合等专门小组，分别承担管理原因调查、技术原因调查、综合协调等工作。调查组成员单位应当根据事故调查组的委托，指定具有行政执法资格的人员负责相关调查取证工作。进行调查取证时，行政执法人员的人数不得少于2人，并向有关单位和人员表明身份、告知其权利义务，调查取证可以使用有关安全生产行政执法文书。完成调查取证后，应当向事故调查组提交专门调查报告和相关证据材料。

事故调查组组长由负责事故调查的人民政府指定。事故调查组组长主持事故调查组的工作。由政府直接组织事故调查组进行事故调查的，其事故调查组组长由负责组织事故调查的人民政府指定；由政府委托有关部门组织事故调查组进行事故调查的，其事故调查组组长也由负责组织事故调查的人民政府指定。由政府授权有关部门组织事故调查组进行事故调查的，其事故调查组组长确定可以在授权时一并进行，也就是说，事故调查组组长可以由有关人民政府指定，也可以由授权组织事故调查组的有关部门指定。

事故调查组成员履行事故调查的行为是职务行为，代表其所属部门、单位进行事故调查工作；事故调查组成员都要接受事故调查组的领导；事故调查组聘请的专家参与事故调查，也是事故调查组的成员。事故调查组成员应当具有事故调查所需要的知识和专长，并与所调查的事故没有直接利害关系。

### 4.7.3  事故调查组的职权

事故调查组有权向有关单位和个人了解与事故有关的情况，并要求其提供相关文件、资料，有关单位和个人不得拒绝。事故调查中需要进行技术鉴定的，事故调查组应当委托具有国家规定资质的单位进行技术鉴定。必要时，事故调查组可以直接组织专家进行技术鉴定。技术鉴定所需时间不计入事故调查期限。

事故发生单位的负责人和有关人员在事故调查期间不得擅离职守，并应当随时接受事故调查组的询问，如实提供有关情况。事故调查中发现涉嫌犯罪的，事故调查组应当及时将有关材料或者其复印件移交司法机关处理。

### 4.7.4  事故调查的纪律和期限

事故调查组成员在事故调查工作中应当诚信公正、恪尽职守，遵守事故调查组的纪律，保守事故调查的秘密。未经事故调查组组长允许，事故调查组成员不得擅自发布有关事故的信息。事故调查组应当自事故发生之日起 60 日内提交事故调查报告；特殊情况下，经负责事故调查的人民政府批准，提交事故调查报告的期限可以适当延长，但延长的期限最长不超过 60 日。需要技术鉴定的，技术鉴定所需时间不计入该时限，其提交事故调查报告的时限可以顺延。

## 4.8  事故调查基本步骤

事故调查的基本步骤一般包括现场处理、现场勘察、人证问询、物证收集等主要工作。由于这些工作时间性极强，有些信息、证据是随时间的推移而逐步消亡的，有些信息则有着极大的不可重复性，因而对于事故调查人员来讲，实施调查过程的速度和准确性显得更为重要。只有把握住每一个调查环节的中心工作，才能使事故调查过程进展顺利。

### 4.8.1  现场处理

事故现场处理是事故调查的初期工作。对于事故调查人员来说，由于事故的性质不同及事故调查人员在事故调查中角色的差异，事故现场处理工作会有所不同，通常应进行如下工作。

1）危险分析。只有做出准确的分析与判断，才能够防止进一步的伤害和破坏，同时要做好现场保护工作。现场危险分析工作主要有观察现场全貌、分析是否存在进一步产生危害的可能性及可能的控制措施、计划调查的实施过程、确定行动次序及考虑与有关人员合作、控制围观者及指挥志愿者等。

2）现场营救。最先赶到事故现场人员的主要工作是尽可能地营救幸存者并保护财产。作为一位事故调查人员，如果有关抢救人员如医疗、消防等已经到位且人手并不紧张，则应及时记录事故遇难者尸体的状态和位置并用照相和绘草图的方式标明位置，同时告诫救护人员必须尽早记下他们最初看到的情况，包括幸存者的位置、移动过的物体的原位置等。如果需要调查者本人也参加营救工作，也应尽可能地做好上述工作。

3）二次危害。在现场危险分析的基础上，应对现场可能产生的进一步伤害和破坏及时采取行动，使二次事故造成的损失尽可能小。这类工作包括防止有毒有害气体的生成或蔓延，防止有毒有害物质的生成或释放，防止易燃、易爆物品或气体的生成与燃烧爆炸，防止由火灾引起的爆炸等。

许多事故现场都很容易发生火灾，因此应严加防护，以保证所有在场人员的安全和保护现场免遭进一步的破坏。当存在严重的火灾危险时应准备好随时可用的消防装置，并尽快转移易燃易爆物品，同时严格制止任何可能引起明火的行为。即使是使用抢救设备等都应在绝对安全的情况下才可使用。

应尽快查明现场是否有危险品存在并采取相应措施。这类危险品包括放射性物质，爆炸物，腐蚀性液体，气体、液体或固体有毒物质以及细菌培养物质等。

4）保护现场。完成了抢险、抢救任务，保护了生命和财产之后，现场处理的主要工作就转移到现场保护方面。这时，事故调查人员将成为主角并应承担主要责任。

首先到达事故现场的有可能是企业员工、附近居民、抢救人员或警方人员，因此，为保证调查组抵达现场之前不致因对现场进行不必要的干预而丢失重要的证据，争取企业员工，特别是厂长等基层干部及当地警察或抢救人员的合作是非常重要的。调查人员应充分认识到，事故调查不仅需要进行技术调查而且还需要服从某种司法程序，而国家法律也许更重视后者。所以应通过合适的方式，使上述人员了解到除必要的抢救等工作外，应使现场尽可能原封不动。事故中遇难者的尸体及人体残留物应尽可能留在原处，私人的物品也应保持不动，因为这些东西的位置有助于辨别遇难者的身份。此外，应通过照相等手段记下像冰、烟灰之类短时间内会消失的迹象及记下所有在场目击者的姓名和地址，以便于调查者取得相应的证词。因此可以看出，对上述人员适当地进行保护现场的培训也是十分重要的。

有些物证如痕迹、液体和碎片等极易消失，因此，要事先安排好这类证据的收集工作，准备好样品袋、瓶、标签等，并确保对此类物证及时收集保存。

因需要清理现场或移动现场物品时，例如，车祸发生后会阻塞通道，应在移动或清理前对重要痕迹照相或画出草图，并测量各项有关数据。

## 4.8.2 现场勘察

现场勘察的主要目的是查明当事各方在事发之前和事发时的情节、过程以及造成的后果。通过对现场痕迹、物证的收集和检验分析，可以判明发生事故的主、客观原因，为正确处理事故提供客观依据，因而全面、细致地勘察现场是获取现场证据的关键。

现场勘察的顺序和范围应根据不同类型的事故现场确定。因此，勘察人员到达现场后，首先要向事故当事人和目击者了解事故发生的情况和现场是否有变动。如有变动应先弄清变动的原因和过程，必要时可根据当事人和证人提供的事故发生时的情景恢复现场原状以利于实地勘察。在勘察前，应巡视现场周围的情况，对现场全貌进行概括的了解后，再确定现场勘察的范围和勘察的顺序。大型复杂事故现场勘察一般应按勘察程序进行，如图 4-3 所示。现场勘察程序可分为准备阶段、勘察阶段、材料整理阶段和结论。

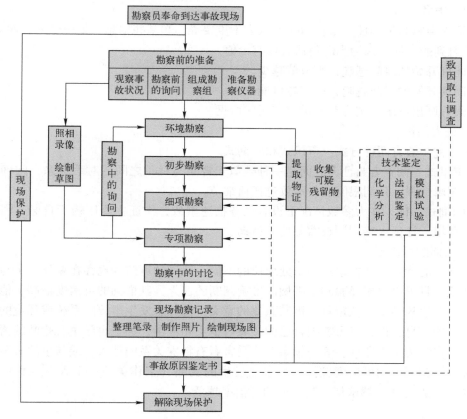

图 4-3　现场勘察程序流程图

## 4.8.3　人证问询

证人通常是指看到事故发生或事故发生后，最快抵达事故现场，并向调查者提供所需信息的人。

（1）证人具有的基本特征

1）必须了解事故情况。证人对事故事实的了解，是在事故发生过程中或发生之后形成的，证人把形成的记忆通过语言文字再现出来，成为证词。

2）能正确表达意志。生理上、精神上有缺陷或者年幼，不能辨别是非、不能正确表达的人，不能作为证人。

（2）证人的重要性

在事故调查中，证人的询问工作相当重要。大约 50% 的事故信息是由证人提供的，而事故信息中大约有 50% 能够起作用，另外 50% 事故信息的效果则取决于调查者怎样评价分析和利用它们。

（3）证人问询应注意的问题

1）证人之间会强烈地互相影响。

2）证人会强烈地受到新闻媒介的影响。

3）不了解他所看到的事，不能以自己的知识、想法去解释的证人，容易改变他们掌握的事实而去附和别人。

4）证人会因为记不住、不自信或自认为不重要等忘却某些信息，如一个人可能 10 年后才讲出他看到的事情，因为当时他认为没有价值。

5）问询开始的时间越晚，细节就越少。

6）问询开始的时间越晚，内容越可能改变。

7）最好画出草图，结合草图讲解其所闻所见。

（4）证人问询

证人问询一般有两种方式：审讯式和问询式。

1）审讯式。调查者与证人之间是一种类似于警察与疑犯之间的对手关系，问询过程高度严谨、逻辑性强，且刨根问底，不放过任何细节。

2）问询式。证人在大多数情况下没有义务描述事故，作证主要依赖于自愿，因而应创造轻松的环境，让证人感到调查需要他的帮助。

（5）证词的可信度

由于证人的背景以及在事故中所处地位的不同，证词的可信度也存在差异：①与事故发生没有关联，且可以根据经验和水平做出准确判断的证人，其证词的可信度最高，他们的经验和判断对于事故结论的认定具有极其重要的意义；②熟悉发生事故的系统或环境的证人能提供更可信的信息，但也有可能把自己的经验与事实相混淆，加上自己主观臆断的猜测，其证词的可信度需要加以印证；③与肇事者或受害者有特殊关系的证人，或与事故有某种特定关系的证人，其证词的可信度较低，与事故发生的关系（工作关系、个人卷入程度、与肇事者或受害者的关系）越密切，其证词的可信度越低。

## 4.8.4　物证收集

物证的收集与保护是现场调查的另一重要工作。保护现场主要目的之一是保护物证，几乎每个物证在加以分析后，都能用以确定其与事故的关系。

有的物证是纸质版。有关文件资料、各类票据及记录，是一类很重要的物证，即使不在事故现场，也应注意及时封存。

有的物证是电子版，是由数据记录装置记录获取的。数据记录装置是为满足事故调查的需要而事先设置的记录事故前后有关数据的仪器设备。其主要目的是在缺乏目击者和可调查的硬件的条件下，保证调查者能准确地找出事故的原因。设备上的运行记录仪、公交道口、公共设施、金融机构的摄像装置是比较常见的数据记录装置；飞机上的"黑匣子"是较高档次的数据记录装置。

有的物证存留时间比较短，有些甚至稍纵即逝，所以必须事先制订好计划，按次序有目标地尽快收集需要收集的物证，并为收集这类物证做好物质上的准备。

**1. 事故现场照相**

事故现场照相的主要目的是获取和固定证据，为事故分析和处理提供可视性证据，这是现场勘察的重要组成部分。现场照相是使用照相、摄像器材，运用照相技巧，按照现场勘察的规定及调查和审理工作的要求，拍摄发生事故的现场上与事故有关的人与物、遗留的痕迹、物证以及其他一些现象，应真实准确、客观实际、完整全面、鲜明突出、系统连贯地表达现场的全部状况。

（1）现场照相的内容

现场照相包括记录事故发生时间、空间及各自的特点，事故活动的现场客观情况以及造成事故事实的客观条件和产生的结果，形成事故现场主体的各种迹象。

1）现场方位照相。现场方位照相即拍照现场所处的位置及现场周围环境。凡是与事故有关的场所、景物都是拍照的范围，用以说明事故场所、环境特点、气氛、季节、气候、地点、方向、位置以及现场与周围环境的联系。

2）现场概貌照相。现场概貌照相表达现场内部情景，即拍照事故现场内部的空间、地势、范围、事故全过程在现场上所触及的一切现象和物体，以反映事故现场内部各个物体之间的联系和特点，表明现场的全部状况和各个具体细节，使人们看到照片后能对现场的范围、整个状况和特点等有一个比较完整的概念。

3）现场重点部位照相。现场重点部位照相是指拍摄与事故有关的现场重要地段，对审理、证实事故情况有重要意义物体的状况、特点、现场上遗留的与事故有关物证的位置和物证与物证之间的特点等，以反映它们与现场以及现场上有关物体的关系。

4）现场细目照相。现场细目照相是拍摄存在的具有检验鉴定价值和证据作用的各种痕迹、物证，以反映其形状、大小和特征。由于细目照片多用于技术检验、鉴定工作，所以必须按照技术检验和鉴定工作的要求进行拍照。

（2）现场照相的方法

1）单向拍照法。单向拍照是照相机从某一方向对着事故现场进行拍照，该方法只能表现现场的某一个侧面，多用于拍照范围不大、比较简单的现场。

2）相向拍照法。相向拍照是照相机从相对的两个方向对现场中心部分进行拍照，如图 4-4 所示。

3）多向拍照法。多向拍照是以现场拍照的主要对象为目标，从几个不同的方向对主要对象进行拍照，反映被拍照的主要对象及其前景、后景和背景，表现它们的状况、位置及其相互之间的关系，如图 4-5 所示。这种方法通常是从四个方向对主要对象进行拍照，类似两组相向拍照法。

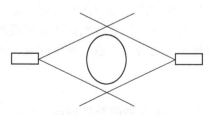

图 4-4　相向拍照法

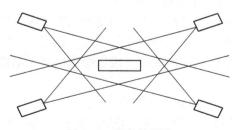

图 4-5　多向拍照法

4）回转分段连续拍照法。回转分段连续拍照是将照相机固定在某一点上，只转动镜头改变角度，不改变相机的位置，将现场分段连续进行拍照，如图4-6所示。这种拍照方法适用于现场范围较大、没有或者不宜采用广角镜头、拍照点没有后退余地、采用一张照片很难把现场情况全部反映出来的情况。

5）直线分段连续拍照法。直线分段连续拍照是将照相机沿着被拍物体的平面移动进行分段拍照，然后把分段拍得的照片拼成一张完整的现场照片，如图4-7所示。

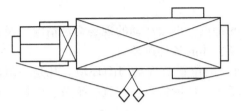 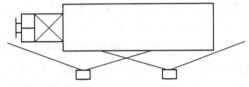

图4-6　回转分段连续拍照法　　　　图4-7　直线分段连续拍照法

6）测量拍照法。测量拍照是在被拍现场和物体的适当位置或痕迹的同一平面，放上测量尺进行拍照。在现场照相中最常用的是厘米比例尺拍照法，常用于固定现场上所发现的痕迹、物证、碎片以及伤痕等情况。

（3）现场照相注意事项

1）全景拍照。当接近现场时，应先照几个基本照，从制高点拍摄全景、记录照相高度和角度。

2）尽快拍摄。尽快拍摄可能被移动或被清理的物证。如仪表的读数，控制器位置，由于天气、交通或清理人员等，需要除去物证等。

3）拍照距离。拍摄残片等应靠近物体以保证清晰，但又要保持一定距离，以表明相互关系。

4）参照拍照。尽量摄入熟悉的物体作为参照物以便进行比较。

5）测量拍照。拍摄重要部件和破损表面的细目时，应用直尺或其他类似物表明尺寸，或在照片中摄入已知尺寸的物体，同时要显示部件之间的关系。

6）做好拍照记录。全部记录拍摄物体、目的、编号和类型等，在现场平面图或示意图上注明拍照条件、照明性质、拍照时间和地点。

7）围观人群拍照。通常故意破坏者，如纵火者，可能会在现场周围。

8）烟焰拍照。在火灾事故中，拍摄火焰和烟雾。火焰颜色反映燃烧的温度；而烟雾能反映燃烧物质，如汽油、橡胶会产生浓黑烟，木、纸、植物等产生淡白烟，金属燃烧伴有闪光等。

**2. 事故现场绘图与表格**

现场绘图是记录事故现场的重要手段。现场绘图是运用制图学的原理和方法，通过几何图形来表示现场活动的空间形态，是记录事故现场的重要形式，能比较精确地反映现场重要物品的位置和比例关系。现场绘图与现场笔录、现场照相均有各自特点，相辅相成，不能互相取代。

（1）现场绘图的作用

1）用简明的线条、图形，把人无法直接看到或无法一次看到的整体情况、位置、周围环境和内部结构状态清楚地反映出来。

2）把与事故有关的物证、痕迹的位置、形状、大小及其相互关系形象地反映出来。

3）对现场上必须专门固定反映的情况，如有关物证、痕迹等的地面与空间位置，事故前后现场的状态，事故中人流、物流的运动轨迹等，可通过各种现场图显示出来。

（2）现场绘图的种类

1）现场位置图：反映现场在周围环境中的位置。

2）现场全貌图：反映事故现场全面情况的示意图。

3）现场中心图：专门反映现场某个重要部分的图形。

4）现场专项图：也称为专业图，把与事故有关的工艺流程、电气、动力、管网、设备和设施的安装结构等用图形显示出来。

4 种现场图，可根据不同的需要，采用比例图、示意图、平面图、立体图及投影图的绘制方式来表现，也可根据需要绘制出分析图、结构图以及地貌图等。

（3）现场绘图的重点

1）图中应标明方向。

2）图中应标明天气、高度、距离、时间及绘制者等有关信息。

3）图中应标明主要残骸及关键物证的位置。

4）图中应标明受伤害者的原始存息地。

5）图中应标明关键照片拍摄的位置和距离。

（4）数据表格

表格也是一种特殊形式的现场绘图，主要信息包括统计数据和测量数据。这类数据以表格的形式加以记录，既便于取用，又便于比较，对调查者也有很大的帮助。

## 4.9　事故分析

事故分析是根据事故调查所取得的证据，进行事故的原因分析和责任分析。事故的原因分析包括事故的直接原因、间接原因和主要原因；事故责任分析包括事故的直接责任者、领导责任者和主要责任者。

事故分析包括现场分析和事后深入分析两部分。

**1. 现场分析**

现场分析在事故现场勘察中具有重要作用，现场分析是对全部勘察材料的汇总和对勘察工作的检查，是对已收集材料从现象上升到本质的认识过程，能够充分发挥所有现场勘察人员的智慧，调动他们的工作积极性，有利于正确认识现场，全面查清事故发生的原因，保证事故处理工作的进一步开展。

（1）现场分析的任务

1）分析事故性质，决定如何开展下一步工作。

2）分析事故原因，包括确定事故的直接原因和间接原因。

3）分析与事故发生有关的其他情况，包括分析事故发生的时间、分析事故发生的过程及分析事故发生造成的后果等。

（2）现场分析的原则

1）必须把现场勘察中收集的材料作为分析的基础。同时，在分析前应对已收集材料甄别真伪。

　　2）既要以同类现场的一般规律作指导，又要从个别案件的实际出发。

　　3）充分发扬民主，综合各方面的意见，得出科学的结论。

　　（3）现场分析的方法

　　1）比较。将收集的两种以上的现场勘察材料进行对比，确定其真实性和相互补充、印证。

　　2）综合。将现场勘察材料汇集起来，对事故事实的各个方面加以分析，由局部到整体，由个别到全面。

　　3）假设。根据现场情况推测某一事实，然后用汇总的材料和有关科学知识加以证实或否定。

　　4）推理。即从已知的现场材料推断未知的事故发生情况的思维活动。

　　**2. 事后深入分析**

　　对于较为严重或复杂的事故，特别是重特大伤亡事故，仅仅依赖现场分析是远远不够的。大多数事故都需要在现场分析及收集材料的基础上进行进一步的深入分析，进而找出事故的根本原因和制定预防与控制事故的措施。

　　事后深入分析方法可分为3大类：综合分析法、个别案例技术分析法和系统安全分析法。

　　（1）综合分析法

　　综合分析法是针对大量事故案例进行事故分析的一种方法。通过总结事故发生、发展的规律，有针对性地提出普遍适用的预防措施。综合分析法分为统计分析法和按专业分析法。统计分析法是以某一地区或某个单位历来发生的事故为对象，综合进行统计分析。按专业分析法则是将大量同类事故的资料进行加工、整理，提出预防事故措施的方法。

　　（2）个别案例技术分析法

　　个别案例技术分析法是针对某个事故案例特别是重大事故，从技术方面进行的事故分析方法。该方法应用工程技术知识、生产工艺原理及社会学等多学科的知识，研究个别案例的影响因素及其组合关系，或根据某些现象推断事故发生的过程。

　　（3）系统安全分析方法

　　系统安全分析是运用逻辑学和数学方法，结合自然科学和社会科学的有关理论，分析系统的安全性能，揭示其潜在的危险性和发生的概率以及可能产生的伤害和损失的严重程度。

# 4.10　事故批复与处理

　　**1. 事故批复**

　　事故调查组向负责组织事故调查的有关人民政府提出事故调查报告后，事故调查工作即告结束。有关人民政府按照规定的期限，及时做出批复并督促有关机关、单位落实批复，包括对生产经营单位的行政处罚，对事故责任人行政责任的追究以及整改措施的落实等。

　　事故调查报告只有经过有关人民政府批复后，才具有效力，才能被执行和落实。事故调查报告批复的主体是负责事故调查的人民政府。特别重大事故的调查报告由国务院批复，重大事故、较大事故、一般事故的事故调查报告分别由负责事故调查的有关省级人民政府、设区的市级人民政府、县级人民政府批复。

对重大事故、较大事故、一般事故，负责事故调查的人民政府应当自收到事故调查报告之日起 15 日内做出批复；对特别重大事故，30 日内做出批复，特殊情况下，批复时间可以适当延长，但延长的时间最长不超过 30 日。

**2. 事故处理**

有关机关应当按照人民政府的批复，依照法律、行政法规规定的权限和程序，对事故发生单位和有关人员进行行政处罚，对负有事故责任的国家工作人员进行处分。事故发生单位应当按照负责事故调查的人民政府的批复，对本单位负有事故责任的人员进行处理。负有事故责任的人员涉嫌犯罪的，依法追究刑事责任。

## 4.11　事故调查案卷管理

为加强安全生产监管档案的管理，充分发挥档案在安全生产监督管理工作中的作用，根据《中华人民共和国档案法》《国家安全监管总局关于印发安全生产监管档案管理规定的通知》等法规文件要求，事故调查处理结束后，对生产安全事故案卷应该进行归档和管理。

安全生产监管档案是指各级安全生产监督管理部门在依法履行安全生产监督管理职责工作中直接形成的，具有保存价值的文字、图表、声像、电子等不同形式和载体的历史记录。生产安全事故案卷属于安全生产监管档案的重要组成部分，其应归档的文件材料包括以下几个方面。

1）事故报告及领导批示。

2）事故调查组织工作的有关材料，包括事故调查组成立批准文件、内部分工、调查组成员名单及签字等。

3）事故抢险救援报告。

4）现场勘察报告及事故现场勘察材料，包括事故现场图、照片、录像及勘察过程中形成的其他材料等。

5）事故技术分析、取证和鉴定等材料，包括技术鉴定报告，专家鉴定意见，设备、仪器等现场提取物的技术检测或鉴定报告以及物证材料或物证材料的影像材料，物证材料的事后处理情况报告等。

6）安全生产管理情况调查报告。

7）伤亡人员名单、尸检报告或死亡证明、受伤人员伤害程度鉴定或医疗证明。

8）调查取证、谈话和询问笔录等。

9）其他有关认定事故原因、管理责任的调查取证材料，包括事故责任单位营业执照及有关资质证书复印件、作业规程及图纸等。

10）关于事故经济损失的材料。

11）事故调查组工作简报。

12）与事故调查工作有关的会议记录。

13）其他与事故调查有关的文件材料。

14）关于事故调查处理意见的请示（附有调查报告）。

15）事故处理决定、批复或结案通知。

16）关于事故责任认定和对责任人进行处理的相关单位的意见函。

17）关于事故责任单位和责任人的责任追究落实情况的文件材料。

18）其他与事故处理有关的文件材料。

## 典型例题

4.1 某市常住人口 12 万人，截至 2021 年年底，全年发生生产安全伤亡事故 5 起，其中，火灾事故 1 起，死亡 2 人；特种设备事故 1 起，死亡 1 人；烟花爆竹事故 1 起，重伤 3 人；道路交通事故 1 起，轻伤 7 人；农机事故 1 起，轻伤 1 人；造成直接经济损失 760 万元。关于事故统计指标的计算，正确的是（　　　）。

 A. 千人重伤率为 0.025     B. 千人死亡率为 0.016

 C. 百万人火灾死亡率为 15.66    D. 重大事故率为 0.6

4.2 某建筑施工企业为了能够按工期要求完工，向施工项目部增派劳动力。其中，刘某和李某为临时招用人员，未经培训立即上岗。现场塔吊吊装大型模板时，刘某指挥塔吊作业，李某在高处搭设脚手架且未系安全带，现场无安全管理人员巡查。由于塔吊运行升起高度不够，且运行速度较快，运行过程中吊物撞击脚手架，导致李某坠落死亡。关于此次事故原因的说法，错误的是（　　　）。

 A. 刘某和李某未经培训直接上岗为间接原因

 B. 李某未系安全带为间接原因

 C. 项目部安全管理人员未进行现场检查为间接原因

 D. 刘某违章指挥为直接原因

4.3 某生产经营单位在进行设备安装过程中，发生一起事故，造成 1 人当场死亡，2 人重伤。该起事故发生医疗费用 15 万元，补助和救济费用 7 万元，丧葬及抚恤费用 125 万元。歇工工资 3 万元，清理现场费用 5 万元，停产造成的产量损失 10 万元，污水处理费用 1 万元，流动资产损失 6 万元，补充新员工的培训费用 3 万元，对企业总经理处罚 2 万元，对企业处罚 35 万元，该起事故造成的直接经济损失是（　　　）万元。

 A. 198     B. 190     C. 214     D. 196

4.4 事故统计的基本任务包括（　　　）。

 A. 对每起事故进行统计调查，弄清事故发生的情况和原因

 B. 对一定时间内、一定范围内事故发生的情况进行测定

 C. 统计要抽取那些能反映事故情况和原因的最主要的参数

 D. 根据大量统计资料，借助数理统计手段，对一定时间内、一定范围内事故发生的情况、趋势以及事故参数的分布进行分析、归纳和推断

 E. 调查要反映有关事故发生的全部详细信息

4.5 有 A 和 B 两家建筑公司，A 公司的员工人数是 200 人，B 公司的员工人数是 500 人，A 公司在 2020 年度的施工作业中造成 2 名员工重伤，B 公司在 2020 年度的施工作业中造成 4 名员工重伤。A 公司和 B 公司 2020 年度的千人重伤率分别是（　　　）。

A. 1 和 4　　　　B. 5 和 8　　　　C. 6 和 7　　　　D. 10 和 8

4.6　某住宅楼施工项目生产经理安排施工人员张某等 3 人将钢管、木方等材料从 4 层搬运至该层悬挑钢平台，3 人在平台上对钢管进行绑扎过程中，因堆料超载导致平台倾覆。3 人及材料一同坠至地面。坠落的钢管砸中 1 名地面作业人员，事故共造成 4 人死亡，关于该事故调查与分析的说法，正确的是 （　　）。

A. 张某 3 人违章操作是造成事故的直接原因

B. 事故调查组应由所在地县级人民政府负责组织

C. 项目生产经理应负事故的直接责任

D. 事故调查组应聘请项目建设单位技术总监参与调查

4.7　甲省乙市丙县某化工企业发生一起火灾事故，9 人死亡，10 人重伤，事故发生后第 10 天，又有 2 名重伤人员医治无效死亡。根据《生产安全事故报告和调查处理条例》，关于该起事故调查的说法，正确的是 （　　）。

A. 应由甲省人民政府负责调查　　　　B. 应由乙市人民政府负责调查

C. 应由甲省应急管理部门负责调查　　D. 应由丙县人民政府负责调查

4.8　当企业发生生产安全事故时，企业有关人员的做法，正确的是 （　　）。

A. 企业事故现场人员立即报告当地安全生产监督管理部门

B. 企业事故现场人员应立即撤离作业场所，并在 2 h 内报告安全生产监督管理部门

C. 企业负责人应当迅速组织抢救，减少人员伤亡和财产损失

D. 企业负责人组织抢救破坏现场的，必须报请安全生产监督管理部门批准

4.9　2021 年某日，沈海高速甲省 A 市境内，一辆乙省 B 市大货车穿越中央护栏后与一辆丙省 C 市大客车发生碰撞，造成大客车翻车，又与丁省 D 市的 2 辆货车相继发生碰撞事故，造成 11 人死亡，19 人受伤。按照相关规定，负责组织该起事故调查的单位是 （　　）。

A. 乙省 B 市人民政府　　　　　　　　B. 交通运输部

C. 应急管理部　　　　　　　　　　　　D. 甲省 A 市人民政府

4.10　某省甲市乙县和丙市丁县的交界处发生山体滑坡，造成乙县和丁县的村民住宅被冲垮、20 人被埋压，调查发现，山体滑坡因乙县某采石场违规放炮采石导致。根据《生产安全事故应急条例》，负责此次山体滑坡事故应急工作的是 （　　）。

A. 甲市和丙市人民政府　　　　　　　B. 省应急管理部门

C. 乙县人民政府　　　　　　　　　　D. 乙县和丁县人民政府

4.11　某化工企业发生爆燃事故，政府有关部门和相关单位赶赴现场组织开展应急救援工作。根据《安全生产法》，关于事故应急救援的说法，错误的是 （　　）。

A. 参与事故抢救的部门应当根据事故救援的需要采取警戒、疏散等措施

B. 参与事故抢救的不同单位和部门应当服从统一指挥，并加强协同联动

C. 为支持、配合事故救援，任何单位和个人都应当无条件地提供一切便利

D. 单位负责人接到事故报告后，应当立即采取有效措施保护事故现场

## 复习思考题

4.1 简述事故统计的一般原则。

4.2 事故统计有哪些方法？

4.3 事故统计的主要指标有哪些？

4.4 简述国内外伤亡事故经济损失统计的区别。

4.5 简述事故报告的内容、时限和部门。

4.6 人证问询应注意哪些事项？

4.7 简述现场照相的方法。

4.8 简述事故调查与事故处理之间的关系。

4.9 事故调查报告的要求有哪些？

# 第 5 章

# 事故预防与控制

生产安全事故发生的 4 个原因是人的不安全行为、物的不安全状态、环境的不安全条件和管理的缺陷。安全生产工作的重点就是正确处理人-物-环-管的问题,预防、控制和消除这些不安全因素,防止和减少生产安全事故,保障人民群众生命和财产安全,促进经济社会持续健康发展。

事故预防与控制包括两个方面:事故预防和事故控制。事故预防是通过采用工程技术、管理和教育等手段使事故不发生或事故发生的可能性降到最低。事故控制是通过采用工程技术、管理和教育等手段使事故发生后不造成严重后果或使损害尽可能减小。例如,火灾的预防与控制,通过规章制度的建立和完善,或者采用不可燃、不易燃的材料可以预防火灾的发生;采用火灾报警装置、喷淋装置、阻燃装置和应急疏散措施等可以控制火灾发生的后果,减小火灾带来的损失。

安全技术对策着重解决物的不安全状态,安全教育对策和安全管理对策着重解决人的不安全行为、环境的不安全条件和管理的缺陷。

## 5.1 安全技术对策

安全技术对策是采用工程技术手段解决安全问题,是事故预防和事故控制的技术措施,安全技术分为事故预防和事故控制技术。安全技术对策涉及系统设计各个阶段,通过设计来消除和控制各种危险,防止系统在研制、生产、使用、运输和储存等过程中发生可能导致人员伤亡和设备损坏的各种意外事故。

### 5.1.1 事故预防安全技术

为了全面提高现代复杂系统的安全性能,在运用各种危险分析技术来识别和分析各种危险,确定各种潜在危险对系统的影响的同时,系统设计人员必须在设计中采取各种有效措施来保证所设计的系统具有满足要求的安全性能。因此,为满足规定的安全要求,可以采用不同的安全设计方法。

**1. 消除危险源**

消除系统中的危险源,可以从根本上防止事故的发生。按照现代安全工程的观点,彻底消除所有危险源是不可能的。因此,人们往往首先选择危险性较大、在现有技术条件下可以消除的危险源,作为优先考虑的对象。可以通过选择合适的工艺技术、设备设施以及合理的结构形式，选择无害、无毒或不能致人伤害的物料来彻底消除某种危险源。

**2. 控制能量或危险物质**

没有能量就没有事故，没有能量就不会产生伤害。任何事故的影响程度都是所需能量的直接函数，也就是说，事故造成人员伤亡和设备损坏的严重程度与事故中所涉及的能量大小紧密相关。

从能量控制的观点出发，事故的预防和控制实际上就是防止能量或危险物质的意外释放，防止人体与意外能量或危险物质接触。常用的能量控制方法见表5-1。

表5-1　常用的能量控制方法

| 能量控制方法 | 举　例 |
| --- | --- |
| 限制能量 | 降低车辆的速度，减少爆破作业的装药量 |
| 用较安全的能源代替危险能源 | 用水力采煤代替爆破采煤，用煤油代替汽油作溶剂 |
| 防止能量积聚 | 保证矿井通风，防止瓦斯气体积聚 |
| 控制能量释放 | 将放射源放入重水中避免辐射危害 |
| 延缓能量释放 | 车辆座椅上设置安全带 |
| 开辟能量释放渠道 | 电气采用保护接地 |
| 设置屏障 | 佩戴安全帽、防护服、口罩 |
| 从时间上和空间上将人与能量隔离 | 道路交通的信号灯 |

**3. 内在安全设计**

避免事故发生的有效方法是消除危险或将危险限制在没有危害的程度内，使系统达到内在安全（本质安全）。内在安全技术是指不依靠外部附加的安全装置和设备，只依靠自身的安全设计，即使发生故障或错误操作，设备和系统仍能保证安全。在内在安全系统中，可以认为不存在导致事故发生的危险状况，即使发生故障或误操作也不会导致事故发生。

在内在安全设计中，达到绝对的安全是很难的，但可以通过设计使系统发生事故的风险降至最小，或将风险降低到可接受的水平。常用的有以下两种方法。

1）通过设计消除风险。通过选择恰当的设计方案、工艺过程和合适的原材料来实现。如可以通过排除粗糙的毛边、锐角、尖角，防止皮肤割破、擦伤或刺破；在填料、液压油、溶剂和电绝缘等类产品中使用不易燃的材料，防止发生火灾。

2）降低危险的严重性。有时受实际条件限制，完全消除危险难以实现，可以通过设计降低危险的严重性，使危险不造成严重人员伤害和设备损失。如限制静电荷的积累，防止静电引起火灾、爆炸和设备损坏等事故。

**4. 隔离**

隔离是一种常用的控制能量或危险物质的安全技术措施。采取隔离技术，既可以防止事故的发生，也可以防止事故的扩大，减少事故的损失。隔离分为空间隔离和时间隔离。空间隔离是物理分离的方法，用隔挡板和栅栏等将已确定的危险因素与人员、设备隔离，以防止危险发生或将危险降到最低水平，同时控制危险的影响。时间隔离是时间分隔的方法，是将已确定的危险因素和人员、设备指定安排在不同的时间段，暂时切断时间交叉，而采取的保护性方法。

1）隔离导致危险的不相容材料。如将氧化物和还原物分开放置，可以避免发生氧化还原反应引发事故。

2）限制失控能量释放的影响。如在坚固的爆炸塔中进行试验，防止爆炸产生的冲击波对周围人或物体造成伤害和影响。

3）防止有毒、有害物质或放射源、噪声等对人体的危害。

4）隔离危险的工业设备。

5）时间隔离。

**5. 闭锁、锁定和连锁**

闭锁、锁定和连锁的功能是防止不相容事件的发生，防止事件在错误的时间发生或以错误的顺序发生。

1）闭锁是指防止某事件发生或防止人、物、力或因素进入危险区域。

2）锁定是指保持某事件状况或避免人、物、力或因素离开安全区域。

3）连锁是指保证在特定的情况下某事件不发生。连锁既可用于直接防止错误操作或错误动作，又可通过输出信号，间接地防止错误操作或错误动作。常用的连锁技术见表5-2。

表 5-2　常用的连锁技术

| 序　号 | 连锁技术 |
| --- | --- |
| 1 | 在意外情况下，连锁可尽量降低事件 B 意外出现的可能性。它要求操作人员在执行事件 B 之前，先执行事件 A |
| 2 | 在某种危险状况下，可用连锁保证操作人员的安全。例如，打开洗衣机的盖板时，连锁装置自动使洗衣机滚筒停止运转，避免衣物缠手造成伤害 |
| 3 | 在预定的事件发生前，连锁可控制操作顺序和时间，即当操作的顺序是重要的或必要的，而错误的操作顺序导致事故发生时，最好采用连锁 |

**6. 故障-安全设计**

当系统、设备的一部分发生故障或失效时，在一定时间内能够保证整个系统或设备安全的技术性设计称为故障-安全设计。故障-安全设计确保一个故障不会影响整个系统或使整个系统处于可能导致伤害或损伤的工作模式。设计基本原则：首先保护人员安全；其次保护环境，避免污染；再次防止设备损伤；最后防止设备降低等级使用或功能丧失。

**7. 故障最小化设计**

采用故障-安全设计使故障不会导致事故，但这样的设计在有些情况下并不总是最佳选择。故障-安全设计可能会频繁地中断系统的运行，当系统需要连续运行时，这种设计对系统的运行是相当不利的。因此，在故障-安全设计不可行的情况下，可采用故障最小化设计方法。故障最小化设计有以下 3 种方法。

1）降低故障率。降低故障率是可靠性工程中用于延长元件和整个系统的期望寿命或故障间隔时间的一种技术。利用高可靠性的元件和设计降低使用中的故障概率，使整个系统的期望使用寿命大于所提出的使用期限，降低可能导致事故的故障发生率，从而减少事故发生的可能性，起到预防和控制事故的作用。这种方法的核心是通过提高可靠性来提高系统的安全性。

2）监控。监控是利用监控系统对某些参数进行检测，保证这些参数无法达到导致意外事件的危险水平。监控系统分为检知、判断和响应 3 个部分。检知部分由传感元件构成，用以感知特定物理量的变化。判断部分把检知部分感知的参数值与预先规定的参数值进行比较，判断被检测对象的状态是否正常。响应部分在判明存在异常时，采取适当的措施，如停止设备运行、停止装置运转、启动安全装置以及向有关人员发出警告等。

3）报废和修复。这种技术是针对意外事故设计的。在一个故障、错误或其他不利的状况已发展成危险状态，但还未导致伤害或损伤时，应采取纠正措施，以限制状态的恶化。

**8. 告警装置**

告警用于向危险范围内人员通告危险、设备问题和其他值得注意的状态，使有关人员采取纠正措施，避免事故的发生。告警可按人的感觉方式分为视觉告警、听觉告警、嗅觉告警、触觉告警和味觉告警等。

1）视觉告警。眼睛是人们感知外界的主要器官，视觉告警是最广泛应用的警告方式。视觉告警主要有亮度、颜色、信号灯、小旗和飘带、标志、书面告警等告警方法。

亮度：使存在危险的地点周围比无危险的区域更明亮，以至于人们能把注意力集中在该危险区域。

颜色：在建筑物、移动设备或可能被碰撞的固定物体上涂上鲜明的、易辨别的颜色，或亮暗交替的颜色，引起人们的注意，发出告警信息。安全色分为红、黄、蓝、绿4种颜色，具体含义见表5-3。

表5-3 安全色颜色的含义

| 颜　色 | 含　　义 | 举　　例 |
|---|---|---|
| 红色 | 禁止、停止、消防和危险 | 交通禁令标志、消防设备、停止按钮、危险信号旗 |
| 黄色 | 提醒人们注意 | 各种警告标志和警戒标志 |
| 蓝色 | 要求人们必须遵守的规定 | 指令标志涂以蓝色的标记 |
| 绿色 | 提供允许、安全的信息 | 表示通行、机器启动按钮、安全信号旗 |

信号灯：指示灯可以是固定的也可以是移动的，可以连续发光也可以闪光。

小旗和飘带：小旗用于表示危险状态；飘带用于提醒、注意。

标志：利用事先规定了含义的符号表示警告危险因素的存在或应采取的措施。

标记：在设备上或有危险的地方可以贴上标记以示警告。

符号：常用的符号为固定符号。例如，指出弯道、交叉路口、陡坡、狭窄桥或有毒、有放射源等危险的符号。

书面告警：书面告警包括操作和维修规程、指令、手册、说明书、细则和检查表中的告警及注意事项。

告警词语：告警词语是提醒人们注意的一种手段，通俗易懂、醒目，容易引起人们的注意。

2）听觉告警。常用的听觉告警有报警器、蜂鸣器、铃和定时声响装置等，有时也用扬声器来传递录下的声音信息，或一个人直接用喊声告警另一个人。听觉告警所传递的信息是简短的、简单的、瞬时的，并要求马上做出响应。

3）嗅觉告警。利用气味可成功告警的场合，见表5-4。

表 5-4　利用气味可成功告警的场合

| 告警的场合 | 举　　例 |
|---|---|
| 某些毒气的告警 | 芥子气可给出告警并据此确定气体的类型 |
| 无味气体中加入有味气体 | 加入微量的气味很强的气体，可以使人迅速发觉易燃和易爆气体的泄露 |
| 设备过热产生告警性的气味 | 轴承过热，汽化温度较低的润滑剂会使操作人员闻到气味 |
| 燃烧后所产生气体的气味的探测可以发现火灾的部位 | 塑料和橡胶材料具有特殊的气味，可表明其接近燃烧或发生燃烧以及燃烧物质可能的位置 |

4）触觉告警。振动感知是触觉告警的主要方法，设备过度振动给人们发出了设备运行不正常并正在发展成故障的告警。

温度感知是另一种通过触觉或感知进行告警的方法。维修人员可以通过手、身体的其他部位触及设备的感觉确定设备是否工作正常。

5）味觉告警。味觉告警通常是用以确定或指示放入口中的食物、饮料或其他物质是否存在危险。

## 5.1.2　事故控制安全技术

防止意外释放的能量引起人的伤害或物的损坏，或减轻其对人的伤害或对物的破坏的技术措施称为事故控制安全技术，或称为减少事故损失的安全技术措施。事故发生后，应迅速控制局面，防止事故的扩大，避免引起二次事故的发生，从而减少事故造成的损失。常用的减少事故损失的安全技术措施有隔离，设置薄弱环节，能量缓冲，个体防护，逃逸、避难与救援以及安全监控等。

### 1. 隔离

隔离是把被保护对象与意外释放的能量或危险物质等隔开。隔离措施按照被保护对象与可能致害对象的关系可分为隔开、封闭和缓冲等。隔离是事故预防广泛应用的方法，也是事故控制经常使用的方法。常用的方法有以下 3 种。

1）距离。将可能进一步释放大量能量或危险物质的工艺、设备或设施布置在远离人员、建筑物和其他被保护物的地方。如将炸药隔离，即使炸药意外爆炸不会导致邻近储存区和加工制造区炸药的循环爆炸。

2）偏向装置。采用偏向装置作为危险物与被保护物之间的隔离墙，把大部分剧烈释放的能量导引到损失最小的方向。如在爆炸物质生产和装配工房，设置坚实的防护墙并用轻质材料构筑顶部，当爆炸发生时，防护墙承受一部分能量，而其余能量则偏转向上，减小了对周围环境的损伤。

3）遏制。遏制技术是控制损伤常用的隔离方法，主要功能是遏制事故造成更多的危险，遏制事故的影响，为人员提供防护，对材料、物资和设备予以保护。

### 2. 设置薄弱环节

设置薄弱环节是利用事先设计好的薄弱环节，使系统中积蓄的部分能量通过薄弱环节得到释放，使事故能量按照人们的意图释放，以小的代价避免严重事故的发生，防止能量作用于被保护的人或物。如锅炉上的易熔塞、电路中的熔断器、机械薄弱环节、压力灭火器中的安全隔膜、结构薄弱环节及主动联轴节上的剪切销等。

**3. 能量缓冲**

能量缓冲是采用能量缓冲装置在事故发生后能够吸收部分能量，保护人员和设备的方法。如采用座椅安全带、缓冲器和安全气囊等可缓解人员在事故发生时所受到的冲击，降低车内人员的伤害。

**4. 个体防护**

个体防护是把人体与意外释放能量或危险物质隔离，在事故控制或应急中，用以防止事故或不利的环境对人的伤害，是保护人身安全的最后一道防线。

个体防护技术主要有以下 3 种。

1）危险性操作防护技术。事故发生后，人员必须进入特定的危险区域进行工作、检查和维修等情况下，人员采用的防护技术。如疫情防控，一线医务人员采取的防护措施。

2）调查和纠正防护技术。为调查研究、探明危险源、采取纠正措施等进入极有可能存在进一步危险的区域或环境时，采用的防护技术。如火灾后，进入现场调查或搜寻，佩戴防烟、防毒装置等进行的防护。

3）应急防护技术。意外事故即将发生或已经发生，开始的几分钟可能是事故被控制或导致灾难发生的关键时刻，为了快速有效地实施应急计划，人员实施的防护技术。如车间危险化学品燃烧泄漏后，抢险人员的防护方法。

**5. 逃逸、避难与救援**

逃逸是指当事故发生到不可控制的程度时，人员采取的逃离事故区域的措施。

设置避难场所是当事故发生时，人员暂时躲避，免遭伤害或赢得救援时间的措施。事先选择撤退路线，当事故发生时，人员按照撤退路线迅速撤离。事故发生后，组织有效的应急救援力量，实施迅速的救护，是减少事故人员伤亡和财产损失的有效措施。

**6. 安全监控**

安全监控系统作为防止事故发生和减少事故损失的安全技术措施，是发现系统故障和异常的重要手段。安装安全监控系统可以及早发现事故，获得事故发生、发展的数据，避免事故的发生或减少事故的损失。

# 5.2 安全教育对策

安全教育是事故预防与事故控制的重要手段。瑟利模型认为，人在信息处理过程中出现失误，导致人的行为失误，进而引发事故。

事故发生前，要使人们做到对信息的感觉、认识和行为正确，并采取必要的事故预防措施，需要通过安全教育的手段来实现。事故发生后，会出现比正常生产情况下更多、更为复杂的信息，要使人们做到对更复杂信息的感觉、认识和行为正确，并采取必要的事故控制措施，更需要通过安全教育的手段来实现。

安全教育可分为安全教育和安全培训。

安全教育是一种安全意识的培养。安全教育的目的是培养人们的安全意识和素养，使人们学会从安全的角度观察和理解所从事的活动，用安全的观点解释和处理遇到的新问题。

安全培训是一种安全技能的教育。安全培训的主要目的是使人掌握在某种特定的作业或环境下准确并安全地完成其应完成的任务。

## 5.2.1　安全教育的内容

### 1. 安全思想教育

安全教育的首要内容是安全思想教育。从企业安全生产的实践看，技术可以引进，管理可以效仿，唯有安全思想，只能产生于企业内部，只有上至生产经营单位的主要负责人，下至每一个从业人员的安全生产思想意识切实提高了，安全生产工作才能真正走上正轨。因此，安全教育要提升全体员工安全思想意识，培育共同的安全理念，以促进企业安全生产持续、稳定、健康地发展。

安全思想教育是人们的思想意识方面的培养和学习，包括安全意识教育、安全生产方针教育和法纪教育。

安全意识是人们在长期生产、生活等各项活动中逐渐形成的对安全问题的认识程度，安全意识的高低直接影响着安全效果。因此，在生产和社会活动中，安全意识教育的根本目的是通过实践活动加强对安全问题的认识并使其逐步深化，形成科学的安全观。

安全生产方针教育是对企业的各级领导和广大员工进行有关安全生产的方针、政策和制度的宣传教育。我国的安全生产方针是"安全第一，预防为主，综合治理"。只有充分认识和理解其深刻含义，才能在实践中处理好安全与生产的关系。特别是当安全与生产发生矛盾时，应首先解决好安全问题，切实把安全工作提高到关系全局及稳定的高度来认识，把安全视作企业的头等大事，从而提高安全生产的责任感与自觉性。

法纪教育是安全法规、规章制度和劳动纪律等方面的教育。安全生产法律、法规是方针、政策的具体化和法律化。通过法纪教育使人们懂得安全法规和安全规章制度是实践经验的总结，自觉地遵守法律法规。同时，通过法纪教育还要使人们懂得，法律带有强制的性质，如果违章违法，造成了严重的事故后果，就要受到法律的制裁。

### 2. 安全知识教育

安全知识教育是一种最基本、最普遍和经常性的安全教育活动。

生产技术知识教育，主要包括企业的基本生产概况，生产技术过程，作业方式或工艺流程，与生产技术过程和作业方法相适应的各种机器设备的性能和有关知识，工人在生产中积累的生产操作技能和经验及产品的构造、性能、质量和规格等。

安全技术知识教育，主要包括企业内的危险设备区域及其安全防护的基本知识和注意事项、有关电气设备的基本安全知识、生产中使用的有毒有害物质的安全防护基本知识、企业中一般消防制度和规划、个人防护装备的正确使用、事故应急时的紧急救护和自救技术措施以及伤亡事故报告等。

### 3. 安全技能教育

安全技能是指人们安全完成作业的技巧和能力。技能与知识区别在于，知识主要用大脑去理解，而技能要通过人体全部感官，并向手及其他器官发出指令，经过复杂的生物控制过程才能达到目的。安全知识教育只解决了"应知"的问题，而技能教育着重解决"应会"，以达到通常所说的"应知应会"的要求。这种技能教育，对企业具有更加实际的意义，也是安全生产教育的重点内容。

安全技能包括作业技能、熟练掌握安全装置设施的技能以及在应急情况下进行妥善处理的技能。安全技能教育需要结合本单位、具体工种、具体岗位的特点和职责，对从业人员进行具体的安全技能教育。

安全操作技能教育就是结合本专业、本工种和本岗位的特点，熟悉生产过程、工艺流程以及设备性能，掌握安全操作规程和操作技能，丰富安全防护知识。尤其对于特种作业人员，要经过专门的安全作业培训，通过考试合格取得相关操作资格证书后，方可持证上岗。此外，当企业采用新工艺、新技术、新材料或者使用新设备时，要对从业人员进行专门的安全生产技能培训，以使他们了解和掌握安全技术特性，采取有效的安全防护措施。

**4. 典型经验和事故教训教育**

典型经验教育：生产发展过程中，积累了许多好经验、好办法和好措施等成果，这些典型经验显著的特点是具有影响力和说服力，通过典型经验教育，可以比照先进找差距，具有指导意义。

典型教训教育：安全生产教育中结合事故教训进行教育，使各级领导和员工从中吸取教训，检查各自岗位上的隐患，及时采取措施，避免类似事故发生。

## 5.2.2 安全教育的类型

按照教育对象以及安全教育的类型不同，可以分为各级管理人员安全教育和生产岗位员工安全教育两种类型。

**1. 各级管理人员的安全教育**

（1）厂长（经理）的安全教育

厂长、经理是本单位安全生产的第一责任者，对本单位的安全生产负全面领导责任。厂长、经理的安全教育实施资格认证制度，只有通过相应安全生产监督管理部门培训，获得资格认证，才可对企业实施劳动安全卫生管理，厂长、经理取得安全管理资格证书后每隔4年进行一次培训考核，考核情况记入证书中，调动工作时，到新单位仍任厂长、经理职务者，应在到任10天内（遇特殊情况最迟不超过30天），持发证部门的培训、考核和认证登记表到调入地区的考核发证部门验证。

培训教材应采用有安全生产监督管理部门制定的统编教材，授课时间不少于42学时，应聘经劳动部门培训考核具有授课资格的人员作为培训教师。

（2）安全卫生管理人员的安全教育

企业安全卫生管理人员必须经过安全教育，并经考核合格后才能任职，安全教育时间不得少于120学时。安全教育由地市级以上安全生产监督管理部门认可的单位或组织进行，安全教育考核合格者由安全生产监督管理部门颁发任职资格证书。

安全教育内容包括国家有关的劳动安全卫生方针政策、法律法规和标准，企业安全生产管理、安全技术、劳动卫生、安全文化和工伤保险等方面的知识，员工伤亡事故和职业病统计报告及事故调查处理程序，有关事故案例及事故应急处理措施等。

（3）企业职能部门、车间负责人、专业工程技术人员的安全教育

企业职能部门、车间负责人、专业工程技术人员的安全教育由企业安全管理部门负责实施，安全教育时间不少于24学时。安全教育内容包括劳动安全卫生法律法规及本部门、本岗位安全生产职责，安全技术、劳动卫生和安全文化的知识，有关事故案例及事故应急处理措施等。

**2. 生产岗位员工的安全教育**

（1）三级安全教育

三级安全教育，是指企业新员工上岗前必须进行的厂级、车间级和班组级安全教育。

厂级安全教育由企业主管厂长负责，企业安全生产管理部门与有关部门共同组织实施，教育内容包括劳动卫生法律法规、通用安全技术、劳动卫生和安全文化的基本知识、本企业劳动安全卫生规章制度及状况、劳动纪律和有关事故案例等。

车间级安全教育，是指新员工或调动工作的人员被分配到车间后，进行的车间一级安全教育，由车间负责人组织实施。教育内容包括车间劳动安全卫生状况和规章制度、主要危险和危害因素及其注意事项、预防工伤和职业病的主要措施、典型事故案例及事故应急处理措施等。

班组级安全教育，是指新员工或调动工作的人员到达生产班组之前的安全教育，由班组长组织实施。教育内容包括遵章守纪、岗位安全操作规程、岗位间工作衔接配合的安全卫生注意事项、典型事故案例、劳动防护用品的性能及正确使用方法等。

（2）特种作业人员的安全教育

特种作业是指在劳动过程中容易发生伤亡事故，对操作者本人、他人和周围设施的安全有重大危害的作业。直接从事特种作业的人员就是特种作业人员。

特种作业人员在独立作业前，必须进行安全技术培训。培训的内容和要求按照《特种作业人员安全技术培训大纲及考核标准：通用部分》执行，培训教材由省级安全生产监督管理部门统一制定。特种作业人员的考核与发证工作，由特种作业所在单位负责遵章申报，安全生产监督管理部门负责组织实施，安全生产监督管理部门对特种作业人员的安全技术考核与发证实施国家监察。取得《特种作业人员操作证》者，每两年进行一次复审，未按期复审或复审不合格者，其操作证自行失效。离开特种作业岗位一年以上的特种作业人员，须重新进行技术考核，合格者才可从事原工作。

（3）经常性安全教育

由于人们生产的条件、环境、机械设备的使用状态以及人的心理状态都是处于变化之中的，一次性安全教育不能达到一劳永逸的效果，必须开展经常性的安全教育，不断强化人的安全意识和知识技能。经常性安全教育的形式多种多样，如班前班后会、安全活动月、安全会议、安全技术交流、安全考试、安全知识竞赛和安全演讲等。不论采取什么形式都应该紧密结合企业安全生产状况，有的放矢，内容丰富，达到真正教育的效果。

（4）"五新"作业安全教育

凡是采用新技术、新工艺、新材料、使用新设备、试制新产品的单位，必须事先提出具体的安全要求，由使用单位对从事该作业的工人进行安全技术知识教育，在未掌握基本技能、安全知识前不准单独操作。"五新"作业安全教育包括安全操作知识和技能培训、应急措施的应用等内容。

（5）复工和调岗安全教育

复工安全教育是针对离开操作岗位较长时间的工人进行的安全教育。离岗一年以上重新上岗的工人，必须进行相应的车间级或班组级安全教育。调岗安全教育是指工人在本车间临时调动工种和调到其他单位临时帮助工作的，由接受单位进行所担任工种的安全教育。

### 5.2.3 安全培训的内容

**1. 生产经营单位主要负责人安全培训内容**

（1）初次培训的主要内容

1）国家安全生产方针、政策和有关安全生产的法律、法规、规章及标准。

2）安全生产管理基本知识、安全生产技术和安全生产专业知识。

3）重大危险源管理、重大事故防范、应急管理和救援组织以及事故调查处理的有关规定。

4）职业危害及其预防措施。

5）国内外先进的安全生产管理经验。

6）典型事故和应急救援案例分析。

7）其他需要培训的内容。

（2）再培训的主要内容

对已经取得上岗资格证书的有关领导，应定期进行再培训，再培训的主要内容是新知识、新技术和新颁布的政策、法规，有关安全生产的法律法规、规章、规程、标准和政策，安全生产的新技术、新知识，安全生产管理经验，典型事故案例。

**2. 生产经营单位安全生产管理人员安全培训内容**

（1）初次培训的主要内容

1）国家安全生产方针、政策和有关安全生产的法律、法规、规章及标准。

2）安全生产管理、安全生产技术和职业卫生等知识。

3）伤亡事故统计、报告及职业危害的调查处理方法。

4）应急管理、应急救援预案编制以及应急处置的内容和要求。

5）国内外先进的安全生产管理经验。

6）典型事故和应急救援案例分析。

7）其他需要培训的内容。

（2）再培训的主要内容

对已经取得上岗资格证书的有关领导，应定期进行再培训，再培训的主要内容是新知识、新技术和新颁布的政策、法规，有关安全生产的法律法规、规章、规程、标准和政策，安全生产的新技术、新知识，安全生产管理经验，典型事故案例。

**3. 其他从业人员的安全培训内容**

煤矿、非煤矿山、危险化学品、烟花爆竹和金属冶炼等生产经营单位必须对新上岗的临时工、合同工、劳务工、轮换工、协议工等进行强制性安全培训，保证其具备本岗位安全操作、自救互救以及应急处置所需的知识和技能后，方能安排上岗作业。加工、制造业等生产单位的其他从业人员，在上岗前必须经过厂（矿）、车间（工段、区、队）、班组三级安全培训教育。生产经营单位可以根据工作性质对其他从业人员进行安全培训，保证其具备本岗位安全操作、应急处置等知识和技能。

（1）厂（矿）级岗前安全培训内容

1）本单位安全生产情况及安全生产基本知识。

2）本单位安全生产规章制度和劳动纪律。

3）从业人员安全生产权利和义务。

4）有关事故案例等。

（2）车间（工段、区、队）级岗前安全培训内容

1）工作环境及危险因素。

2）所从事工种可能遭受的职业伤害和伤亡事故。

3）所从事工种的安全职责、操作技能及强制性标准。

4）自救互救、急救方法、疏散和现场紧急情况的处理。

5）安全设备设施、个人防护用品的使用和维护。

6）本车间（工段、区、队）安全生产状况及规章制度。

7）预防事故和职业危害的措施及应注意的安全事项。

8）有关事故案例。

9）其他需要培训的内容。

（3）班组级岗前安全培训内容

1）岗位安全操作规程。

2）岗位之间工作衔接配合的安全与职业卫生事项。

3）有关事故案例。

4）其他需要培训的内容。

从业人员在本生产经营单位内调整工作岗位或离岗一年以上重新上岗时，应当重新接受车间（工段、区、队）和班组级的安全培训。生产经营单位实施新工艺、新技术或者使用新设备、新材料时，应当对有关从业人员重新进行有针对性的安全培训。生产经营单位的特种作业人员，必须按照国家有关法律、法规的规定接受专门的安全培训，经考核合格，取得《特种作业人员操作证》后，方可上岗作业。

### 5.2.4　安全培训的时间

《生产经营单位安全培训规定》中规定，生产经营单位主要负责人和安全生产管理人员应当接受安全培训，具备与所从事的生产经营活动相适应的安全生产知识和管理能力。生产经营单位应当根据工作性质对其他从业人员进行安全培训，保证其具备本岗位安全操作、应急处置等知识和技能。

1）危险物品的生产、经营、储存单位以及矿山、烟花爆竹、建筑施工单位主要负责人和安全生产管理人员安全资格初次培训时间不得少于 48 学时；每年再培训时间不得少于 16 学时。

2）其他单位主要负责人和安全生产管理人员初次培训时间不得少于 32 学时；每年再培训时间不得少于 12 学时。

3）新上岗的从业人员安全生产教育培训时间不得少于 24 学时。煤矿、非煤矿山、危险化学品和烟花爆竹等生产经营单位新上岗的从业人员安全培训时间不得少于 72 学时，每年接受再培训时间不得少于 20 学时。

## 5.3　安全管理对策

安全管理对策是用各项规章制度、奖惩条例约束人的行为和自由，达到控制人的不安全行为，降低事故出现概率和减少事故损失的目的。

安全管理对策主要有制度管理、作业环境管理、安全检查、隐患排查治理、安全审查和安全评价等，这些方式是安全管理工作中控制事故的重要安全管理措施，对落实危险源的排查、监控，减少人的不安全行为，保证安全管理效果等起到积极作用。

### 5.3.1　制度管理

国家制定了安全生产法，各行业也制定了一系列的安全生产规章制度，主要目的都是加强安全生产监督管理，防止和减少生产安全事故，保障人民群众生命和财产安全，促进经济发展。

所谓制度，就是用以调整个体行动者之间以及特定组织内部行动者之间相互关系的、强制性或权威性的行为规则。①制度是一种行为规则和活动空间、范围，不仅约束人们的行为，又为人们提供了可以自由活动的空间。也就是说，制度不仅告诉人们不能、禁止和如何做什么，同时也告诉人们能、可以自由选择地去做什么，这两种作用是同等重要的。②制度是一系列权利和义务或责任的集合。这是从另一个角度界定了制度的行为约束和活动空间的双重作用。制度安排的核心就是确定各类人的不同权利及其相应义务的总和，权利实质是规定人们的行为规则和活动空间，义务则是行使权利后的约束与责任。③制度包括组织的各种章程、条例、守则、规程、程序和标准等，是在国家法律之下的"单位法"。

制度管理，是指根据成文的规章制度进行的程式化管理。制度管理是人本管理的前提和基础，没有制度约束的企业必然是无序的、混乱的，人本管理也丧失了立足点；人本管理则是制度管理的"升华"，可以调动员工积极性，制度管理与人本管理两者是功能互补的关系。

制度管理的优点：①制度管理可以使生产指挥、经营决策、监督和执行各循其章、相互制约，可以避免决策、处理问题的随意性，可以营造公平、公正、公开的环境，有利于企业稳定和人心的安定；②制度管理便于协调员工与组织之间、员工个体之间的关系；③制度管理制定的工作标准，对员工工作绩效进行量化，极大地方便了考核。

安全管理对策中，制度管理主要表现如下。

1）建立国家相关职能部门制度。建立国家相关职能部门的"管理和监督协调制度"，即安全生产综合监管部门与专项监管部门经委、安监、煤炭、煤监、监委、公安、国土、工商、劳动、电力、检察和法院等部门定期的工作联席会议制度、企业安全监察情报通报制度、事故处罚协商制度、生产事故案件协查制度等。部门间的"监管协调制度"有效实施，能够大大减少职能部门的"错位""缺位"与"越位"现象，避免由于制度上的不严密、管理松懈、约束力不强等引起的公职人员互相推诿、钻政策空子和寻租设租行为，为各部门职能的发挥创造良好的行政环境。

2）推行安全生产述职制度。对企业生产事故超标的地区各级政府，政府分管领导年底进行安全生产专项述职，同时，该制度要与年终考核、晋级以及职位升迁挂钩。作为理性经济人的政府官员同样具有获得经济利益最大化的愿望，如果能够将国家利益与自身利益有机结合起来，不仅可以有效抑制官企勾结现象，还可以有效重视企业安全问题，使安全工作落到实处，达到事半功倍的效果。

3）公布企业安全生产状况并进行评比与惩处。国家政府运用"企业安全生产指数"或"企业重大典型事故案例"，对各省市进行安全生产状况水平排行，并且配合运用"企业事故罚投机制"和"企业安全生产先进奖励机制"，在公平、公正、公开的基础上，及时总结企业生产中的缺失和不足，促进各级政府对企业安全管理的积极作用。

4）施行企业安全生产管理评估标准。该标准主要是指国家对企业颁布的"企业安全生产管理评估标准"，其采用评分制度对企业安全生产管理每年进行切实调查，根据企业规模、种类、操作规程和管理方式等各方面，进行分类评估，以促使企业改善安全生产管理。

## 5.3.2　作业环境管理

作业现场环境是指劳动者从事生产劳动的场所内各种构成要素的总和，包括设备、工具、物料的布局、放置，物流通道的流向，作业人员的操作空间范围，事故疏散通道、出口及泄险区域，安全标志，职业卫生状况及噪声、温度、放射性和空气质量等要素。

作业现场环境管理是指运用科学的标准和方法对现场存在的各种环境因素进行有效的计划、组织、协调、控制和检测，使其处于良好的结合状态，以达到优质、高效、低耗、均衡、安全和文明生产的目的。

**1. 作业现场环境的危险和有害因素分类**

生产作业现场环境的危险和有害因素包括 4 类。

（1）室内作业场所环境不良

室内作业场所环境不良因素没有固定的存在区域，广泛存在于设计施工不符合要求、日常维护不到位。

室内作业环境不良包括：地面滑，作业场所狭窄，作业场所杂乱，地面不平，梯架缺陷，地面、墙和天花板上的开口缺陷，房屋地基下沉，安全通道缺陷，房屋安全出口缺陷，采光照明不良，作业场所空气不良，温度、湿度、气压不适，给排水不良，室内涌水以及其他室内作业场所环境不良。

（2）室外作业场所环境不良

与室内作业场所环境不良因素类似，室外作业场所环境不良因素没有固定的存在区域，主要存在于设计施工不符合要求、日常维护不到位及周边环境恶劣的生产、生活区域，受人为、环境因素影响较大。

室外作业环境不良包括：恶劣气候与环境，作业场地和交通设施湿滑，作业场地狭窄，作业场地杂乱，作业场地不平，航道狭窄、有暗礁或险滩，脚手架、阶梯和活动梯架缺陷，地面开口缺陷，建筑物和其他结构缺陷，门和围栏缺陷，作业场地基础下沉，作业场地安全通道缺陷，作业场地安全出口缺陷，作业场地光照不良，作业场地空气不良，作业场地温度、湿度、气压不适，作业场地涌水以及其他室外作业场所环境不良。

（3）地下（含水下）作业环境不良

地下作业环境不良因素受人为和环境因素的影响较大，部分环境因素为不可控因素。

地下作业环境不良包括：隧道矿井顶面缺陷、隧道矿井正面或侧壁缺陷、隧道矿井地面缺陷、地下作业面空气不良、地下火、冲击地压、地下水、水下作业供氧不当以及其他地下（含水下）作业环境不良。

（4）其他作业环境不良

其他作业环境不良包括：强迫体位、综合性作业环境不良以及以上未包括的其他作业环境不良。

**2. 一般作业现场环境**

作业现场的安全管理，就是要确保作业现场环境中"以人民为中心"的工作理念，保障人与物在生产空间、场地中关系的平衡，使作业环境整洁有序、无毒无害，保障生产安全、高效、有序地开展。

作业现场环境布设及安全管理的内容包括：现场调查，了解作业环境现状，分析生产作业过程，辨识危险及有害因素；评价有害因素危害程度，确定整治对象；确定整治方案并实施，评价整治效果；日常检查，维护作业现场环境规范有序、无毒无害；制定长期改进计划，不断完善、持续提升现场作业环境的规范化。

**3. 危险作业现场环境**

危险作业是指对周围环境具有较高危险性，容易引起较大生产安全事故的作业。《民法典》明确规定了高度危险作业的 7 个基本类别，分别为高空、高压、易燃、易爆、剧毒、放射性和高速运输工具。

危险作业的固有特点如下。

1）造成的后果有较大的危害性。由于危险作业涉及的危险因素较多，并且作业过程中可能涉及的能量较大，一旦发生事故，其后果具有较大的危害性。

2）事故风险具有一定的不可控性。危险作业造成后果的不可控性，体现在即使采取了相关的防护措施，危险作业仍有可能对周边环境和作业人员造成伤害，按现有社会科学技术发展水平，人们还不能完全控制或有效防止危险作业所带来的风险。

3）危害范围具有一定的不确定性。危险作业的危害不确定性体现在危险作业的风险影响范围在某种程度上不能够被准确地划分，也难以有效控制，并且可能超过人们所认知的范围。

环境因素对危险作业的影响如下。

作业现场环境因素是影响作业危险性的重要因素之一，也是作业过程中需要重点监测、控制的因素之一。例如，常规的作业如果在密闭空间等缺氧环境下进行则构成危险作业，具有较大的危险性，需要按照《缺氧危险作业安全规程》等标准的要求在作业前和作业过程中对氧含量、有毒有害气体含量及温湿度等环境因素进行检测，时刻确保作业处于一个安全可控的作业环境中。常规的动火作业如果在火灾爆炸危险区域内进行则其危险性也会增加，作业前需要对各种环境因素进行监测，合格后方可进行作业，同时在作业过程中的安全防护要求也会相应变得严格。

**4. 作业现场环境安全管理要求**

（1）安全标志

生产经营单位应当在有较大危险因素的生产经营场所和有关设施、设备上，设置明显的安全警示标志。

安全标志用以表达特定的安全信息，由图形符号、安全色、几何形状（边框）或文字构成。

安全标志是规范作业现场、降低现场作业隐患的有力工具之一，正确挂置安全标志也是营造良好的作业现场环境的必备工作。安全标志能够通过禁止、警告、指示和提醒的方式指导工作人员安全作业、规避危险，从而达到避免事故发生的目的。当危险发生时，它又能够指示人们尽快逃离，或者指示人们采取正确、有效、得力的措施，对危害加以遏制，从而实现人员伤亡和经济损失最小化的目的。安全标志不仅类型要与所警示的内容相吻合，而且设置位置要正确合理，面对的作业人员要明确，否则难以真正充分发挥其警示作用。

国家规定了 4 类传递安全信息的安全标志。

1）禁止标志。禁止标志是禁止人们不安全行为的图形标志。禁止标志的几何图形是带斜杠的圆环，其中圆环与斜杠相连，用红色；图形符号用黑色，背景用白色。我国规定的禁止标志共有 40 个，如禁止吸烟、禁止烟火、禁止带火种、禁止用水灭火、禁止放置易燃物、禁止堆放、禁止启动、禁止合闸和禁止转动等。

2）警告标志。警告标志是提醒人们对周围环境引起注意，以避免可能发生危险的图形标志。警告标志的几何图形是黑色的正三角形、黑色符号和黄色背景。我国规定的警告标志共有 39 个，如注意安全、当心火灾、当心爆炸、当心腐蚀、当心中毒、当心感染和当心触电等。

3）指令标志。指令标志是强制人们必须做出某种动作或采用防范措施的图形标志。指令标志的几何图形是圆形、蓝色背景和白色图形符号。我国规定的指令标志共有 16 个，如必须戴防护眼镜、必须戴遮光护目镜、必须戴防尘口罩、必须戴防毒面具、必须戴护耳器、必须戴安全帽、必须戴防护帽和必须系安全带等。

4）提示标志。提示标志是向人们提供某种信息（如标明安全设施或场所等）的图形标志。提示标志的几何图形是方形、绿色背景、白色图形符号及文字。提示标志共有 8 个，如紧急出口、避险处、应急避难场所、可动火区、击碎板面、急救点、应急电话和紧急医疗站。

（2）光照条件

作业现场的采光情况是作业现场布设需要考虑的一项重要因素，良好的光照不仅能够使作业环境更加舒适，并且能够提高工作效率，减少工作人员的疲劳感，从而减少由于疲劳和心理原因造成的事故。

劳动者作业所需的光源有两种：天然光（阳光）与人工光。利用天然光照明的技术叫采光；利用电光源等人工光源弥补作业时天然光不足的技术叫照明。对于人眼，天然采光的效果优于照明。但一般作业中，往往是采光与照明混合或交替使用，构成劳动者作业的光环境。

为了充分利用天然光创造良好光环境和节约能源，避免炫光等不良光照带来的负面影响，达到作业环境舒适、自然、安全和高效的目的，国家制定了一系列的标准对相关领域内的光照条件做了相关的要求。例如，《建筑采光设计标准》（GB 50033—2013）对利用天然采光的居住、公共和工业建筑的新建、改建和扩建工程的采光设计要求做了规定，《建筑照明设计标准》（GB 50034—2013）对工业企业中的新建、改建和扩建工程的照明设计要求做了规定。

（3）噪声

凡是妨碍人们正常休息、学习和工作的声音，引起人烦躁、讨厌、不需要的声音称为噪声。引起噪声的声源很多，就工业生产作业环境中的噪声来讲，主要有空气动力性噪声、机械性噪声和电磁性噪声 3 种。

噪声对人体可能造成多种负面影响，不仅可能造成人体听觉损伤，同时还可能分散人们的注意力，妨碍人们的正常思考，使作业人员心情烦躁、效率低下、容易疲劳。所以，作业环境中必须要合理地控制噪声。控制作业环境中噪声的方式主要有 3 种：源头控制、传播途径控制和作业人员个体防护。《职业病危害因素分类目录》中已将作业环境中的噪声危害划定为职业危害，《工作场所职业病危害作业分级 第 4 部分：噪声》（GBZ/T 229.4—2012）

中将作业环境中的噪声危害分为轻度危害、中度危害、重度危害和极重危害 4 个级别。《工作场所有害因素职业接触限值 第 2 部分：物理因素》（GBZ 2.2—2007）以每周工作 5 天，每天工作 8 h 的稳态作业环境接触为例，噪声的作业环境接触限值为 85 dB，在非稳态接触噪声的作业环境中，噪声的非稳态等效接触限值为 85 dB。

（4）温度

人体的体温常年维持在恒定的范围内（36~37℃），这个范围是维持人体正常生理需求的最合适的温度。如果由于外界环境的改变，导致人体的体温不能够及时地恢复正常，就有可能引起人体的不适，从而降低工作效率、增加疲劳感进而引起事故的发生。《职业病危害因素分类目录》中将高温、低温划归为职业病危害因素。

由环境温度因素引起的危害主要有两种：高温作业和低温作业。《高温作业分级》（GB/T 4200—2008）中将高温作业定义为在生产劳动过程中，其工作地点平均 WBGT 指数$^{\ominus}$等于或大于 25℃的作业；《低温作业分级》（GB/T 14440—1993）中将低温作业定义为在生产劳动过程中，其工作地点平均气温等于或低于 5℃的作业。

为了预防作业环境温度因素对作业人员带来的不良影响，涉及环境温度危害的作业应采取必要的防护手段来保障作业人员的健康。对于某些高温作业，如金属冶炼、烧结、热塑、矿石干燥、饲料制粒和蒸煮等，应通过采取加强通风及合理规划作业人员的作业时间等手段进行防护，同时厂房应参照《工业企业设计卫生标准》（GBZ 1—2010）中的要求进行合理布局，保障厂房的散热效果；对于某些低温作业，如潜水员水下工作、现代化工厂的低温车间以及寒冷气候下的野外作业，应采取加强保暖并合理规划作业人员的作业时间等手段进行防护。

（5）湿度

湿度是表示大气干燥程度的物理量，作业环境的湿度不仅能够影响环境的舒适程度，而且与作业人员的身体健康、工作效率息息相关。长时间在环境湿度较大的地方工作容易患职业性浸渍、糜烂、湿痹症等疾病；在环境湿度过小的地方工作时，又有可能由于水分蒸发加快，造成皮肤干燥、鼻腔黏膜刺激等不良症状，从而诱发呼吸系统病症。如纺织业煮茧、腌制业腌咸菜、家禽屠宰分割和稻田的拔秧插秧等作业均属于高湿作业。

（6）空气质量

空气作为人类生存必需的条件，在人们生产作业过程中扮演着极其重要的角色，作业环境中的粉尘、有毒有害气体不仅能够严重影响作业人员的身体健康，造成职业损伤，并且还能够影响作业人员的工作效率。《职业病危害因素分类目录》中将各类粉尘、氨及多种有毒有害物质的蒸气均划为职业病危害因素。

改善作业环境质量的控制措施主要包括控制污染源头、加强环境通风和增强个体防护 3 类。控制污染源头主要是通过改进工艺技术等方式，使用不产生或产生污染物较少的生产工艺来控制污染物的源头，从而从根本上降低作业环境中污染物的浓度；加强环境通风是通过主动地将作业环境中污染物质排除的方式来降低污染物浓度的方法；增强个体防护主要是通过佩戴防毒面具、口罩等防护装备来被动地防护有毒有害物质。

---

$\ominus$ WBGT 指数，又称湿球黑球温度，是综合评价人体接触作业环境热负荷的一个基本参量，单位为℃。

**5. 作业现场安全管理方法**

（1）13S 安全管理法

13S 安全管理法是指对生产现场的各种要素进行合理配置和优化组合的动态过程，也就是把所使用的人、财和物等资源处于良好的、平衡的状态。13S 即整理、整顿、清扫、清洁、素养、节约、安全、服务、满意、学习、速度、坚持和共享。13S 活动中 13 个部分不是孤立的，而是一个相互联系的有机整体。

（2）作业现场 PDCA 操作程序

PDCA 循环又称戴明循环，首先由美国质量管理专家休哈特博士提出。PDCA 是英语单词 Plan（计划）、Do（执行）、Check（检查）和 Action（处理）的第一个字母，PDCA 循环就是按照"计划—执行—检查—处理"的顺序不断地进行自我检查和完善，从而提升质量安全管理效能的方法，其主要目的是通过持续改进的方式不断地发现系统中存在的不足，并且通过自我完善和修复的方式持续地改进系统中的不足，从而达到不断提升质量安全管理能力的目的。

（3）作业现场目视化管理

目视化管理就是通过安全色、标签和标牌等方式，明确人员的资质和身份、工器具和设备设施的使用状态，以及生产作业区域的危险状态的一种现场安全管理方法，它具有视觉化、透明化和界限化的特点。目视化管理是利用形象直观、色彩适宜的各种视觉感知信息来组织现场生产活动，达到提高劳动生产率的一种管理手段，也是一种利用视觉来进行管理的科学方法。目视化管理的目的是通过简单、明确、易于辨别的安全管理模式或方法，强化现场安全管理，确保工作安全，并通过外在状态的观察，达到发现人、设备和现场的不安全状态。作业现场目视化管理包括人员目视化管理、工器具目视化管理、设备设施目视化管理和生产作业区域目视化管理。

目视化管理是一种以公开化和视觉显示为特征的管理方式，也可称为看得见的管理，或一目了然的管理，这种管理方式可以贯穿于各种管理领域。

## 5.3.3　安全检查

安全检查是我国最早建立的基本安全生产制度之一，新中国成立初期国家就根据我国的安全生产状况提出了开展安全检查的要求和规定。安全检查是安全管理的重要内容，工作重点是辨识安全生产管理工作存在的漏洞和死角，检查生产现场安全防护设施、作业环境是否存在不安全状态，现场作业人员的行为是否符合安全规范，以及设备、系统运行状况是否符合现场规程的要求等。通过安全检查，不断堵塞管理漏洞，改善劳动作业环境，规范作业人员的行为，保证设备系统的安全、可靠运行，实现安全生产的目的。安全检查是根据企业生产特点，对生产过程中的危险因素进行经常性的、突击性的或者专业性的检查。

乡、镇人民政府及街道办事处等地方人民政府的派出机关，以及开发区、工业园区、港区等功能区应当明确负责安全生产监督管理的机构，配备专职安全生产执法人员，按照职责对本行政区域内生产经营单位执行有关安全生产的法律、法规和国家标准或者行业标准的情况进行监督检查，协助上级人民政府有关部门或者按照授权依法履行安全生产监督管理职责。

**1. 安全检查的类型**

（1）经常性安全检查

经常性安全检查是企业内部进行的自我安全检查，是由生产经营单位的安全生产管理部门、车间、班组或岗位组织进行的日常检查，是一种经常性的、普遍性的检查，其目的是对安全管理、安全技术和工业卫生情况进行检查。经常性安全检查主要包括企业安全管理人员进行的日常检查、生产领导人员进行的巡视检查、操作人员对本岗位设备和设施以及工具的检查。检查人员是本企业的管理人员或生产操作工人，对生产过程和设备情况熟悉，了解情况全面、深入细致，能及时发现问题、解决问题。经常性安全检查，企业应每年进行 2~4 次，车间、科室每月进行一次，班组每周进行一次，每班次每日均应进行。

一般来讲，经常性安全检查包括交接班检查、班中检查和特殊检查等几种形式。

交接班检查是指在交接班前，岗位人员对岗位作业环境、管辖的设备及系统安全运行状况进行检查，交班人员要向接班人员说清楚，接班人员根据自己检查的情况和交班人员的交代，做好工作中可能发生问题及应急处置措施的预想。

班中检查包括岗位作业人员在工作过程中的安全检查，以及生产经营单位领导、安全生产管理部门和车间班组的领导或安全监督人员对作业情况的巡视或抽查等。

特殊检查是针对设备、系统存在的异常情况，所采取的加强监视运行的措施。一般来讲，措施由工程技术人员制定，岗位作业人员执行。

交接班检查和班中岗位的自行检查，一般应制定检查路线、检查项目和检查标准，并设置专用的检查记录本。

岗位经常性检查发现的问题记录在记录本上，并及时通过信息系统和电话逐级上报。对危及人身和设备安全的情况，岗位作业人员应根据操作规程、应急处置措施的规定，及时采取紧急处置措施，不需请示，处置后则立即汇报。有些生产经营单位如化工单位等习惯做法是，岗位作业人员发现危及人身、设备安全的情况，只需紧急报告，而不要求就地处置。

（2）综合性安全生产检查

综合性安全生产检查是由上级主管部门或安全生产监督管理部门对生产单位进行的安全检查，具有检查内容全面、检查范围广等特点，可以对被检查单位的安全状况进行全面了解。检查人员主要是有经验的上级领导或本行业或相关行业高级技术人员和管理人员。他们具有丰富的经验，使检查具有调查性、针对性、综合性和权威性。这种检查一般集中在一段时间，有目的、有计划、有组织地进行，规模较大，揭露问题深刻、判断准确，能发现一般管理人员和技术人员不易发现的问题，有利于推动企业安全生产工作，促进安全生产中老大难问题的解决。

（3）专业（项）安全检查

专业（项）安全检查是对某个专业（项）问题或在施工（生产）中存在的普遍性安全问题进行的单项定性或定量检查。如对危险性较大的在用设备设施、作业场所环境条件的管理性或监督性定量检测检验。专业（项）安全生产检查具有较强的针对性和专业要求，可能有制定好的检查标准或评估标准、使用专业性较强的仪器等，用于检查难度较大的项目。专业性检查除了由企业有关部门进行外，上级有关部门也指定专业安全技术人员进行定期检查。

（4）季节性及节假日前后安全检查

这是一种由生产经营单位统一组织，根据季节变化的特点，按事故发生的规律对易发的潜在危险，为了消除因季节变化而产生的事故隐患，突出重点进行的检查，如春季风大，应着重防火、防爆；冬季防寒防冻防滑、防火、防煤气中毒；夏季防暑降温、防汛、防雷电等检查。由于节假日（特别是重大节日，如元旦、春节、劳动节、国庆节）前后容易发生事故，因而应在节假日前后进行有针对性的安全检查。

（5）特种检查

特种检查是指对采用的新设备、新工艺、新建或改建的工程项目以及出现的新危险因素进行的安全检查。这种检查包括工业卫生调查、防止物体坠落的检查、事故调查和其他特种检查等。

（6）定期检查

定期检查是指列入计划，每隔一定时间进行的检查。定期安全生产检查一般是通过有计划、有组织、有目的的形式来实现，由生产经营单位统一组织实施，可以是全厂性的，也可以是针对某种操作、某类设备的检查。检查间隔时间可以是任何适当的间隔期，如月度检查、季度检查、年度检查等。检查周期的确定，应根据生产经营单位的规模、性质以及地区气候、地理环境等确定。定期安全生产检查一般具有组织规模大、检查范围广、有深度、能及时发现并解决问题等特点。定期安全生产检查一般和重大危险源评估、现状安全评价等工作结合开展。

（7）不定期检查

这是一种无一定间隔时间的检查，是针对某个特殊部门、特殊设备或某一工作区域进行的，而且事先未曾宣布的一种检查。这种检查比较灵活，其检查对象和时间的选择往往通过事故统计分析方法确定。

无论采取什么方式的安全检查，其目的都是通过安全检查及时了解和掌握安全工作情况，发现问题并采取措施加以整顿和改进，同时又可总结经验，吸取教训，进行宣传和推广。

**2. 安全检查的内容**

安全检查的内容包括软件系统和硬件系统。软件系统主要是查思想、查意识、查制度、查管理、查事故处理、查隐患和查整改。硬件系统主要是查生产设备、查辅助设施、查安全设施和查作业环境。

安全检查具体内容应本着突出重点的原则进行确定。对于危险性大、易发事故、事故危害大的生产系统、部位、装置和设备等应加强检查。一般应重点检查：易造成重大损失的易燃易爆危险物品、剧毒品、锅炉、压力容器、起重设备、运输设备、冶炼设备、电气设备、冲压机械，以及本企业易发生工伤、火灾、爆炸等事故的设备、工种、场所及其作业人员；易造成职业中毒或职业病的尘毒产生点及其岗位作业人员；危险作业活动许可制度的执行情况，如动火、临时用电、吊装和受限空间等；直接管理重要危险点和有害点的部门及其负责人。

### 3. 安全检查的方法

（1）常规检查

常规检查是常见的一种检查方法，通常是由安全管理人员作为检查工作的主体，到作业场所现场，通过感观或辅助一定的简单工具、仪表等，对作业人员的行为、作业场所的环境条件、生产设备设施等进行的定性检查。安全检查人员通过这一手段，及时发现现场存在的安全隐患并采取措施予以消除，纠正人员的不安全行为。

常规检查主要依靠安全检查人员的经验和能力，检查的结果直接受到检查人员素质的影响。检查中应有检查记录表，及时记录检查中发现的问题，记录表应包含隐患描述、隐患区域和隐患发现时间等相关内容。

（2）安全检查表法

为使安全检查工作更加规范，将个人的行为对检查结果的影响减少到最小，常采用安全检查表法。安全检查表由工作小组讨论制定，一般包括检查项目、检查内容、检查标准、检查结果及评价、检查发现问题等内容。

编制安全检查表应依据国家有关法律法规，生产经营单位现行有效的有关标准、规程、管理制度，有关事故教训，生产经营单位安全管理文化、理念，反事故技术措施和安全措施计划，季节性、地理和气候特点等来制定。

（3）仪器检查及数据分析法

有些生产经营单位的设备、系统运行数据具有在线监视和记录的系统设计，对设备、系统的运行状况可通过对数据的变化趋势进行分析得出结论。对没有在线数据检测系统的机器、设备和系统，只能通过仪器检查法来进行定量化的检验与测量。

### 4. 安全检查的工作程序

（1）安全检查准备

1）确定检查对象、目的和任务。

2）查阅、掌握有关法规、标准和规程的要求。

3）了解检查对象的工艺流程、生产情况、可能出现危险和危害的情况。

4）制定检查计划，安排检查内容、方法和步骤。

5）编写安全检查表或检查提纲。

6）准备必要的检测工具、仪器、书写表格或记录本。

7）挑选和训练检查人员并进行必要的分工等。

（2）实施安全检查

实施安全检查就是通过访谈、查阅文件和记录、现场观察、仪器测量的方式获取信息。

1）访谈。通过与有关人员谈话来检查安全意识和规章制度执行情况等。

2）查阅文件和记录。检查设计文件、作业规程、安全措施、责任制度和操作规程等是否齐全，是否有效；查阅相应记录，判断上述文件是否被执行。

3）现场观察。对作业现场的生产设备、安全防护设施、作业环境和人员操作等进行观察，寻找不安全因素、事故隐患和事故征兆等。

4）仪器测量。利用一定的检测检验仪器设备，对在用的设施、设备、器材状况及作业环境条件等进行测量，发现隐患。

（3）综合分析

经现场检查和数据分析后，检查人员应对检查情况进行综合分析，提出检查的结论和意见。一般来讲，生产经营单位自行组织的各类安全检查，应有安全管理部门会同有关部门对检查结果进行综合分析；上级主管部门或地方政府负有安全生产监督管理职责的部门组织的安全检查，由检查组统一研究得出检查意见或结论。

（4）结果反馈

现场检查和综合分析完成后，应将检查的结论和意见反馈至被检查对象。结果反馈形式可以是现场反馈，也可以是书面反馈。现场反馈的周期较短，可以及时将检查中发现的问题反馈至被检查对象。书面反馈的周期较长但比较正式，上级主管部门或地方政府负有安全生产监督管理职责的部门组织的安全检查，在做出正式结论和意见后，应通过书面反馈的形式将检查结论和意见反馈至被检查对象。

（5）提出整改要求

检查结束后，针对检查发现的问题，应根据问题性质的不同，提出相应的整改措施和要求。生产经营单位自行组织的安全检查，由安全管理部门会同有关部门，共同制定整改措施计划并组织实施；由上级主管部门或地方政府负有安全生产监督管理职责的部门组织的安全检查，在检查组提出书面的整改要求后，生产经营单位应组织相关部门制定整改措施计划。

（6）整改落实

对安全检查发现的问题和隐患，生产经营单位应制定整改计划，建立隐患台账，定期跟踪隐患的整改落实情况，确保隐患按要求整改完成，形成隐患整改的闭环管理。安全隐患台账包括隐患分类、隐患描述、问题依据、整改要求、整改责任单位和整改期限等内容。

（7）信息反馈及持续改进

生产经营单位自行组织的安全检查，在整改措施计划完成后，安全管理部门应组织有关人员进行验收。对于上级主管部门或地方政府负有安全生产监督管理职责的部门组织的安全检查，在整改措施完成后，应及时上报整改完成情况，申请复查或验收。

对安全检查中经常发现的问题或反复发现的问题，生产经营单位应从规章制度的健全和完善、从业人员的安全教育培训、设备系统的更新改造、加强现场检查和监督等环节入手，做到持续改进，不断提高安全生产管理水平，防范生产安全事故的发生。

## 5.3.4 隐患排查治理

安全生产事故隐患（简称事故隐患），是指生产经营单位违反安全生产法律、法规、规章、标准、规程和安全生产管理制度的规定，或者因其他因素在生产经营活动中存在可能导致事故发生的物的危险状态、人的不安全行为和管理上的缺陷。

事故隐患分为一般事故隐患和重大事故隐患。一般事故隐患是指危害和整改难度较小，发现后能够立即整改排除的隐患。重大事故隐患是指危害和整改难度较大，应当全部或者局部停产停业，并经过一定时间整改治理方能排除的隐患，或者因外部因素影响致使生产经营单位自身难以排除的隐患。

**1. 生产经营单位的职责**

生产经营单位的职责如下。

1）应当依照法律法规、规章、标准和规程的要求从事生产经营活动，严禁非法从事生产经营活动。

2）生产经营单位应当建立安全风险分级管控制度，按照安全风险分级采取相应的管控措施。生产经营单位应当建立健全并落实生产安全事故隐患排查治理制度，采取技术、管理措施，及时发现并消除事故隐患。事故隐患排查治理情况应当如实记录，并通过职工大会或者职工代表大会、信息公示栏等方式向从业人员通报。其中，重大事故隐患排查治理情况应当及时向负有安全生产监督管理职责的部门和职工大会或者职工代表大会报告。

3）应当保证事故隐患排查治理所需的资金，建立资金使用专项制度。

4）应当定期组织安全生产管理人员、工程技术人员和其他相关人员排查本单位的事故隐患。对排查出的事故隐患，应当按照事故隐患的等级进行登记，建立事故隐患信息档案，并按照职责分工实施监控治理。

5）应当建立事故隐患报告和举报奖励制度，鼓励、发动员工发现和排除事故隐患，鼓励社会公众举报。对发现、排除和举报事故隐患的有功人员，应当给予物质奖励和表彰。

6）生产经营单位将生产经营项目、场所、设备发包、出租的，应当与承包、承租单位签订安全生产管理协议，并在协议中明确各方对事故隐患排查、治理和防控的管理职责。生产经营单位对承包、承租单位的事故隐患排查治理负有统一协调和监督管理的职责。

7）生产经营单位对负有安全生产监督管理职责的部门的监督检查执法人员依法履行监督检查职责，应当予以配合，不得拒绝、阻挠。

8）生产经营单位应当每季、每年对本单位事故隐患排查治理情况进行统计分析，并分别于下一季度 15 日前和下一年 1 月 31 日前向安全监管监察部门和有关部门报送书面统计分析表。统计分析表应当由生产经营单位主要负责人签字。

9）对于重大事故隐患，生产经营单位除依照前款规定报送外，应当及时向安全监管监察部门和有关部门报告。对于一般事故隐患，由生产经营单位（车间、分厂、区队等）负责人或者有关人员立即组织整改。对于重大事故隐患，由生产经营单位主要负责人组织制定并实施事故隐患治理方案。

10）在事故隐患治理过程中，应当采取相应的安全防范措施，防止事故发生。事故隐患排除前或者排除过程中无法保证安全的，应当从危险区域内撤出作业人员，并疏散可能危及的其他人员，设置警戒标志，暂时停产停业或者停止使用；对暂时难以停产或者停止使用的相关生产储存装置、设施和设备，应当加强维护和保养，防止事故发生。

11）应当加强对自然灾害的预防。对于因自然灾害可能导致事故灾难的隐患，应当按照有关法律法规、标准和《安全生产事故隐患排查治理暂行规定》的要求排查治理，采取可靠的预防措施，制定应急预案。在接到有关自然灾害预报时，应当及时向下属单位发出预警通知；发生自然灾害可能危及生产经营单位和人员安全的情况时，应当采取撤离人员、停止作业、加强监测等安全措施，并及时向当地人民政府及其有关部门报告。

12）地方人民政府或者安全监管监察部门及有关部门挂牌督办并责令全部或者局部停产停业治理的重大事故隐患，治理工作结束后，有条件的生产经营单位应当组织本单位的技术人员和专家对重大事故隐患的治理情况进行评估；其他生产经营单位应当委托具备相应资质的安全评价机构对重大事故隐患的治理情况进行评估。经治理后符合安全生产条件的，生产经营单位应当向安全监管监察部门和有关部门提出恢复生产的书面申请，经安全监管监察部门和有关部门审查同意后，方可恢复生产经营。申请报告应当包括治理方案的内容、项目和安全评价机构出具的评价报告等。

**2. 生产经营单位安全生产管理人员的责任**

生产经营单位安全生产管理人员的责任如下。

1）应当根据本单位的生产经营特点，对安全生产状况进行经常性检查；对检查中发现的安全问题，应当立即处理；不能处理的，应当及时报告本单位有关负责人，有关负责人应当及时处理。检查及处理情况应当如实记录在案。

2）在检查中发现重大事故隐患，依照前款规定向本单位有关负责人报告，有关负责人不及时处理的，安全生产管理人员可以向主管的负有安全生产监督管理职责的部门报告，接到报告的部门应当依法及时处理。

**3. 生产经营单位从业人员的责任**

生产经营单位从业人员的责任如下。

1）在作业过程中，应当严格遵守本单位的安全生产规章制度和操作规程，服从管理，正确佩戴和使用劳动防护用品。

2）应当接受安全生产教育和培训，掌握本职工作所需的安全生产知识，提高安全生产技能，增强事故预防和应急处理能力。

3）发现事故隐患或者其他不安全因素，应当立即向现场安全生产管理人员或者本单位负责人报告；接到报告的人员应当及时予以处理。

**4. 事故隐患监督管理**

安全生产监督管理部门和其他负有安全生产监督管理职责的部门依法开展安全生产行政执法工作，对生产经营单位执行有关安全生产的法律、法规和国家标准或者行业标准的情况进行监督检查，行使以下职权。

1）进入生产经营单位进行检查，调阅有关资料，向有关单位和人员了解情况。

2）对检查中发现的安全生产违法行为，当场予以纠正或者要求限期改正；对依法应当给予行政处罚的行为，依照本法和其他有关法律、行政法规的规定做出行政处罚决定。

3）对检查中发现的事故隐患，应当责令立即排除；重大事故隐患排除前或者排除过程中无法保证安全的，应当责令从危险区域内撤出作业人员，责令暂时停产停业或者停止使用相关设施、设备；重大事故隐患排除后，经审查同意，方可恢复生产经营和使用。

4）对有根据认为不符合保障安全生产的国家标准或者行业标准的设施、设备、器材以及违法生产、储存、使用、经营、运输的危险物品予以查封或者扣押，对违法生产、储存、使用、经营、运输危险物品的作业场所予以查封，并依法做出处理决定。

5）县级以上地方各级人民政府应当根据本行政区域内的安全生产状况，组织有关部门按照职责分工，对本行政区域内发生过重大生产安全事故、存在重大危险源的生产经营单位执行有关安全生产的法律、法规和国家标准或者行业标准的情况进行严格检查。

县级以上地方各级人民政府负有安全生产监督管理职责的部门应当将重大事故隐患纳入相关信息系统，建立健全重大事故隐患治理督办制度，督促生产经营单位消除重大事故隐患。

应急管理部门应当按照分类分级监督管理的全生产年度监督检查执法计划，并按照年度监督检查执法计划进行监督检查，发现事故隐患，应当及时处理。

应急管理部门安全生产执法人员使用的执法标志标识和制式服装由国务院应急管理部门统一监制。

6）监督检查应当按照国务院有关规定进行随机抽查，不得影响被检查单位的正常生产经营活动。

7）安全生产执法人员执行监督检查任务时，必须出示有效的监督执法证件；对涉及被检查单位的技术秘密和业务秘密，应当为其保密。

8）安全生产执法人员应当将检查的时间、地点、内容、发现的问题及其处理情况，做出书面记录，并由检查执法人员和被检查单位的负责人签字；被检查单位的负责人拒绝签字的，检查执法人员应当将情况记录在案，并向负有安全生产监督管理职责的部门报告。

### 5.3.5 劳动防护用品管理

劳动防护用品是指由生产经营单位为从业人员配备的，使其在劳动过程中免遭或者减轻事故伤害及职业危害的个人防护装备。使用劳动防护用品，是保障从业人员人身安全与健康的重要措施，也是生产经营单位安全生产日常管理的重要工作内容。

**1. 劳动防护用品分类**

（1）按劳动防护用品防护部位分类

1）头部防护用品。头部防护用品指为防御头部不受外来物体打击、挤压伤害和其他因素危害配备的个人防护装备，如防护帽、工作帽和安全帽等。

2）呼吸器官防护用品。呼吸器官防护用品指为防御有害气体、蒸气、粉尘、烟和雾由呼吸道吸入，或向使用者供氧或新鲜空气，保证在尘、毒污染或缺氧环境中作业人员正常呼吸的防护用具，是预防尘肺病和职业中毒的重要护具，如防尘口罩（面具）、防毒口罩（面具）和空气呼吸器等。

3）眼面部防护用品。眼面部防护用品指用于防护作业人员的眼睛及面部免受粉尘、颗粒物、金属火花、飞屑、烟气、电磁辐射和化学飞溅物等外界有害因素的个人防护用品，如焊接护目镜和防护面罩、炉窑眼面防护镜、防冲击护目镜和防放射性护目镜等。

4）听觉器官防护用品。听觉器官防护用品指能够防止过量的声能侵入外耳道，使人耳避免噪声的过度刺激，减少听力损失，预防由噪声对人身引起的不良影响的个体防护用品，如耳塞、耳罩等。

5）手部防护用品。手部防护用品指保护手和手臂，供作业者劳动时戴用的手套（劳动防护手套），如一般工作手套、防振手套、防放射性手套、防静电手套、绝缘手套、防化学品手套、防酸碱手套、防机械伤害手套、防微生物手套、焊接手套、耐油手套、皮革手套和纺织手套等。

6）足部防护用品。足部防护用品指防止生产过程中有害物质和能量损伤劳动者足部的护具，通常人们称其为劳动防护鞋，如防寒鞋、防静电鞋、隔热鞋、防酸碱鞋、防油鞋、导电鞋、防砸鞋、电绝缘鞋和防振鞋等。

7）躯干防护用品。躯干防护用品即防护服，如一般防护服、化学品防护服、防酸服、防碱服、防油服、防水服、防放射性服、浸水工作服、防寒服、热防护服、防静电服、无尘服和阻燃防护服等。

8）坠落防护用品。坠落防护用品指防止高处作业坠落或高处落物伤害的防护用品，如安全带、安全网等。

9）劳动护肤用品。劳动防护用品指用于防止皮肤（主要是面、手等外露部分）免受化学、物理和生物等有害因素危害的个人防护用品，如防油型护肤剂、防水型护肤剂、遮光护肤剂和洗涤剂等。

10）其他劳动防护用品（略）。

（2）按劳动防护用品用途分类

劳动防护用品按防止伤亡事故的用途，可分为防坠落用品、防冲击用品、防触电用品、防机械外伤用品、防酸碱用品、耐油用品、防水用品和防寒用品。

劳动防护用品按预防职业病的用途，可分为防尘用品、防毒用品、防噪声用品、防振动用品、防辐射用品和防高低温用品等。

**2. 劳动防护用品的配置**

《安全生产法》规定：①生产经营单位接收中等职业学校、高等学校学生实习的，应当对实习学生进行相应的安全生产教育和培训，提供必要的劳动防护用品。学校应当协助生产经营单位对实习学生进行安全生产教育和培训。②生产经营单位必须为从业人员提供符合国家标准或者行业标准的劳动防护用品，并监督、教育从业人员按照使用规则佩戴、使用。③生产经营单位应当安排用于配备劳动防护用品、进行安全生产培训的经费。④从业人员在作业过程中，应当严格落实岗位安全责任，遵守本单位的安全生产规章制度和操作规程，服从管理，正确佩戴和使用劳动防护用品。

《职业病防治法》规定：①用人单位必须采用有效的职业病防护设施，并为劳动者提供个人使用的职业病防护用品。②用人单位为劳动者个人提供的职业病防护用品必须符合防治职业病的要求；不符合要求的，不得使用。③对职业病防护设备、应急救援设施和个人使用的职业病防护用品，用人单位应当进行经常性的维护、检修，定期检测其性能和效果，确保其处于正常状态，不得擅自拆除或者停止使用。④用人单位应当对劳动者进行上岗前的职业卫生培训和在岗期间的定期职业卫生培训，普及职业卫生知识，督促劳动者遵守职业病防治法律、法规、规章和操作规程，指导劳动者正确使用职业病防护设备和个人使用的职业病防护用品。⑤劳动者应当学习和掌握相关的职业卫生知识，增强职业病防范意识，遵守职业病防治法律、法规、规章和操作规程，正确使用、维护职业病防护设备和个人使用的职业病防护用品，发现职业病危害事故隐患应当及时报告。

（1）劳动防护用品管理要求

1）用人单位应当健全管理制度，加强劳动防护用品配备、发放和使用等管理工作。

2）生产经营单位应当安排专项经费用于配备劳动防护用品，不得以货币或者其他物品替代。该项经费计入生产成本，据实收支。

3）用人单位应当为劳动者提供符合国家标准或者行业标准的劳动防护用品。使用进口的劳动防护用品，其防护性能不得低于我国相关标准。

4）劳动者在作业过程中，应当按照规章制度和劳动防护用品使用规则，正确佩戴和使用劳动防护用品。

5）用人单位使用的劳务派遣工、接纳的实习学生应当纳入本单位人员统一管理，并配备相应的劳动防护用品。对处于作业地点的其他外来人员，必须按照与进行作业的劳动者相同的标准，正确佩戴和使用劳动防护用品。

（2）劳动防护用品选用要求

1）用人单位应按照识别、评价、选择的程序，结合劳动者作业方式和工作条件，并考虑其个人特点及劳动强度，选择防护功能和效果适用的劳动防护用品。

2）同一工作地点存在不同种类的危险、有害因素的，应当为劳动者同时提供防御各类危害的劳动防护用品。需要同时配备的劳动防护用品，还应考虑其可兼容性。劳动者在不同地点工作，并接触不同的危险、有害因素，或接触不同危害程度的有害因素的，为其选配的劳动防护用品应满足不同工作地点的防护需求。

3）劳动防护用品的选择还应当考虑其佩戴的合适性和基本舒适性，根据个人特点和需求选择适合型号、式样。

4）用人单位应当在可能发生急性职业损伤的有毒有害工作场所配备应急劳动防护用品，放置于现场临近位置并有醒目标识。用人单位应当为巡检等流动性作业的劳动者配备随身携带的个人应急防护用品。

（3）劳动防护用品采购、发放、培训及使用

1）用人单位应当根据劳动者工作场所中存在的危险、有害因素种类及危害程度、劳动环境条件、劳动防护用品有效使用时间，制定适合本单位的劳动防护用品配备标准。

2）用人单位应当根据劳动防护用品配备标准制定采购计划，购买符合标准的合格产品。

3）用人单位应当查验并保存劳动防护用品检验报告等质量证明文件的原件或复印件。

4）用人单位应当确保已采购劳动防护用品的存储条件，并保证其在有效期内。

5）用人单位应当按照本单位制定的配备标准发放劳动防护用品，并做好登记。

6）用人单位应当对劳动者进行劳动防护用品的使用、维护等专业知识的培训。

7）用人单位应当督促劳动者在使用劳动防护用品前，对劳动防护用品进行检查，确保外观完好、部件齐全、功能正常。

8）用人单位应当定期对劳动防护用品的使用情况进行检查，确保劳动者正确使用。

（4）劳动防护用品维护、更换及报废

1）劳动防护用品应当按照要求妥善保存，及时更换。公用的劳动防护用品应当由车间或班组统一保管，定期维护。

2）用人单位应当对应急劳动防护用品进行经常性的维护、检修，定期检测劳动防护用品的性能和效果，保证其完好有效。

3）用人单位应当按照劳动防护用品发放周期定期发放，对工作过程中损坏的，用人单位应及时更换。

4）安全帽、呼吸器和绝缘手套等安全性能要求高、易损耗的劳动防护用品，应当按照有效防护功能最低指标和有效使用期，到期强制报废。

### 5.3.6  安全审查

安全审查是依据有关安全法规和标准,对工程项目的初步设计、施工方案以及竣工投产进行综合的安全审查、评价和检验。其目的是查明系统在安全方面存在的缺陷,按照系统安全的要求,优先采取消除或控制危险的有效措施,切实保障系统的安全。

我国在安全审查工作中已形成了一套"三同时"安全审查验收制度,即一切生产性的基础建设工程项目、技术改造和引进的工程项目(包括港口、车站、仓库),都须符合国家有关职业安全与卫生法规、标准的规定。建设项目中职业安全与卫生技术措施和设施,应与主体工程同时设计、同时施工、同时投产使用。"三同时"安全审查包括可行性研究审查、初步设计审查和竣工验收审查。

(1)可行性研究审查

建设项目从计划建设到建成投产,一般要经过确定项目、设计、施工和竣工验收 4 个阶段,以及项目建设书、可行性研究报告、设计任务、初步设计和开工报告审批 5 道审批手续。可行性研究审查是对可行性研究报告中的劳动安全卫生部分的内容,运用科学的评价方法,依据国家法律、法规及行业标准,分析、预测建设项目存在的危险、有害因素的种类和危险危害程度,提出科学、合理、可行的劳动安全卫生技术措施和管理对策,作为该建设项目初步设计中劳动安全卫生设计和建设项目劳动卫生管理的主要依据,供国家安全卫生管理部门进行监察时参考。必须进行可行性研究审查的建设项目见表 5-5。

表 5-5  必须进行可行性研究审查的建设项目

| 序　号 | 建设项目名称 |
|---|---|
| 1 | 火灾危险性生产类别为甲类的建设项目 |
| 2 | 投资规模为大中型和限额以上的建设项目 |
| 3 | 爆炸危险场所等级为特别危险场所和高度危险场所的建设项目 |
| 4 | 大量生产或使用Ⅰ级、Ⅱ级危害程度的职业性接触毒物的建设项目 |
| 5 | 大量生产或使用石棉粉料或含有 10%以上的游离二氧化硅粉料的建设项目 |
| 6 | 安全监察部门确认的其他危险、危害因素大的项目 |

审查的内容包括生产过程中可能产生的主要职业危害,预计的危害程度,造成危害的因素及其所在部位或区域,可能接触职业危害的员工人数,使用和生产的主要有毒、有害物质,易燃、易爆物质的名称、数量,职业危害治理的方案及其可行性论证,职业安全卫生措施专项投资估算,实现治理措施的预期效果,技术投资方面存在的问题和解决方案等。

(2)初步设计审查

初步设计审查是在可行性研究报告的基础上,按照建设项目初步设计《安全专篇》的内容和要求,根据有关标准、规范对其进行全面深入地分析,提出建设项目中职业安全卫生方面的结论性意见。初步设计审查涉及 9 个方面的内容:设计依据、工程概述、建筑及场地布置、生产过程中职业危害因素的分析、职业安全卫生设计中采用的主要防范措施、预期效果评价、安全卫生机构设置及人员配备、专用投资概算、存在的问题和建议等。

(3)竣工验收审查

竣工验收审查是按照《安全专篇》规定的内容和要求,对职业安全卫生工程质量及其方案的实施进行全面系统的分析和审查，并对建设项目做出职业安全卫生措施的效果评价。竣工验收审查是强制性的。

### 5.3.7 安全评价

安全评价是对系统存在的不安全因素进行定性和定量分析，通过与评价标准的比较，得出系统的危险程度，提出改进措施，达到系统安全的目的。安全评价从明确的目标值开始，对工程、产品、工艺的功能特性和效果进行科学测定。根据测定结果用一定的方法综合、分析和判断，并作为决策的参考。

安全评价是对系统危险程度的客观评价。它通过对系统中存在的危险源和控制措施的评价，客观描述系统的危险程度，从而指导人们预先采取措施降低系统的危险性。安全评价包括确认危险性（辨别危险源，定量评价来自危险源的危险性）和评价危险性（控制危险源，评价采取措施后危险源存在的危险性是否能被接受）两部分。

**1. 安全评价的方法**

安全评价方法的分类很多，主要有以下几种。

（1）按照工程、系统生命周期和安全评价目的分类

根据工程、系统生命周期和评价的目的进行安全评价，方法有以下4种。

1）安全预评价。安全预评价是根据建设项目可行性研究报告的内容，分析和预测该建设项目可能存在的危险有害因素的种类和程度，提出合理可行的安全对策措施及建议。其核心是对系统存在的危险有害因素进行定性、定量分析，针对特定的系统范围，对发生事故、危害的可能性及其危险、危害的严重程度进行评价。最终的目的是确定采取哪些安全技术、管理措施，使各子系统及建设项目整体达到可接受风险的要求。最终成果是安全预评价报告。

2）安全验收评价。安全验收评价是在建设项目竣工验收前、试生产运行正常之后，通过对建设项目的设施、设备、装置实际运行状况及管理状况的安全评价，查找该建设项目投产后存在的危险有害因素以及导致事故发生的可能性和严重程度，提出确保建设项目正式运行后安全生产的安全对策措施。

3）安全现状评价。安全现状评价是针对一个生产经营单位总体或局部的生产经营活动的安全现状进行的安全评价，识别和分析其生产经营过程中存在的危险有害因素，评价危险有害因素导致事故的可能性和严重程度，提出合理可行的安全对策措施。这种安全评价不仅包括生产过程的安全设施，而且包括生产经营单位整体的安全管理模式、制度和方法等安全管理体系的内容。

4）专项安全评价。专项安全评价是根据政府有关管理部门、生产经营单位、建设单位或设施单位的某项（个）专门要求进行的安全评价。专项安全评价需要解决专门的安全问题，评价时往往需要专门的仪器和设备。专项安全评价针对的可以是一项活动或一个场所，也可以是一个生产工艺、一件产品、一种生产方式或一套生产装置等。

（2）按照评价结果的量化程度分类

按照安全评价结果的量化程度，安全评价方法可以分为定性安全评价法和定量安全评价法。

　　定性安全评价法是根据经验和直观判断能力对生产系统的工艺、设备、设施、环境、人员和管理等方面的状况进行定性分析，安全评价的结果是一些定性的指标。例如，是否达到了某项安全指标、事故类别和导致事故发生的因素等。

　　定量安全评价是运用基于大量的实验结果和广泛的事故资料统计分析获得的指标或规律（数学模型），对生产系统的工艺、设备、设施、环境、人员和管理等方面的状况进行定量的分析，安全评价的结果是一些定量的指标。例如，事故发生的概率、事故的伤害（或破坏）范围、定量的危险性、事故致因因素的关联度或重要度等。

**2. 安全评价的要求**

　　承担安全评价、认证、检测和检验职责的机构应当具备国家规定的资质条件，并对其做出的安全评价、认证、检测、检验结果的合法性和真实性负责。资质条件由国务院应急管理部门会同国务院有关部门制定。

　　承担安全评价、认证、检测和检验职责的机构应当建立并实施服务公开和报告公开制度，不得租借资质、挂靠、出具虚假报告。

## 5.4　危险化学品重大危险源辨识与管理

### 5.4.1　相关概念

　　危险化学品重大危险源是指长期地或临时地生产、储存、使用和经营危险化学品，且危险化学品的数量等于或超过临界量的单元。

　　其中，危险化学品是指具有毒害、腐蚀、爆炸、燃烧、助燃等性质，对人体、设施、环境具有危害的剧毒化学品和其他化学品。单元涉及危险物品的生产、储存装置、设施或场所，分为生产单元和储存单元。

　　生产单元：危险化学品的生产、加工及使用等的装置及设施，当装置及设施之间有切断阀时，以切断阀作为分隔界限划分为独立的单元。

　　储存单元：用于储存危险化学品的储罐或仓库组成的相对独立的区域，储罐区以罐区防火堤为界限划分为独立的单元，仓库以独立库房（独立建筑物）为界限划分为独立的单元。

### 5.4.2　辨识及分级方法

　　（1）辨识流程

　　危险化学品重大危险源辨识流程图如图 5-1 所示。

　　（2）辨识标准

　　危险化学品重大危险源可分为生产单元危险化学品重大危险源和储存单元危险化学品重大危险源。危险化学品应依据其危险特性及其数量进行重大危险源辨识。

　　参考国外同类标准，结合我国工业生产的特点和火灾、爆炸、毒物泄漏重大事故的发生规律，我国编制了《危险化学品重大危险源辨识》（GB 18218—2018）标准。

　　当单元内存在危险化学品的数量等于或超过表 5-6 中规定的临界量时，该单元即被定

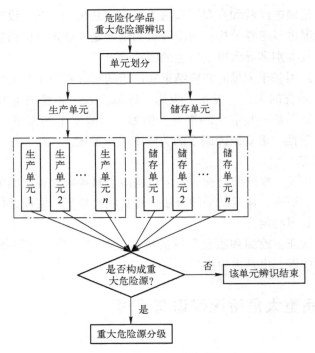

图 5-1　危险化学品重大危险源辨识流程图

为重大危险源。辨识单元内存在危险化学品的数量是否超过临界量，需根据处理危险化学品种类的多少区分。

1）单元内存在的危险化学品为单一品种，则该危险化学品的数量即为单元内危险物质的总量，若等于或超过相应的临界量，则定为重大危险源。

2）单元内存在的危险化学品为多品种时，按式（5-1）计算，若满足公式，则定为重大危险源：

$$S = \frac{q_1}{Q_1} + \frac{q_2}{Q_2} + \cdots + \frac{q_n}{Q_n} \geqslant 1 \tag{5-1}$$

式中，$S$ 为辨识指标；$q_1, q_2, \cdots, q_n$ 为每种危险化学品的实际存在量，单位为 t；$Q_1, Q_2, \cdots, Q_n$ 为与各危险化学品相对应的临界量，单位为 t。

（3）分级指标及计算方法

采用单元内各种危险化学品实际存在量与其相对应的临界量比值，经校正系数校正后的比值之和 $R$ 作为分级指标。重大危险源的分级指标 $R$ 的计算式为

$$R = \alpha \left( \beta_1 \frac{q_1}{Q_1} + \beta_2 \frac{q_2}{Q_2} + \cdots + \beta_n \frac{q_n}{Q_n} \right) \tag{5-2}$$

式中，$R$ 为重大危险源分级指标；$\alpha$ 为该危险化学品重大危险源厂区外暴露人员的校正系数；$\beta_1, \beta_2, \cdots, \beta_n$ 为与每种危险化学品相对应的校正系数；$q_1, q_2, \cdots, q_n$ 为每种危险化学品的实际存在量，单位为 t；$Q_1, Q_2, \cdots, Q_n$ 为与每种危险化学品相对应的临界量，单位为 t。

### 表 5-6 危险化学品名称及其临界量

| 序号 | 危险化学品名称和说明 | 别名 | 临界量/t | 序号 | 危险化学品名称和说明 | 别名 | 临界量/t |
|---|---|---|---|---|---|---|---|
| 1 | 氨 | 液氨；氨气 | 10 | 25 | 氰化氢 | 无水氢氰酸 | 1 |
| 2 | 二氟化氧 | 一氧化二氟 | 1 | 26 | 三氧化硫 | 硫酸酐 | 75 |
| 3 | 二氧化氮 | | 1 | 27 | 3-氨基丙烯 | 烯丙胺 | 75 |
| 4 | 二氧化硫 | 亚硫酸酐 | 20 | 28 | 溴 | 溴素 | 20 |
| 5 | 氟 | | 1 | 29 | 乙撑亚胺 | 吖丙啶；1-氮杂环丙烷；氮丙啶 | 20 |
| 6 | 碳酰氯 | 光气 | 0.3 | 30 | 异氰酸甲酯 | 甲基异氰酸酯 | 0.75 |
| 7 | 环氧乙烷 | 氧化乙烯 | 10 | 31 | 叠氮化钡 | 叠氮钡 | 0.5 |
| 8 | 甲醛（含量>90%） | 蚁醛 | 5 | 32 | 叠氮化铅 | | 0.5 |
| 9 | 磷化氢 | 磷化三氢；膦 | 1 | 33 | 雷汞 | 二雷酸汞；雷酸汞 | 0.5 |
| 10 | 硫化氢 | | 5 | 34 | 三硝基苯甲醚 | 三硝基茴香醚 | 5 |
| 11 | 氯化氢（无水） | | 20 | 35 | 2，4，6-三硝基甲苯 | 梯恩梯；TNT | 5 |
| 12 | 氯 | 液氯；氯气 | 5 | 36 | 硝化甘油 | 硝化三丙醇；甘油三硝酸酯 | 1 |
| 13 | 煤气（CO，CO 和 $H_2$、$CH_4$的混合物等） | | 20 | 37 | 硝化纤维素［干的或含水（或乙醇）<25%] | 硝化棉 | 1 |
| 14 | 砷化氢 | 砷化三氢、胂 | 1 | 38 | 硝化纤维素（未改型的，或增塑的，含增塑剂<18%） | 硝化棉 | 1 |
| 15 | 锑化氢 | 三氢化锑；锑化三氢；䏭 | 1 | 39 | 硝化纤维素（含乙醇≥25%） | 硝化棉 | 10 |
| 16 | 硒化氢 | | 1 | 40 | 硝化纤维素（含氮≤12.6%） | 硝化棉 | 50 |
| 17 | 溴甲烷 | 甲基溴 | 10 | 41 | 硝化纤维素（含水≥25%） | 硝化棉 | 50 |
| 18 | 丙酮氰醇 | 丙酮合氰化氢；2-羟基异丁腈；氰丙醇 | 20 | 42 | 硝化纤维素溶液（含氮量≤12.6%，含硝化纤维素≤55%） | 硝化棉溶液 | 50 |
| 19 | 丙烯醛 | 烯丙醛；败脂醛 | 20 | 43 | 硝酸铵（含可燃物>0.2%，包括以碳计算的任何有机物，但不包括任何其他添加剂） | | 5 |
| 20 | 氟化氢 | | 1 | 44 | 硝酸铵（含可燃物≤0.2%） | | 50 |
| 21 | 1-氯-2，3-环氧丙烷 | 环氧氯丙烷（3-氯-1，2-环氧丙烷） | 20 | 45 | 硝酸铵肥料（含可燃物≤0.4%） | | 200 |
| 22 | 3-溴-1，2-环氧丙烷 | 环氧溴丙烷；溴甲基环氧乙烷；表溴醇 | 20 | 46 | 硝酸钾 | | 1000 |
| 23 | 甲苯二异氰酸酯 | 二异氰酸甲苯酯；TDI | 100 | 47 | 1，3-丁二烯 | 联乙烯 | 5 |
| 24 | 一氯化硫 | 氯化硫 | 1 | 48 | 二甲醚 | 甲醚 | 50 |

（续）

| 序号 | 危险化学品名称和说明 | 别　名 | 临界量/t | 序号 | 危险化学品名称和说明 | 别　名 | 临界量/t |
|---|---|---|---|---|---|---|---|
| 49 | 甲烷，天然气 | | 50 | 68 | 乙醚 | 二乙基醚 | 10 |
| 50 | 氯乙烯 | 乙烯基氯 | 50 | 69 | 乙酸乙酯 | 醋酸乙酯 | 500 |
| 51 | 氢 | 氢气 | 5 | 70 | 正己烷 | 己烷 | 500 |
| 52 | 液化石油气（含丙烷、丁烷及其混合物） | 石油气（液化的） | 50 | 71 | 过乙酸 | 过醋酸；过氧乙酸；乙酰过氧化氢 | 10 |
| 53 | 一甲胺 | 氨基甲烷；甲胺 | 5 | 72 | 过氧化甲基乙基酮（10%＜有效含氧量≤10.7%，含A型稀释剂≥48%） | | 10 |
| 54 | 乙炔 | 电石气 | 1 | 73 | 白磷 | 黄磷 | 50 |
| 55 | 乙烯 | | 50 | 74 | 烷基铝 | 三烷基铝 | 1 |
| 56 | 氧（压缩的或液化的） | 液氧；氧气 | 200 | 75 | 戊硼烷 | 五硼烷 | 1 |
| 57 | 苯 | 纯苯 | 50 | 76 | 过氧化钾 | | 20 |
| 58 | 苯乙烯 | 乙烯苯 | 500 | 77 | 过氧化钠 | 双氧化钠；二氧化钠 | 20 |
| 59 | 丙酮 | 二甲基酮 | 500 | 78 | 氯酸钾 | | 100 |
| 60 | 2-丙烯腈 | 丙烯腈；乙烯基氰；氰基乙烯 | 50 | 79 | 氯酸钠 | | 100 |
| 61 | 二硫化碳 | | 50 | 80 | 发烟硝酸 | | 20 |
| 62 | 环己烷 | 六氢化苯 | 500 | 81 | 硝酸（发红烟的除外，含硝酸>79%） | | 100 |
| 63 | 1，2-环氧丙烷 | 氧化丙烯；甲基环氧乙烷 | 10 | 82 | 硝酸胍 | 硝酸亚氨脲 | 50 |
| 64 | 甲苯 | 甲基苯；苯基甲烷 | 500 | 83 | 碳化钙 | 电石 | 100 |
| 65 | 甲醇 | 木醇；木精 | 500 | 84 | 钾 | 金属钾 | 1 |
| 66 | 汽油（乙醇汽油、甲醇汽油） | | 200 | 85 | 钠 | 金属钠 | 10 |
| 67 | 乙醇 | 酒精 | 500 | | | | |

（续）

| 序　号 | 危险化学品名称和说明 | 别　　名 | 临界量/t | 序　号 | 危险化学品名称和说明 | 别　　名 | 临界量/t |
|---|---|---|---|---|---|---|---|
| 健康危害 | J（健康危险性符号） | — | — | W5.1 | 易燃液体 | −类别 1<br>−类别 2 和 3，工作温度高于沸点 | 10 |
| 急性毒性 | J1 | 类别 1，所有暴露途径，气体 | 5 | W5.2 | | −类别 2 和 3，具有引发重大事故的特殊工艺条件<br>包括危险化工工艺、爆炸极限范围或附近操作、操作压力大于1.6 MPa 等 | 50 |
| | J2 | 类别 1，所有暴露途径，固体、液体 | 50 | W5.3 | | −不属于 W5.1 或W5.2 的其他类别 2 | 1000 |
| | J3 | 类别 2、类别 3，所有暴露途径，气体 | 50 | W5.4 | | −不属于 W5.1 或W5.2 的其他类别 3 | 5000 |
| | J4 | 类别 2、类别 3，吸入途径，液体（沸点≤35℃） | 50 | W6.1 | 自反应物质和混合物 | A 型和 B 型自反应物质和混合物 | 10 |
| | J5 | 类别 2，所有暴露途径，液体（J4 外）、固体 | 500 | W6.2 | | C 型、D 型和 E 型自反应物质和混合物 | 50 |
| 物理危险 | W（物理危险性符号） | — | — | W7.1 | 有机过氧化物 | A 型和 B 型有机过氧化物 | 10 |
| 爆炸物 | W1.1 | −不稳定爆炸物<br>−1.1 项爆炸物 | 1 | W7.2 | | C 型、D 型、E 型、F 型有机过氧化物 | 50 |
| | W1.2 | 1.2、1.3、1.5、1.6 项爆炸物 | 10 | W8 | 自燃液体和自燃固体 | 类别 1　自燃液体<br>类别 1　自燃固体 | 50 |
| 易燃气体 | W1.3 | 1.4 项爆炸物 | 50 | W9.1 | 氧化性固体和液体 | 类别 1 | 50 |
| | W2 | 类别 1 和类别 2 | 10 | W9.2 | | 类别 2、类别 3 | 200 |
| 气溶胶 | W3 | 类别 1 和类别 2 | 150（净重） | W10 | 易燃固体 | 类别 1 易燃固体 | 200 |
| 氧化性气体 | W4 | 类别 1 | 50 | W11 | 遇水放出易燃气体的物质和混合物 | 类别 1 和类别 2 | 200 |

根据单元内危险化学品的类别不同，设定校正系数 $\beta$ 值。在表 5-7（毒性气体校正系数 $\beta$ 取值）范围内的危险化学品，其 $\beta$ 值按表 5-7 确定，未在表 5-7 范围内的危险化学品，其 $\beta$ 值按表 5-8 确定。

根据危险化学品重大危险源的厂区边界向外扩展 500 m 范围内常住人口数量，按照表 5-9 设定暴露人员校正系数 $\alpha$ 值。

表 5-7  毒性气体校正系数 $\beta$ 取值

| 名　称 | 校正系数 $\beta$ | 名　称 | 校正系数 $\beta$ | 名　称 | 校正系数 $\beta$ | 名　称 | 校正系数 $\beta$ |
|---|---|---|---|---|---|---|---|
| 一氧化碳 | 2 | 氯化氢 | 3 | 氟化氢 | 5 | 磷化氢 | 20 |
| 二氧化硫 | 2 | 溴甲烷 | 3 | 二氧化氮 | 10 | 异氰酸甲酯 | 20 |
| 氨 | 2 | 氯 | 4 | 氰化氢 | 10 | | |
| 环氧乙烷 | 2 | 硫化氢 | 5 | 碳酰氯 | 20 | | |

表 5-8  危险化学品校正系数 $\beta$ 取值

| 类　别 | 符号 | 校正系数 $\beta$ | 类　别 | 符号 | 校正系数 $\beta$ | 类　别 | 符号 | 校正系数 $\beta$ |
|---|---|---|---|---|---|---|---|---|
| 急性毒性 | J1 | 4 | 易燃气体 | W2 | 1.5 | 自反应物质和混合物 | W6.2 | 1 |
| | J2 | 1 | 气溶胶 | W3 | 1 | 有机过氧化物 | W7.1 | 1.5 |
| | J3 | 2 | 氧化性气体 | W4 | 1 | 有机过氧化物 | W7.2 | 1 |
| | J4 | 2 | 易燃液体 | W5.1 | 1.5 | 自燃液体和自燃固体 | W8 | 1 |
| | J5 | 1 | 易燃液体 | W5.2 | 1 | 氧化性固体和液体 | W9.1 | 1 |
| 爆炸物 | W1.1 | 2 | 易燃液体 | W5.3 | 1 | 氧化性固体和液体 | W9.2 | 1 |
| | W1.2 | 2 | 易燃液体 | W5.4 | 1 | 易燃固体 | W10 | 1 |
| | W1.3 | 2 | 自反应物质和混合物 | W6.1 | 1.5 | 遇水放出易燃气体的物质和混合物 | W11 | 1 |

（4）分级标准

根据计算出来的 $R$ 值，按表 5-10 确定危险化学品重大危险源的分级。

表 5-9  暴露人员校正系数 $\alpha$ 取值

| 厂外可能暴露人员数量 | 校正系数 $\alpha$ |
|---|---|
| 100 人以上 | 2.0 |
| 50~99 人 | 1.5 |
| 30~49 人 | 1.2 |
| 1~29 人 | 1.0 |
| 0 人 | 0.5 |

表 5-10  危险化学品重大危险源分级和 $R$ 值的对应关系

| 危险化学品重大危险源级别 | $R$ 值 |
|---|---|
| 一级 | $R \geqslant 100$ |
| 二级 | $100 > R \geqslant 50$ |
| 三级 | $50 > R \geqslant 10$ |
| 四级 | $R < 10$ |

## 5.4.3　重大危险源预防控制体系

重大危险源控制的目的，不仅是要预防重特大事故发生，而且要做到一旦发生事故，能将事故危害限制到最低程度。由于工业活动的复杂性，需要采用系统工程的思想和方法控制重大危险源。

安全生产监督管理部门应建立重大危险源分级监督管理体系，建立重大危险源宏观监控信息网络，实施重大危险源的宏观监控与管理，最终建立和健全重大危险源的管理制度和监控手段。

生产经营单位应对重大危险源建立实时的监控预警系统。应用系统论、控制论、信息论的原理和方法，结合自动检测与传感器技术、计算机仿真和计算机通信等现代高新技术，对危险源对象的安全状况进行实时监控，严密监视那些可能使危险源对象的安全状态向事故临界状态转化的各种参数变化趋势，及时给出预警信息或应急控制指令，将事故隐患消灭在萌芽状态。

**1. 重大危险源预防控制的主要思路**

在对重大危险源进行普查、分级，并在制定有关重大危险源监督管理法规的基础上，明确存在重大危险源的企业对于危险源的管理责任、管理要求（包括组织制度、报告制度、监控管理制度及措施、隐患整改方案、应急措施方案等），促使企业建立重大危险源控制机制，确保安全。

安全生产监督管理部门依据有关法规，对存在重大危险源的企业实施分级管理，针对不同级别的企业确定规范的现场监督方法，督促企业执行有关法规，建立监控机制，并督促隐患整改。建立、健全新建、改建企业重大危险源申报和分级制度，使重大危险源管理规范化、制度化。同时与技术中介组织配合，根据企业的行业、规模等具体情况，提供监控的管理及技术指导。在各地开展工作的基础上，逐步建立全国范围内的重大危险源信息系统，以便各级安全生产监督管理部门及时了解、掌握重大危险源状况，从而建立企业负责、安全生产监督管理部门监督的重大危险源监控体系。

重大危险源的安全生产监督管理工作主要由区县一级安全生产监督管理部门进行。信息网络建成之后，市级安全生产监督管理部门可以通过网络了解一、二级危险源的情况和监察信息，有重点地进行现场监察；国家安全生产监督管理部门可以通过网络对各城市的一级危险源的监察情况进行监督。

**2. 重大危险源预防控制体系**

重大危险源预防控制体系如图 5-2 所示。

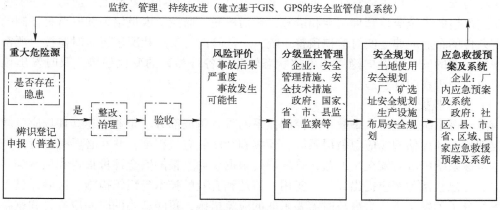

图 5-2 重大危险源预防控制体系

（1）重大危险源的辨识登记、申报或普查

防止重特大事故的第一步是以重大危险源辨识标准为依据，确认或辨识重大危险源。国际劳工组织认为，各国应根据具体的工业生产情况制定合适的重大危险源辨识标准，该标准应能代表本国优先控制的危险物质和设施，并根据新的知识和经验进行修改和补充。

在开展重大危险源辨识登记的同时，要进行隐患排查工作，即查找和确认是否存在人的不安全行为、物的不安全状态和管理上的缺陷。如果重大危险源已产生隐患，则必须立即整改或治理，并按法规、标准进行评审和验收。受技术或其他条件限制，不能立即整改治理的重大事故隐患，必须在安全评价基础上，强化安全管理、监控和应急措施等风险控制措施。

通过重大危险源和重大事故隐患辨识登记、申报或普查，建立重大危险源和重大事故隐患数据库，使企业和各级安全生产监督管理部门掌握重大危险源和重大事故隐患分布、分类及其安全状况，使事故预防做到心中有数，重点突出。

《安全生产法》第四十条规定，生产经营单位对重大危险源应当登记建档，进行定期检测、评估和监控，并制定应急预案，告知从业人员和相关人员在紧急情况下应当采取的应急措施。

生产经营单位应当按照国家有关规定将本单位重大危险源及有关安全措施、应急措施报有关地方人民政府安全生产监督管理部门和有关部门备案。有关地方人民政府安全生产监督管理部门和有关部门应当通过相关信息系统实现信息共享。

（2）重大危险源安全（风险）评价

安全评价或称风险评价，是安全管理的基础和依据，是一项十分复杂的技术性工作，需要系统地收集设计、运行及其他与重大危险源和重大事故隐患有关的资料和信息。对重大危险源的关键部分，尤其应进行分析和评价，找出预防重点。应尽可能采用定量风险评价方法对重大危险源和重大事故隐患的危险程度、可能发生的重特大事故的影响范围进行分级。企业应在规定的期限内对已辨识和评价的重大危险源向政府主管部门提交安全评价报告。如属新建的重大危险设施，则应在其初步设计审查之前提交安全预评价报告。安全评价报告应根据重大危险源的变化，以及新知识和技术进展情况进行修改和增补。

（3）企业对重大危险源的监控和管理

企业对安全生产负主体责任。企业在重大危险源辨识和评价基础上，应对每一个重大危险源制定严格的安全监控管理制度和措施，包括检测、监控、人员培训和安全责任制的落实等。有条件的企业应建立实时监控预警系统，对危险源的安全状况进行实时监控，严密监视可能使危险源的安全状态向隐患和事故状态转化的各种参数的变化趋势，及时发出预警信息，将事故消灭在萌芽状态。

（4）应急救援系统

应急救援系统是重特大事故预防控制体系的重要组成部分。企业应建立现场应急救援系统，定期检验和评估现场应急救援系统、预案和程序的有效程度，并在必要时进行修订。场外应急救援系统由政府安全生产监督管理部门根据企业上报的安全评价报告和预案等有关材料建立。应急救援预案应提出详尽、实用、清楚和有效的技术与组织措施。应确保员工和相关居民充分了解发生重特大事故时需要采取的应急措施，每隔适当的时间应修订和重新发放应急救援预案及宣传材料。

（5）土地使用与厂矿选址安全规划

政府主管部门应制定综合性的土地使用安全规划政策，确保重大危险源与居民区、其他工作场所、机场、水库及其他危险源和公共设施安全隔离。我国的工业化、城市化不能因为缺乏安全规划，走入"盲目建设→搬迁→再盲目建设→再搬迁"的恶性循环。企业应在厂矿选址、项目规划和设计、工厂布局设计等规划源头落实事故预防措施。

（6）重大危险源和重大事故隐患的监管

根据重大危险源和重大事故隐患申报和普查、评价结果，按危险严重程度级别，建立基于 GIS、GPS 的国家、省、市、县四级重大危险源和重大事故隐患安全监管信息系统。突出重点，分级分类对重大危险源和重大事故隐患进行安全监管。基于 GIS 和 GPS 的安全监管信息系统有助于企业和各级政府安全生产监督管理部门及时掌握重大危险源和重大事故隐患状况，制定相应的分级管理、监控、监管方案和措施。

## 5.5　保险与事故控制

事故预防措施可以使事故不发生或事故发生的可能性降到最低，事故控制措施可以使事故发生后不造成严重后果或使损害尽可能减小。但从事故特性可知，无论采取了怎样先进的技术措施和严密的管理措施，都不可能完全避免事故的发生。除了生产安全事故外，由自然灾害，如地震、飓风、雷击和洪水等引发的事故，更是难以控制和承受。即使到了科学技术更为发达的明天，人们掌握了更多更好的预防事故发生或控制事故损失的技术，也要面临不可能完全控制的现状。因此，采取保险的方法，用经济补偿的方式减少因事故或灾害所造成的经济损失，使企业得以恢复生产，家庭得以休养生息，已经成为事故损失控制的重要手段之一。

### 5.5.1　保险及其分类

**1. 保险的概念**

我国《保险法》中，保险是指投保人根据合同约定，向保险人支付保险费，保险人对于合同约定的可能发生的事故因其发生所造成的财产损失承担赔偿保险金责任，或者当被保险人死亡、伤残、疾病或者达到合同约定的年龄、期限时承担给付保险责任的商业保险行为。

社会角度上，保险是把不稳定的风险转化为稳定的因素，从而保障社会的稳定和健康发展。公民个人及家庭生活安定是整个社会稳定的基础。保险可以降低各种风险事故引起的个人或家庭损失，消除社会不稳定因素，维护正常的社会生活秩序。

经济角度上，保险是分摊意外损失的一种财务安排，把损失风险转移给保险组织，由于保险组织集中了大量同质的风险，所以能借助大数法则来正确预见损失发生的金额，并据此指定保险费率，通过向所有投保人收取保险费来补偿少数投保人遭受的意外损失。

法律意义上，保险是一种合同行为。保险是一方同意补偿另一方损失的合同安排，同意赔偿损失的一方是保险人，被赔偿损失的另一方是被保险人。保险合同主要是保险单，被保险人通过购买保险单把损失风险转移到保险人。

**2. 保险的分类**

（1）按保险的实施形式分类

按照保险的实施形式分类，可以把保险分为自愿保险和法定保险。自愿保险是投保人和保险人在平等互利、等价有偿和协商一致的基础上，通过签订保险合同而建立的保险关系。法定保险又称为强制保险，是通过法律规定强制实行的保险。社会保险属于法定保险。

（2）按保险的对象分类

按照保险的对象分类，可以把保险分为财产保险、责任保险和人身保险。财产保险的对象是被保险人的财产，是以灾害事故造成的财产损失为保险标的。被保险的财产分为有形财产和无形财产两种，前者如厂房、设备、运输工具和货物；后者如专利、版权和预期利润等。责任保险是以被保险人的民事损害赔偿责任为保险标的的保险，这种赔偿责任包括对他人的人身和财产损害，是由被保险人的过失造成的。人身保险是以人的寿命和身体为保险标的的保险，一旦被保险人遭受人身伤害或死亡，或者生存到保险期满之后，保险人给付被保险人或其受益人保险金的保险。

（3）按保障的范围分类

按照保险保障的范围分类，可以把保险分为财产保险、责任保险、信用保险和人身保险4类。这里责任保险是以被保险人对第三者依法应负的赔偿责任为保险标的的保险。信用保险实际上是保险人为被保险人向权利人提供的一种信用担保业务，分为两种，凡投保人投保自己信用的叫保证保险；凡投保人投保他人信用的叫信用保险。

（4）按经营方式分类

按经营方式分类，可以把保险分为国营保险和私营保险。这是按经营主体的所有权分类，在社会主义国家，国营保险占主导地位；在经济发达的资本主义国家，保险主要由私营保险组织经营。

（5）按业务承保方式分类

按业务承保方式分类，可以把保险分为原保险、再保险、重复保险和共同保险。原保险是保险人与投保人最初达成的保险。再保险是一个保险人把原承保的部分或全部保险转让给另外一个保险人。最初承保业务的公司为分出公司或原保险人，接受分出公司保险的公司为再保险人。重复保险是数家保险公司承保了被保险人的相同保险利益，即一个保险标的有几份保险单或被保险人的几份保险单有同一保险责任。共同保险指保险人和被保险人共同分担损失。

## 5.5.2 保险与风险管理

风险和保险之间具有密切的关系如下。

1）风险是保险产生和存在的前提。无风险，无保险。风险是客观存在的，时时处处威胁着人们的生命与财产安全，不以人的意志为转移。风险的发生直接影响社会生产和家庭正常生活，从而产生了人们对损失进行补偿的需求。而保险是一种被社会普遍接受的风险管理和经济补偿方式。

2）风险的发展是保险发展的客观条件。社会进步、生产发展与科学进步和运用，给人类社会克服原有风险的同时，也带来了新的风险。新风险对保险提出了新要求，促进保险业不断依据形势的变化设计新险种、开发新业务，使保险持续发展。

3）保险是风险处理的有效措施。人们面临的风险损失，一部分可以通过控制的方法消除或者减少，但是风险不可能全部消除。保险是风险管理中传统有效的风险财务转移手段。通过保险，可以把不能自行承担的集中风险转移给保险人，以小额的固定保费支出来换取对未来不确定的巨额风险损失的经济保障，从而减轻风险损失后果。

4）保险经营效益受风险管理技术的制约。保险经营属于商业交易行为，其经营效益的好坏同样要受到多种风险因素的制约，同样需要风险管理技术来控制保险经营过程中的风险。保险人对自己所面临的风险识别是否全面，对风险损失的频率和损失程度估测是否准确，哪些风险可以和不可以承担，承担的范围有多大，程度有多高，保险成本与效益的比较等，都直接制约着保险的经济效益。

5）保险所承保的风险必须是纯风险。纯风险是指只有损失机会而无获利可能的危险。这些风险的发生，其结果是使人们蒙受经济上的损失，而不会得到任何利益。只有纯风险具有可保性，但也并非所有的纯风险都具有可保性。纯风险具有可保性必须满足条件：①风险必须大量同质。保险人能比较精确地预测损失的平均频率和程度。②风险导致的损失必须是意外的。如果故意制造的损失能得到赔偿，则道德风险会明显增加，大数法则也会失灵。③风险导致的损失是可以测定的。风险损失的原因、时间、地点和金额具有确定性，可以通过大数法则而测定。④风险必须是大量标的均有遭受损失的可能性。如果风险只是一个标的或几个标的所具有，那么保险人承保这一风险等于是下赌注。⑤风险应有发生重大损失的可能性。

风险管理是指面临风险者进行风险识别、风险估测、风险评价和风险控制，以减少风险负面影响的决策及行动过程，是把风险可能造成的不良影响减至最低的管理过程。风险管理一条总的原则是以最小的成本获得最大的保障。风险管理的处理方法是避免风险、预防风险、自担风险和转移风险。

1）避免风险。避免风险是指主动避开损失发生的可能性，适用于损失发生概率高且损失程度大的风险。

2）预防风险。预防风险是指采取防范措施，以减少损失发生的可能性及损失的严重程度。对于安全管理来说，就是指事故预防与事故控制这两种手段。

3）自担风险。自担风险是指企业以自有资金或借入资金补偿灾害事故损失。自担风险是自己非理性或理性地主动承担风险。"非理性"是指对损失发生存在侥幸心理或对潜在损失程度估计不足，从而暴露于风险中；"理性"是指经正确分析，认为潜在损失在承受范围之内，而且自己承担全部或部分风险比购买保险更经济合算，适用于发生概率小且损失程度低的风险。

4）转移风险。转移风险是指通过某种安排，把自己面临的风险全部或部分转移给另一方，通过转移风险而得到保障。转移方式有合同、租赁和转移责任条款等。保险是转移风险的风险管理手段之一，风险管理人员经常使用保险这一重要工具。

## 5.5.3　工伤保险

我国事故预防与控制方面，常用的两种保险是工伤保险和安全生产责任保险。

工伤保险，也称职业伤害赔偿保险，是指劳动者在劳动过程中，遭受意外伤害或患职业病导致暂时或永久丧失劳动能力以及死亡时，劳动者或其遗属获得经济补偿的一种社会保险制度。实行工伤保险的目的，在于预防工伤事故，补偿职业伤害的经济损失，保障工伤职工及其家属的基本生活水准，减轻用人单位负担，同时保证社会经济秩序的稳定。

为保障因工作遭受事故伤害或者患职业病的职工获得医疗救治和经济补偿，促进工伤预防和职业康复，分散用人单位的工伤风险，国务院对《工伤保险条例》进行了修订，并于2011 年 1 月 1 日起实施。

《工伤保险条例》明确了工伤保险基金、工伤认定、劳动能力鉴定、工伤保险待遇、监督管理等工作要求和相关方的法律责任；规定我国境内的企业、事业单位、社会团体、民办非企业单位、基金会、律师事务所、会计师事务所等组织和有雇工的个体工商户均应当依照条例规定参加工伤保险，为本单位全部职工或者雇工缴纳工伤保险费；我国境内的企业、事业单位、社会团体、民办非企业单位、基金会、律师事务所、会计师事务所等组织的职工和个体工商户的雇主，均有享受工伤保险待遇的权利。

**1. 工伤保险的主要内容**

1）享受工伤保险待遇的资格条件。主要是指因工负伤、残疾和死亡事故的确认标准、法定的职业病名单及鉴定标准，以及因工伤、残、丧失劳动能力等级的标准等。

2）工伤保险基金的筹集及费率的确定。主要包括基金筹集的模式、统筹的地域范围、缴费的对象、费用的主要来源、计提基数和费率种类等。

3）工伤保险待遇的给付。主要有给付项目、给付标准、给付期限、计算方法、给付途径及待遇的正常调整机制等。

4）工伤保险的管理与监督。主要包括工商管理的行政机关、业务机构及监察、仲裁机构的设置，各管理与监察机构的权限划分、人员的配置等。

5）工伤保险制度的实施原则如下。

① 无过失责任原则。劳动者在各种伤害事故中，只要不是受害者本人故意行为所致，无论什么原因，无论责任在谁，都应该按照规定标准对其进行伤害赔偿。

② 损害补偿原则。不仅要考虑劳动者维持原来本人及其家庭基本生活，进行劳动力生产和再生产的最直接、最重要的费用来源的损失，同时还要就伤害程度、伤害性质及职业康复和激励等因素进行适当经济补偿。工伤事故不同于一般民事责任事故，对于既有工伤，又有民事责任的工伤事故，受害者除享有工伤补偿外，还依法享有民事索赔权。

③ 严格区别工伤和非工伤原则。因工伤事故发生的费用，由工伤保险基金来承担，而且工伤医疗康复待遇、伤残待遇和死亡抚恤待遇均比非工伤社会保险待遇优厚。

④ 预防、补偿和康复相结合的原则。为保障工伤职工的合法权益，维护、增进和恢复劳动者的身体健康，必须把单纯的经济补偿和医疗康复以及工伤预防有机结合起来。从长远来看，预防、补偿和康复三者结合起来，形成一条龙的社会化服务体系，是我国工伤保险发展的必然趋势。

**2. 工伤保险基金的管理**

工伤保险基金由用人单位缴纳的工伤保险费、工伤保险基金的利息和依法纳入工伤保险基金的其他资金构成。

工伤保险费根据以支定收、收支平衡的原则，确定费率。国家根据不同行业的工伤风险程度确定行业的差别费率，并根据工伤保险费使用、工伤发生率等情况在每个行业内确定若干费率档次。行业差别费率及行业内费率档次由国务院社会保险行政部门制定，报国务院批准后公布施行。统筹地区经办机构根据用人单位工伤保险费使用、工伤发生率等情况，以及适用所属行业内相应的费率档次确定单位缴费费率。

工伤保险费由用人单位缴纳，职工个人不缴纳工伤保险费。用人单位缴纳工伤保险费的数额为本单位职工工资总额乘以单位缴费费率之积。对难以按照工资总额缴纳工伤保险费的行业，其缴纳工伤保险费的具体方式，由国务院社会保险行政部门规定。工伤保险基金逐步实行省级统筹，对于跨地区、生产流动性较大的行业，可以采取相对集中的方式异地参加统筹地区的工伤保险。

工伤保险基金存入社会保障基金财政专户，用于工伤保险待遇，劳动能力鉴定，工伤预防的宣传、培训等费用，以及法律法规规定的用于工伤保险的其他费用的支付。

工伤保险基金的提缴，绝大多数国家都是以企业职工的工资总额为基数，按照规定的比例缴费，在费率的确定上，主要有3种方式，即统一费率制、差别费率制和浮动费率制。我国采用差别费率制。

差别费率制，即对单个企业或某一行业单独确定工伤保险费的提缴比例。差别费率的确定，主要是根据各个行业或企业单位时间上的伤亡事故和职业病统计数据，以及工伤费用需求的预测而定。这种方式的目的是要在工伤保险基金的分担上，体现对不同工伤事故发生率的企业、行业实行差别性的负担，保证该行业、企业工伤保险基金的收付平衡，促使其改进劳动安全统一保护设施，降低工伤赔付成本。

差别费率是当今工伤保险基金社会统筹中费率确定上应用广泛、效果明显的方式，它依据每年对工伤事故发生次数、因工负伤总人数、因工伤残/死亡总人次数、工伤事故频率和工伤死亡率等指标变动的分析，结合统筹费用的预测，对各行业、企业的费率做出规定并据此进行调整。

**3．工伤认定**

1）职工有下列情形之一的，应当认定为工伤。

① 在工作时间和工作场所内，因工作原因受到事故伤害的。

② 工作时间前后在工作场所内，从事与工作有关的预备性或者收尾性工作受到事故伤害的。

③ 在工作时间和工作场所内，因履行工作职责受到暴力等意外伤害的。

④ 患职业病的。

⑤ 因工外出期间，由于工作原因受到伤害或者发生事故下落不明的。

⑥ 在上下班途中，受到非本人主要责任的交通事故或者城市轨道交通、客运轮渡、火车事故伤害的。

⑦ 法律、行政法规规定应当认定为工伤的其他情形。

2）职工有下列情形之一的，视同工伤。

① 在工作时间和工作岗位，突发疾病死亡或者在48 h之内经抢救无效死亡的。

② 在抢险救灾等维护国家利益、公共利益活动中受到伤害的。

③ 职工原在军队服役，因战、因公负伤致残，已取得革命伤残军人证，到用人单位后旧伤复发的。

职工有第①、②项情形的，按照有关规定享受工伤保险待遇；职工有第③项情形的，按照有关规定享受除一次性伤残补助金以外的工伤保险待遇。

3）职工有下列情形之一的，不得认定为工伤或者视同工伤。

① 故意犯罪的。

② 醉酒或者吸毒的。

③ 自残或者自杀的。

**4．工伤认定申请**

《工伤保险条例》规定，职工发生事故伤害或者按照职业病防治法规被诊断、鉴定为职业病，所在单位应当自事故伤害发生之日或者被诊断、鉴定为职业病之日起 30 日内，向统筹地区社会保险行政部门提出工伤认定申请。遇有特殊情况，经报社会保险行政部门同意，申请时限可以适当延长。

用人单位未按前款规定提出工伤认定申请的，工伤职工或者其近亲属、工会组织在事故伤害发生之日或者被诊断、鉴定为职业病之日起 1 年内，可以直接向用人单位所在地统筹地区社会保险行政部门提出工伤认定申请。用人单位未在规定的时限内提交工伤认定申请，在此期间发生符合规定的工伤待遇等有关费用由该用人单位负担。

社会保险行政部门受理工伤认定申请后，根据审核需要，可以对事故伤害进行调查核实，用人单位、职工、工会组织、医疗机构以及有关部门应当予以协助。职业病诊断和诊断争议的鉴定，依照《职业病防治法》的有关规定执行。对依法取得职业病诊断证明书或者职业病诊断鉴定书的，社会保险行政部门不再进行调查核实。职工或者其近亲属认为是工伤，用人单位不认为是工伤的，由用人单位承担举证责任。

社会保险行政部门应当自受理工伤认定申请之日起 60 日内做出工伤认定的决定，并书面通知申请工伤认定的职工或者其近亲属和该职工所在单位。社会保险行政部门对受理的事实清楚、权利义务明确的工伤认定申请，应当在 15 日内做出工伤认定的决定。做出工伤认定决定需要以司法机关或者有关行政主管部门的结论为依据的，在司法机关或者有关行政主管部门尚未做出结论期间，做出工伤认定决定的时限中止。

**5. 工伤保险待遇**

工伤职工已经评定伤残等级并经劳动能力鉴定委员会确认需要生活护理的，从工伤保险基金按月支付生活护理费。生活护理费按照生活完全不能自理、生活大部分不能自理或者生活部分不能自理 3 个不同等级支付，其标准分别为统筹地区上年度职工月平均工资的 50%、40% 或者 30%。

1）职工因工致残被鉴定为一级至四级伤残的，保留劳动关系，退出工作岗位，享受以下待遇。

① 从工伤保险基金按伤残等级支付一次性伤残补助金，标准如下：一级伤残为 27 个月的本人工资，二级伤残为 25 个月的本人工资，三级伤残为 23 个月的本人工资，四级伤残为 21 个月的本人工资。

② 从工伤保险基金按月支付伤残津贴，标准如下：一级伤残为本人工资的 90%，二级伤残为本人工资的 85%，三级伤残为本人工资的 80%，四级伤残为本人工资的 75%。伤残津贴实际金额低于当地最低工资标准的，由工伤保险基金补足差额。

③ 工伤职工达到退休年龄并办理退休手续后，停发伤残津贴，按照国家有关规定享受基本养老保险待遇。基本养老保险待遇低于伤残津贴的，由工伤保险基金补足差额。职工因工致残被鉴定为一级至四级伤残的，由用人单位和职工个人以伤残津贴为基数，缴纳基本医疗保险费。

2）职工因工致残被鉴定为五级、六级伤残的，享受以下待遇。

① 从工伤保险基金按伤残等级支付一次性伤残补助金，标准如下：五级伤残为 18 个月的本人工资，六级伤残为 16 个月的本人工资。

② 保留与用人单位的劳动关系，由用人单位安排适当工作。难以安排工作的，由用人单位按月发给伤残津贴，标准如下：五级伤残为本人工资的 70%，六级伤残为本人工资的

60%，并由用人单位按照规定为其缴纳应缴纳的各项社会保险费。伤残津贴实际金额低于当地最低工资标准的，由用人单位补足差额。

经工伤职工本人提出，该职工可以与用人单位解除或者终止劳动关系，由工伤保险基金支付一次性工伤医疗补助金，由用人单位支付一次性伤残就业补助金。一次性工伤医疗补助金和一次性伤残就业补助金的具体标准由省、自治区、直辖市人民政府规定。

3）职工因工致残被鉴定为七级至十级伤残的，享受以下待遇。

① 从工伤保险基金按伤残等级支付一次性伤残补助金，标准如下：七级伤残为 13 个月的本人工资，八级伤残为 11 个月的本人工资，九级伤残为 9 个月的本人工资，十级伤残为 7 个月的本人工资。

② 劳动、聘用合同期满终止，或者职工本人提出解除劳动、聘用合同的，由工伤保险基金支付一次性工伤医疗补助金，由用人单位支付一次性伤残就业补助金。一次性工伤医疗补助金和一次性伤残就业补助金的具体标准由省、自治区、直辖市人民政府规定。

工伤职工工伤复发，确认需要治疗的，享受规定的工伤待遇。

4）职工因工死亡，其近亲属按照下列规定从工伤保险基金领取丧葬补助金、供养亲属抚恤金和一次性工亡补助金。

① 丧葬补助金为 6 个月的统筹地区上年度职工月平均工资。

② 供养亲属抚恤金按照职工本人工资的一定比例发给由因工死亡职工生前提供主要生活来源、无劳动能力的亲属。标准如下：配偶每月 40%，其他亲属每人每月 30%。孤寡老人或者孤儿每人每月在上述标准的基础上增加 10%。核定的各供养亲属的抚恤金之和不应高于因工死亡职工生前的工资。供养亲属的具体范围由国务院社会保险行政部门规定。

③ 一次性工亡补助金标准为上一年度全国城镇居民人均可支配收入的 20 倍。

伤残职工在停工留薪期内因工伤导致死亡的，其近亲属享受丧葬补助金、供养亲属抚恤金和一次性工亡补助金的待遇。一级至四级伤残职工在停工留薪期满后死亡的，其近亲属可以享受丧葬补助金和供养亲属抚恤金的待遇。

职工因工外出期间发生事故或者在抢险救灾中下落不明的，从事故发生当月起 3 个月内照发工资，从第 4 个月起停发工资，由工伤保险基金向其供养亲属按月支付供养亲属抚恤金。生活有困难的，可以预支一次性工亡补助金的 50%。职工被人民法院宣告死亡的，按照职工因工死亡的规定处理。

5）工伤职工有下列情形之一的，停止享受工伤保险待遇。

① 丧失享受待遇条件的。

② 拒不接受劳动能力鉴定的。

③ 拒绝治疗的。

用人单位分立、合并、转让的，承继单位应当承担原用人单位的工伤保险责任；原用人单位已经参加工伤保险的，承继单位应当到当地经办机构办理工伤保险变更登记。用人单位实行承包经营的，工伤保险责任由职工劳动关系所在单位承担。职工被借调期间受到工伤事故伤害的，由原用人单位承担工伤保险责任，但原用人单位与借调单位可以约定补偿办法。企业破产的，在破产清算时依法拨付应当由单位支付的工伤保险待遇费用。

职工被派遣出境工作，依据前往国家或者地区的法律应当参加当地工伤保险，若能参加当地工伤保险，其国内工伤保险关系中止；不能参加当地工伤保险的，其国内工伤保险关系不中止。

职工再次发生工伤，根据规定应当享受伤残津贴的，按照新认定的伤残等级享受伤残津贴待遇。

### 5.5.4 安全生产责任保险

安全生产责任保险（简称安责险）是指保险机构对投保的生产经营单位发生的生产安全事故造成的人员伤亡和有关经济损失等予以赔偿，并且为投保的生产经营单位提供事故预防服务的商业保险。安责险是生产经营单位在发生生产安全事故以后，对死亡、伤残履行赔偿责任的保险，对维护社会安定和谐具有重要作用。对于高危行业分布广泛、伤亡事故时有发生的地区，发展安责险，用责任保险等经济手段加强和改善安全生产管理，是强化安全事故风险管控的重要措施，有利于增强安全生产意识，防范事故发生，促进地区安全生产形势稳定好转；有利于预防和化解社会矛盾，减轻各级政府在事故发生后的救助负担；有利于维护人民群众根本利益，促进经济健康运行，保持社会稳定。

**1. 事故预防技术服务**

安责险作为社会风险管理的重要参与者，在防范安全生产方面具有举足轻重的作用：一是为参保企业提供事故经济损失赔偿，二是为参保企业提供事故预防服务。

安责险作为一种带有公益性质的强制性商业保险，是在安全管理基础上为事故预防增加一条新的安全生产防线。为了解决保险机构在事故预防服务当中不作为、不规范等问题，应急管理部于 2019 年发布了 AQ 9010—2019《安全生产责任保险事故预防技术服务规范》。保险机构应根据投保单位需求，协助投保单位开展事故预防工作。具体而言，服务项目可包括安全生产宣传教育培训、安全风险辨识 & 评估和安全评价、生产安全事故隐患排查、安全生产标准化建设、生产安全事故应急预案编制和演练、安全生产科技推广应用等事故预防工作。

**2. 安责险的法律规定**

《安全生产法》规定：①国家鼓励生产经营单位投保安全生产责任保险；属于国家规定的高危行业、领域的生产经营单位，应当投保安全生产责任保险。具体范围和实施办法由国务院应急管理部门会同国务院财政部门、国务院保险监督管理机构和相关行业主管部门制定。②生产经营单位接收中等职业学校、高等学校学生实习的，应当对实习学生进行相应的安全生产教育和培训，提供必要的劳动防护用品。学校应当协助生产经营单位对实习学生进行安全生产责任保险教育和培训。

国家建立安全生产责任保险制度。矿山、危险化学品、烟花爆竹、建筑施工、民用爆炸物品和金属冶炼等高危行业领域的生产经营单位，应当投保安全生产责任保险。国家鼓励其他生产经营单位投保安全生产责任保险。

**3. 安责险的保障范围**

安责险保障范围广，不仅可承保因企业在生产经营过程中，发生生产安全事故所造成的伤亡或者下落不明，还可对应附加医疗费用、第三者责任及事故应急救援和善后处理费用。赔偿限额包括人身伤害累计赔偿限额、医疗费用累计赔偿限额、第三者责任累计赔偿限额、附加施救及事故善后处理费用累计赔偿限额。保险费根据被保险人营业性质及参保人数对应所选择的不同的赔偿限额计收。

（1）主险责任

在保险期间内，被保险人的工作人员在中华人民共和国境内因下列情形导致伤残或死亡，依法应由被保险人承担的经济赔偿责任，保险人按照保险合同的约定负责赔偿。

1）工作时间在工作场所内，因工作原因受到安全生产事故伤害。

2）工作时间前后在工作场所内，从事与履行其工作职责有关的预备性或者收尾性工作受到安全生产事故伤害。

3）在工作时间和工作场所内，因履行工作职责受到暴力等意外伤害。

4）因工外出期间。

5）在上下班途中，由于工作原因受到伤害或者发生事故下落不明，受到交通及意外事故伤害。

6）在工作时间和工作岗位，突发疾病死亡或者在 48 h 之内经抢救无效死亡。

7）根据法律、行政法规规定认定为安全生产事故的其他情形。

（2）附加第三者责任

在保险期间内，被保险人合法聘用的工作人员在被保险人的工作场所内，受雇从事保险单明细表所载明的被保险人的业务过程中，发生安全生产事故，造成第三者死亡，依法应由被保险人承担的经济赔偿责任，保险人按照附加险合同和主险合同的约定负责赔偿。

（3）附加施救及事故善后处理费用保险责任

在保险期间内，被保险人的工作人员因前述主险条款第 4）条所列情形导致的伤残或死亡，被保险人因采取必要、合理的施救及事故善后处理措施而支出的下列费用，保险人按照附加险合同和主险合同的约定负责赔偿。

1）现场施救费用。

2）参与事故处理人员的加班费、住宿费、交通费、餐费以及生活补助费。

（4）附加医疗费用保险责任

在保险期间内，被保险人的工作人员因前述主险条款第 4）条所列情形导致的伤残或死亡，依照中华人民共和国法律应由被保险人承担的医疗费用，保险人按照附加险合同和主险合同的约定负责赔偿。

**4. 安责险的事故预防以及社会功能**

（1）经济补偿功能

高危行业安责险的本质功能在于分散企业面临的责任风险、及时补偿受害人损失。通过推行安责险，保险公司可以直接介入责任事故的事后救助和善后处理，受害人可以迅速获得赔偿，尽快恢复正常的生活秩序；同时，企业通过购买安责险，把民事赔偿责任转嫁给保险公司，使企业不会因经济损害赔偿而使其生产秩序受到影响。

（2）促进防灾防损功能

首先，企业在投保时，保险人要将企业的风险类别、职业伤害频率、企业安全生产基础、近几年的事故和赔付情况与保险费率挂钩，对不同企业采取差别、浮动费率，这种做法有利于鼓励企业主动做好各项预防工作，降低风险发生的概率，实现对风险的控制与管理；其次，为了减少赔偿支出，降低保险成本，保险公司将对投保企业进行安全监督检查，对隐患严重的企业，提出改进安全生产的措施，从而减少事故，降低赔付；最后，保险公司在事故发生后所进行的事故调查可以发现企业安全生产工作中的差距和问题，促使企业加强和改进安全管理，防止同类事故的再次发生。

（3）社会管理功能

在发达国家，责任保险的普遍使用已经成为高危行业事故危机处理的一种重要方式，是政府履行社会管理职能的重要手段之一。在我国，高危行业发生突发事件后，由于企业尚未投保安责险，加之责任企业经济能力有限，或者责任企业相关人员有意逃避责任，造成其应急救援处理基本上是以政府为主导完成的，这就给各级政府日常工作及财政负担造成很大的压力。通过推行安责险，由保险公司介入事故处理的全过程，参与到社会关系的管理之中，可以使各方面利益得到充分的保障，有效化解社会纠纷，节约政府行政资源，转变政府职能，提高政府管理的运行效率，减轻政府的财政压力。

**5. 安责险与工伤保险的比较**

安责险是在工伤保险相对成熟的背景下诞生的险种，两者都可为单位职工提供风险保障，可并行推行，共同发挥保险保障和社会管理功能。用人单位参加安责险与工伤保险，可以对劳动者利益进行保护，同时也可以对自身利益进行保护。安责险与工伤保险的比较见表 5-11。

表 5-11　安责险与工伤保险的比较

| 序号 | 项　　目 | 安　责　险 | 工　伤　保　险 |
|---|---|---|---|
| 1 | 适用原则 | 无过错责任原则，不论受害人对事故发生是否负有责任，都应获得赔偿 | |
| 2 | 缴费主体 | 单位统一集中交纳保费，职工不需要另外交纳 | |
| 3 | 法律依据 | 《安全生产法》《民法典》《最高人民法院关于审理人身损害赔偿案件适用法律若干问题的解释》 | 《安全生产法》《工伤保险条例》《社会保险法》《劳动法》《职业病防治法》 |
| 4 | 保险标的 | 用人单位经济赔偿责任 | 生命和人身 |
| 5 | 覆盖面 | 事故风险较大的行业 | 所有行业 |
| 6 | 缴费方式 | 按照产值和产量比例取费 | 按照工资总额比例取费 |
| 7 | 赔偿对象 | 单位职工、第三者人身伤亡、财产损失 | 单位职工 |
| 8 | 赔偿条件 | 由安全生产监督管理部门认定的安全生产伤亡事故 | 3 个条件：存在劳动合同关系、获得有关部门的工伤认定以及必须发生伤亡事故 |
| 9 | 经营主体 | 由商业保险公司经营，以盈利为目的 | 由政府运营，不以营利为目的 |
| 10 | 赔偿金来源及能力 | 承保的保险机构采用精算技术，补偿功能建立在大数法则基础上 | 补偿功能是建立在政府统筹资金积累，取决于本地区工伤保险资金的缴纳和积累 |
| 11 | 赔偿金给付对象 | 赔偿金一次性给付到单位 | 赔偿金给付到受害职工本人或直系亲属 |

# 典型例题

5.1　甲企业生产经营易燃化学品，同时还开设了一个经营自产产品的零售店。甲企业下列做法，符合规定的是（　　　）。

　　A. 计划进行扩建，临时将部分成品存放在员工宿舍中无人居住的房间内

　　B. 为了扩大生产，将员工宿舍一楼改建为产品生产车间

C. 利用员工宿舍一楼的闲置房间零售自产产品

D. 在生产区和员工宿舍区开设了通勤车，方便员工上下班

5.2 M 工贸企业中，王某为总经理，张某为安全副总，2021 年企业新招了两名安全生产管理人员小李和小陈，小陈为注册安全工程师，小李为刚毕业大学生，关于 2021 年培训学时，正确的是（　　　）。

A. 王某不少于 16 学时　　　B. 张某不少于 12 学时　　　C. 小李不少于 36 学时

D. 小陈不少于 20 学时

5.3 M 非煤矿山企业是 N 中央企业在 L 省的分公司。在 M 企业中，甲是主要负责人，乙是安全管理人员，丙是电工，丁是选矿车间班长。根据《生产经营单位安全培训规定》，关于安全生产教育培训的说法，错误的是（　　　）。

A. 甲的安全生产教育培训由 N 企业组织实施，培训内容包括法律法规、安全生产

B. 乙的安全生产教育培训由 M 企业组织实施，培训内容包括法律法规、应急预案

C. 丙的专业知识培训由 L 省负责安全生产监督管理的部门组织实施

D. 丁的安全生产教育培训由 M 企业组织实施

5.4 某安全评价机构员工甲、乙、丙、丁对该市化工园区内的 106 t 丙酮生产线、罐区及存储库进行安全评价，4 人对单元划分的原则，提出了不同看法，根据《危险化学品重大危险源辨识》（GB 18218—2018），4 人关于单元划分原则的看法中，错误的是（　　　）。

A. 乙认为装置及设施之间应以切断阀为分割界限划分单元

B. 甲认为丙酮生产厂区应独立划分为一个单元

C. 丙认为丙酮储存单元应以罐区防火堤为界划分单元

D. 丁认为丙酮存储库相对独立，应划分为一个单元

5.5 炼油企业根据安全生产标准化一级达标的要求，在原油储罐作业现场采取以下安全措施：①设置储罐防火堤；②为工人配备空气呼吸器；③设置紧急疏散通道；④设置"严禁明火"警示标识；⑤设置人脸识别系统。以上安全措施中，属于减少事故损失的安全技术有（　　　）。

A. ④　　　　B. ①　　　　C. ⑤　　　　D. ②　　　　E. ③

5.6 某钢铁公司生产过程中涉及的危险化学品代码是 A1、A2 及 A3。其中，A1、A2 及 A3 的总储量分别为 200 t、80 t、400 t。厂区边界向外扩展 500 m 范围内常住人口数量为 55 人。A2 的临界量 $Q$ 与校正系数 $\beta$ 分别为 20 t、2.0；A1 和 A3 的临界量 $Q$ 与校正系数 $\beta$ 分别为 200 t、1.0，危险化学品重大危险源厂区外暴露人员的校正系数为 1.5。钢铁公司划分为一个评价单元，该钢铁公司危险化学品重大危险源分级（　　　）。

A. 四级重大危险源　　　　B. 三级重大危险源

C. 二级重大危险源　　　　D. 一级重大危险源

5.7 某安全评价机构，对某化工厂两个厂区进行重大危险源评价单元划分。辨识出东西厂区的两个防火堤内分别有 1 个液氨储罐和 1 个液氧储罐，东厂区有 2 条环氧

氯丙烷生产线，有 1 个储存环氧丙烷和丙烯的库房。西厂区有 1 条烧碱生产线、1 个储存烧碱的库房和 1 个储存乙醇的库房。根据《危险化学品重大危险源辨识》（GB 18218—2018），关于该厂进行重大危险源评价单元划分，正确的是（　　）。

A. 该化工厂东西厂区共有 4 个储存单元

B. 该化工厂东西厂区共有 5 个储存单元

C. 该化工厂东西厂区共有 2 个生产单元

D. 该化工厂东西厂区共有 7 个单元

5.8 某煤矿由于煤层倾角大，留设的隔离煤柱在工作面回采后压力增大，造成垮塌，导致上下采空区相通，巷道漏风，为防止发生煤层自燃，该矿采取了：①注惰性气体防止煤层自燃；②对采空区气体连续监测；③构筑密闭墙；④严格管理，加强作业人员安全意识；⑤强化应急管理等措施。以上属于防止能量意外释放的技术措施有（　　）。

A. ①　　　　B. ②　　　　C. ③　　　　D. ④　　　　E. ⑤

5.9 根据《工伤保险条例》，关于工伤认定的说法，正确的有（　　）。

A. 社会保险行政部门应当自受理工伤认定申请之日起 60 日内做出工伤认定的决定

B. 社会保险行政部门对受理的事实清楚、权利义务明确的工伤认定申请，应当在 15 日内做出工伤认定的决定

C. 所在单位应当自事故伤害发生之日或者被诊断、鉴定为职业病之日起 60 日内，向统筹地区社会保险行政部门提出工伤认定申请

D. 职工或者其近亲属认为是工伤，用人单位不认为是工伤的，由用人单位承担举证责任

E. 用人单位未在规定时限内提交工伤认定申请，在此期间发生符合规定的工伤待遇等有关费用，由本人负担

# 复习思考题

5.1 简述安全管理对策在事故预防与控制中的地位和作用。

5.2 怎样理解安全技术对策在事故预防与控制中的重要作用？

5.3 简述工伤保险与安全生产责任保险的异同点。

5.4 简述事故预防安全技术。

5.5 试述保险在事故控制中的作用。

# 第 6 章

# 事故应急管理

从事故的基本特性可知，无论事故预防和控制对策怎样完善，都不可能完全避免事故的发生。应急管理是降低危害后果的关键手段，可以使各行业根据预案的要求，提前做好应急准备，及时做出应急响应，明确职责和响应程序，指导应急救援迅速、高效、有序地开展，将事故造成的人员伤亡、财产损失和环境危害降到最低限度。

## 6.1　应急管理概述

### 1. 事故应急管理的概念

事故应急管理是指政府及其他公共机构在突发事件的事前预防、事发应对、事中处置和善后恢复过程中，通过建立必要的应对机制，采取一系列必要措施，应用科学、技术、规划与管理等手段，保障公众生命、健康和财产安全，促进社会和谐健康发展的有关活动。

### 2. 应急管理的内容

应急管理工作的内容概括起来为"一案三制"。"一案"是指应急预案，就是根据发生和可能发生的突发事件，事先研究制订的应对计划和方案。应急预案包括各级政府总体预案、专项预案和部门预案，以及基层单位的预案和大型活动的单项预案。"三制"是指应急工作的管理体制、运行机制和法制。

1）建立健全和完善应急预案体系。就是要建立"纵向到底，横向到边"的预案体系。所谓"纵"，就是按垂直管理的要求，从国家到省到市、县、乡镇各级政府和基层单位都要制定应急预案，不可断层；所谓"横"，就是所有种类的突发公共事件都要有部门管，都要制定专项预案和部门预案，不可或缺。相关预案之间要做到互相衔接，逐级细化。预案的层级越低，各项规定就要越明确、越具体，避免出现"上下一般粗"现象，防止照搬硬套。

2）建立健全和完善应急管理体制。主要建立健全集中统一、坚强有力的组织指挥机构，发挥国家政治优势和组织优势，形成强大的社会动员体系。建立健全以事发地党委、政府为主，有关部门和相关地区协调配合的领导责任制，建立健全应急处置的专业队伍、专家队伍。必须充分发挥人民解放军、武警和预备役民兵的重要作用。

3）建立健全和完善应急运行机制。主要是要建立健全监测预警机制、信息报告机制、应急决策和协调机制、分级负责和响应机制、公众的沟通与动员机制、资源的配置与征用机制、奖惩机制和城乡社区管理机制等。

4）建立健全和完善应急法制。主要是加强应急管理的法制化建设，把整个应急管理工作建设纳入法制和制度的轨道，按照有关的法律法规来建立健全预案，依法行政，依法实施应急处置工作，把法治精神贯穿于应急管理工作的全过程。

## 6.2 应急管理过程

传统应急管理注重事故发生后的即时响应、指挥和控制，具有较大的被动性和局限性。现代应急管理主张对突发事件实施综合性应急管理，强调全过程的管理，涵盖了突发事件发生前、中、后的各个阶段，包括为应对突发事件而采取的预先防范措施、事发时采取的应对行动、事发后采取的各种善后措施及减少损害的行为，并充分体现"预防为主、常备不懈"的应急理念。

应急管理是一个动态的过程，包括预防、准备、响应和恢复4个阶段。尽管在实际情况中这些阶段往往是交叉的，但每一阶段都有其明确的目标，而且每一阶段又是构筑在前一阶段的基础之上。因而，预防、准备、响应和恢复的相互关联，构成了重大事故应急管理的循环过程。

（1）预防

在应急管理中预防有两层含义：一是事故的预防工作，即通过安全管理和安全技术等手段，尽可能地预防事故的发生，实现本质安全；二是在假定事故必然发生的前提下，通过采取预防措施，达到降低或减缓事故的影响或后果的严重程度。从长远看，低成本、高效率的预防措施是减少事故损失的关键。

（2）准备

准备是应急管理工作中的一个关键环节。应急准备是指为有效应对突发事件而事先采取的各种措施的总称，包括意识、组织、机制、预案、队伍、资源和培训演练等各种准备。《突发事件应对法》中"预防与应急准备"包含了应急预案体系、风险评估与防范、救援队伍、应急物资储备、应急通信保障、培训、演练、捐赠、保险和科技等内容。

应急准备工作涵盖了应急管理工作的全过程。应急准备并不仅仅针对应急响应，它为预防、监测预警、应急响应和恢复等各项应急管理工作提供支撑，贯穿应急管理工作的整个过程。从应急管理的阶段看，应急准备工作体现在预防工作所需的意识准备和组织准备、监测预警工作所需的物资准备、响应工作所需的人员准备和恢复工作中所需的资金准备等各阶段的准备工作；从应急准备的内容看，其组织、机制和资源等方面的准备贯穿整个应急管理过程。

（3）响应

应急响应是应对突发事件的关键阶段、实战阶段，考验着政府和企业的应急处置能力。尤其需要解决好3个方面的问题：①提高快速反应能力。响应速度越快，意味着越能减少损失。由于突发事件发生突然、扩散迅速，只有及时响应，控制住危险状况，防止突发事件的继续扩展，才能有效地减轻造成的各种损失。②加强协调组织能力。应对突发事件，特别是重大、特别重大突发事件，需要具有较强的组织动员能力和协调能力，使各方面的力量都参与进来，相互协作，共同应对。③提高应急处置能力。要为一线应急救援人员配备必要的防护装备，以提高危险状态下的应急处置能力，并保护好一线应急救援人员。

《突发事件应对法》规定了事故灾难应对处置的具体要求：自然灾害、事故灾难或者公共卫生事件发生后，履行统一领导职责的人民政府可以采取下列一项或者多项应急处置措施。

1）组织营救和救治受害人员，疏散、撤离并妥善安置受到威胁的人员以及采取其他救助措施。

2）迅速控制危险源，标明危险区域，封锁危险场所，划定警戒区，实行交通管制以及其他控制措施。

3）立即抢修被损坏的交通、通信、供水、排水、供电、供气和供热等公共设施，向受到危害的人员提供避难场所和生活必需品，实施医疗救护和卫生防疫以及其他保障措施。

4）禁止或者限制使用有关设备、设施，关闭或者限制使用有关场所，中止人员密集的活动或者可能导致危害扩大的生产经营活动以及采取其他保护措施。

5）启用本级人民政府设置的财政预备金和储备的应急救援物资，必要时调用其他急需物资、设备、设施和工具。

6）组织公民参加应急救援和处置工作，要求具有特定专长的人员提供服务。

7）保障食品、饮用水和燃料等基本生活必需品的供应。

8）依法从严惩处囤积居奇、哄抬物价和制假售假等扰乱市场秩序的行为，稳定市场价格，维护市场秩序。

9）依法从严惩处哄抢财物、干扰破坏应急处置工作等扰乱社会秩序的行为，维护社会治安。

10）采取防止发生次生、衍生事件的必要措施。

（4）恢复

恢复是指突发事件的威胁和危害得到控制或者消除后所采取的处置工作。恢复工作包括短期恢复和长期恢复。

短期恢复包括向受灾人员提供食品、避难所、安全保障和医疗卫生等基本服务。在短期恢复工作中，应注意避免出现新的突发事件。长期恢复的重点是经济、社会、环境和生活的恢复，包括重建被毁的设施和房屋、重新规划和建设受影响区域等。在长期恢复工作中，应汲取突发事件应急工作的经验教训，开展进一步的突发事件预防工作和减灾行动。

恢复阶段应注意，一是要强化有关部门，如市政、民政、医疗、保险和财政等部门的介入，尽快做好灾后恢复重建；二是要进行客观的事故调查，分析总结应急处置与应急管理的经验教训，这不仅可以为以后应对类似事件奠定新的基础，而且也有助于促进制度和管理革新。

# 6.3　事故应急管理体系

## 6.3.1　事故应急管理体系构成

由于各种事故灾难种类繁多，情况复杂，突发性强，覆盖面大，应急活动又涉及从高层管理到基层人员各个层次，从公安、医疗到环保、交通等不同领域，这都给日常应急管理和事故应急救援指挥带来了许多困难。解决这些问题的唯一途径是建立起科学、完善的应急管理体系和实施规范有序的运作程序。

按照《全国安全生产应急救援体系总体规划方案》的要求，事故应急管理体系主要由组织体系、运行机制、法律法规体系以及支持保障系统4部分构成。应急管理体系如图6-1所示。

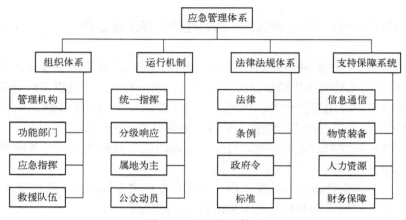

图6-1 应急管理体系

### 1. 组织体系

组织体系是事故应急管理体系的基础，主要包括管理机构、功能部门、应急指挥和救援队伍4个方面。管理机构是指维持应急日常管理的负责部门。功能部门包括与应急活动有关的各类组织机构，如消防、医疗机构等。应急指挥是在应急预案启动后，负责应急救援活动的场外与场内指挥系统。救援队伍由专业和志愿人员组成。

### 2. 运行机制

运行机制是事故应急管理体系的重要保障，目标是实现统一领导、分级管理，条块结合、属地为主，分级响应、统一指挥，资源共享、协同作战，一专多能、专兼结合，防救结合、平战结合，以及动员公众参与，以切实加强安全生产应急管理体系内部的管理机制，明确和规范响应程序，保证应急救援体系运转高效、应急反应灵敏，取得良好的救援效果。

应急救援活动一般划分为应急准备、初级反应、扩大应急和应急恢复4个阶段，应急运行机制与这4个阶段的应急活动密切相关。应急运行机制主要由统一指挥、分级响应、属地为主和公众动员这4个基本机制组成。

统一指挥是应急活动的基本原则之一。应急指挥一般可分为集中指挥与现场指挥，或场外指挥与场内指挥等。无论采用哪一种指挥系统，都必须实行统一指挥的模式，无论应急救援活动涉及单位的行政级别高低还是隶属关系不同，都必须在应急指挥部的统一组织协调下行动，有令则行，有禁则止，统一号令，步调一致。

分级响应是指在初级响应到扩大应急的过程中实行的分级响应机制。扩大或提高应急级别的主要依据是事故灾难的危害程度、影响范围和控制事态能力。影响范围和控制事态能力是"升级"的最基本条件。扩大应急救援主要是提高指挥级别、扩大应急范围等。

属地为主强调"第一反应"的思想和以现场应急、现场指挥为主的原则。

公众动员机制是应急机制的基础，也是整个应急体系的基础。

### 3. 法律法规体系

法律法规体系是应急体系的法制基础和保障，也是开展各项应急活动的依据，与应急有关的法律法规主要包括由立法机关通过的法律，政府和有关部门颁布的规章、规定，以及与应急救援活动直接有关的标准或管理办法等。

**4. 支持保障系统**

支持保障系统是事故应急管理体系的有机组成部分，是体系运转的物质条件和手段，主要包括应急信息通信系统、物资装备保障系统、人力资源保障系统和应急财务保障系统等。

应急信息通信系统是应急体系重要的基础建设，要保证所有预警、报警、警报、报告和指挥等活动的信息交流快速、顺畅、准确，以及信息资源共享；物资装备保障系统不但要保证有足够的资源，而且还要实现快速、及时供应到位；人力资源保障系统包括专业队伍的加强、志愿人员以及其他有关人员的培训教育；应急财务保障系统应建立专项应急科目，以保障应急管理运行和应急反应中各项活动的开支。

同时，应急管理体系还包括与其建设相关的资金、政策支持等，以保障应急管理体系建设和体系正常运行。

国家加强生产安全事故应急能力建设，在重点行业、领域建立应急救援基地和应急救援队伍，并由国家安全生产应急救援机构统一协调指挥；鼓励生产经营单位和其他社会力量建立应急救援队伍，配备相应的应急救援装备和物资，提高应急救援的专业化水平。

## 6.3.2　事故应急管理体系建设原则

为实现政府的有序运作、保障经济社会协调发展，我国借鉴近年来国际上应急管理的成功经验，吸取"非典"等突发事件的教训，将事故应急管理体系定位于国家总体应急救援体系的主要组成部分，与公共卫生应急救援体系、社会安全应急救援体系、自然灾害应急救援体系并列共同组成国务院直接领导下的应急救援体系。

应急管理体系建设应遵循如下原则。

**1. 统一领导，分级管理**

国务院安全生产委员会统一领导全国安全生产应急管理和事故灾难应急救援协调指挥工作，地方各级人民政府统一领导本行政区域内的安全生产应急管理和事故灾难应急救援协调指挥。国务院安全生产委员会办公室、应急管理部管理的国家安全生产应急管理指挥中心，负责全国安全生产应急管理工作和事故灾难应急救援协调指挥的具体工作，国务院有关部门所属各级应急救援指挥机构、地方各级安全生产应急管理指挥机构分别负责职责范围内的安全生产应急管理工作和事故灾难应急救援协调指挥的具体工作。

**2. 条块结合，属地为主**

有关行业和部门应当与地方政府密切配合，按照属地为主的原则，进行应急救援体系建设。各级地方人民政府对本地生产安全事故灾难的应急救援负责，要结合实际情况建立完善生产安全事故灾难应急救援体系，以满足应急救援工作需要。国家依托行业、地方和企业骨干救援力量在一些危险性大的特殊行业、领域建立专业应急救援体系，发挥其专业优势，有效应对特别重大事故的应急救援。

**3. 统筹规划，合理布局**

根据产业分布、危险源分布、事故灾难类型和有关交通地理条件，对应急指挥机构、救援队伍以及应急救援的培训演练、物资储备等保障系统的布局、规模和功能等进行统筹规划。有关企业按规定标准建立企业应急救援队伍，省（自治区、直辖市）根据需要建立骨干专业救援队伍，国家在一些危险性大、事故发生频率高的地区或领域建立国家级区域救援基地，形成覆盖事故多发地区、事故多发领域分层次的安全生产应急管理队伍体系，适应经济社会发展对事故灾难应急救援的基本要求。

**4. 依托现有，资源共享**

以企业、社会和各级政府现有的应急资源为基础，对各专业应急救援队伍、培训演练、装备和物资储备等系统进行补充完善，建立有效机制实现资源共享，避免资源浪费和重复建设。国家级区域救援基地、骨干专业救援队伍原则上依托大中型企业的救援队伍建立，根据所承担的职责分别由国家和地方政府加以补充和完善。

**5. 一专多能，平战结合**

尽可能在现有的专业救援队伍基础上加强装备和多种训练，各种应急救援队伍的建设要实现一专多能；发挥经过专门培训的兼职应急救援队伍的作用，鼓励各种社会力量参与到应急救援活动中来。各种应急救援队伍平时要做好应对事故灾难的思想准备、物资准备、经费准备和工作准备，不断地加强培训演练，紧急情况下能够及时有效地施救，真正做到平战结合。

**6. 功能实用，技术先进**

应急救援体系建设以能够实现及时、快速、高效地开展应急救援为出发点和落脚点，根据应急救援工作的现实和发展的需要设定应急救援信息网络系统的功能，采用国内外成熟的、先进的应急救援技术和特种装备，保证安全生产应急管理体系的先进性和适用性。

**7. 整体设计，分步实施**

根据规划和布局对各地、各部门应急救援体系的应急机构、区域应急救援基地和骨干专业救援队伍、主要保障系统进行总体设计，并根据轻重缓急分期建设。具体建设项目，要严格按照国家有关要求进行，注重实效。

## 6.3.3 事故应急响应机制

重大事故应急应根据事故的性质、严重程度、事态发展趋势和控制能力实行分级响应机制，对不同的响应级别，相应地明确事故的通报范围，应急中心的启动程度，应急力量的出动，设备、物资的调集规模，疏散的范围，应急总指挥的职位等。典型的响应级别通常可分为3级。

**1. 一级紧急情况**

一级紧急情况指必须利用所有有关部门及一切资源的紧急情况，或者需要各个部门同外部机构联合处理的各种紧急情况，通常要宣布进入紧急状态。在该级别中，做出主要决定的职责通常是应急事务管理部门。现场指挥部可在现场做出保护生命和财产以及控制事态所必需的各种决定。解决整个紧急事件的决定，应该由应急事务管理部门负责。

**2. 二级紧急情况**

二级紧急情况指需要两个或更多部门响应的紧急情况。该事故的救援需要有关部门的协作，并且提供人员、设备或其他资源。该级响应需要成立现场指挥部来统一指挥现场的应急救援行动。

**3. 三级紧急情况**

三级紧急情况指能被一个部门正常可利用的资源处理的紧急情况。正常可利用的资源指在该部门权力范围内通常可以利用的应急资源，包括人力和物力等。必要时，该部门可以建立一个现场指挥部，所需的后勤支持、人员或其他资源增援由本部门负责解决。

## 6.3.4　事故应急响应程序

事故应急响应程序按照过程可分为接警、响应级别确定、应急启动、救援行动、应急恢复和应急结束等几个过程，如图 6-2 所示。

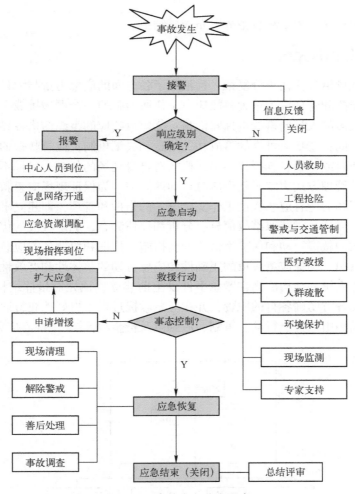

图 6-2　事故应急响应程序

### 1. 接警与响应级别确定

接到事故报警后，按照工作程序，对警情做出判断，初步确定相应的响应级别。如果事故性质和影响不足以启动应急救援体系的最低响应级别，响应关闭。

### 2. 应急启动

应急响应级别确定后，按所确定的响应级别启动应急程序，如通知应急中心有关人员到位、开通信息与通信网络、通知调配救援所需的应急资源（包括应急队伍和物资、装备等）、成立现场指挥部等。

**3. 救援行动**

有关应急队伍进入事故现场后，迅速开展事故侦测、警戒、疏散、人员救助和工程抢险等有关应急救援工作，专家组为救援决策提供建议和技术支持。当事态超出响应级别无法得到有效控制时，应向应急中心请求实施更高级别的应急响应。

**4. 应急恢复**

该阶段主要包括现场清理、警戒解除、善后处理和事故调查等。

**5. 应急结束**

执行应急关闭程序，由事故总指挥宣布应急结束。

## 6.3.5 现场应急指挥系统

重大事故的现场情况往往十分复杂，且汇集了各方面的应急力量与大量的资源，应急救援行动的组织、指挥和管理成为重大事故应急工作所面临的一个严峻挑战。应急过程中存在的主要问题有①太多的人员向事故指挥官汇报；②应急响应的组织结构各异，机构间缺乏协调机制，且术语不同；③缺乏可靠的事故相关信息和决策机制，应急救援的整体目标不清或不明；④通信不兼容或不畅；⑤授权不清或机构对自身现场的任务、目标不清。

对事故势态的管理方式决定了整个应急行动的效率。为保证现场应急救援工作的有效实施，必须对事故现场的所有应急救援工作实施统一的指挥和管理，即建立事故指挥系统，形成清晰的指挥链，以便及时获取事故信息、分析和评估势态，确定救援的优先目标，决定如何实施快速、有效的救援行动和保护生命的安全措施，指挥和协调各方应急力量的行动，高效利用可获取的资源，确保应急决策的正确性和应急行动的整体性和有效性。

现场应急指挥系统的结构应当在紧急事件发生前建立，预先对指挥结构达成一致意见，将有助于保证应急各方明确各自的职责，并在应急救援过程中更好地履行职责。现场应急指挥系统的模块化结构由指挥、行动、策划、后勤以及资金/行政 5 个核心应急响应职能组成，如图 6-3 所示。

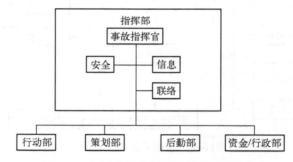

图 6-3 现场应急指挥系统的模块化结构

**1. 事故指挥官**

事故指挥官负责现场应急响应所有方面的工作，包括确定事故目标及实现目标的策略，批准实施书面或口头的事故行动计划，高效地调配现场资源，落实保障人员安全与健康的措施，管理现场所有的应急行动。事故指挥官可将应急过程中的安全问题、信息收集与发布以及与应急各方的通信联络分别指定相应的负责人，如信息负责人、联络负责人和安全负责人，各负责人直接向事故指挥官汇报。其中，信息负责人负责及时收集、掌握准确完整的事故信息，包括事故原因、大小、当前的形势、使用的资源和其他综合事务，并向新闻媒体、应急人员及其他相关机构和组织发布事故的有关信息。联络负责人负责与有关支持和协作机构联络，包括到达现场的上级领导、地方政府领导等。安全负责人负责对可能遭受的危险或不安全情况提供及时、完善、详细、准确的危险预测和评估，制定并向事故指挥官建议确保人员安全和健康的措施，从安全方面审查事故行动计划，制定现场安全计划等。

### 2. 行动部

行动部负责所有主要的应急行动，包括消防与抢险、人员搜救、医疗救治、疏散与安置等。所有的战术行动都依据事故行动计划来完成。

### 3. 策划部

策划部负责收集、评价、分析及发布与事故相关的战术信息，准备和起草事故行动计划，并对有关的信息进行归档。

### 4. 后勤部

后勤部负责为事故的应急响应提供设备设施、物资、人员、运输和服务等。

### 5. 资金/行政部

资金/行政部负责跟踪事故的所有费用并进行评估，承担其他职能未涉及的管理职责。

现场应急指挥系统模块化结构的一个最大优点是允许根据现场的行动规模，灵活启用指挥系统相应的部分结构，因为很多的事故可能并不需要启动策划、后勤或资金/行政模块。需要注意的是，对没有启用的模块，其相应的职能由现场指挥官承担，除非明确指定给某一负责人。当事故规模进一步扩大，响应行动涉及跨部门、跨地区或上级救援机构加入时则可能需要开展联合指挥，即由各有关主要部门代表成立联合指挥部，该模块化的现场系统则可以很方便地扩展为联合指挥系统。

## 6.4　事故现场应急管理

### 1. 指挥与控制

指挥与控制是指紧急事件中的信息管理、信息分析和决策。下面描述的指挥与控制系统是针对比较大的企业，对小企业可能不需要如此复杂，但基本原则是一样的。

1）应急管理组。应急管理组全面负责和控制所有与事故相关的活动。应急管理组由应急指挥领导，应急指挥由设施管理者担任，负责指挥和控制应急事物的所有方面。应急组其他成员为高层管理者，其主要工作是评估事件的短期和长期影响，下达撤离或关闭设施的命令，接待外部组织、媒体和发布新闻。

2）事故指挥系统。事故指挥系统可提供协调的响应、清晰的命令链和安全操作链。事故指挥官通过应急操作中心负责事故的前线管理、战术规划与实施，决定是否需要外部帮助，转达对内部资源的要求或对外部帮助的要求。事故指挥官是有决定权的管理人员，工作职责为担任指挥，评估形势，实施应急管理预案，决定响应策略，命令撤离，督查所有事故响应活动和宣布事故结束。

3）应急操作中心。应急操作中心是应急管理的中心，主要负责根据事故指挥官和其他人员提供的信息进行决策。应急操作中心应位于设施中不容易卷入事故的地方，可以是经理办公室、会议室、安全部门和培训中心等，并明确一个备用位置以防万一。应急操作中心的资源包括通信设备、应急管理预案拷贝和应急操作中心程序、设计图、地图和形势图板、应急操作中心人员和职责说明清单、技术信息和应急者使用的数据、建筑保卫系统信息、电话目录、备用电源、通信与照明以及应急供应等。

4）预案应考虑的问题。预案应考虑的问题包括以下两个方面。

第一，建立操作与控制系统，包括明确指定任务的人员的职责；明确灭火、医疗健康管理服务、工程的程序和责任；明确接任顺序；确保关键岗位的领导、权力和责任的连续性；明确每一响应功能需要的设备与供应等。

第二，安排所有人员识别并报告紧急情况，警告其他员工，采取保卫与安全措施，安全撤离和提供培训等。

5）保卫。事故一开始就应隔离现场，如果可能，发现者应该保护现场并限制人员接近，但是不能让任何人冒险进行这项工作。基本保卫措施包括关闭门窗、人员安全撤离后用家具建立临时障碍、在危险材料泄漏的路径上设置围堵设施并关上文件柜和抽屉。只有受过专业训练的人才允许进行高级的保卫措施，进入设施、应急操作中心和事故现场的人限于应急响应中直接有关的人。

6）外部响应的协调。在某些情况下，由于法律规定、法律规范的要求、事先的协议以及紧急事件的性质需要事故指挥官将操作移交给外部机构，实施工厂与外部响应组织之间的协议。工厂的事故指挥官应向社区的事故指挥官提供完整的形势报告，并追踪现场组织和协调应急响应，这可以帮助增加个人的安全性和责任感，避免重复工作。

**2. 通信**

在应急反应期间，通信是必不可少的，主要用于报告紧急情况、警告危险、保持与家庭和不当班员工联系以通报设施的事件和协调应急行动、保持与客户和供应商接触等。

1）通信系统。要考虑通信方面所有可能的事故，包括暂时的或短期的中断和完全的通信瘫痪。主要考虑以下6个方面的内容：①设施的日常功能和支持这些功能的通信，包括语音和数据；②一旦出现通信故障将对企业造成什么冲击，在紧急事件中造成怎样的冲击；③确定所有设施通信的优先顺序，决定紧急事件期间哪个应首先恢复；④建立恢复通信系统的程序；⑤与通信提供商就其通信应急响应能力进行协商，建立恢复服务的程序；⑥决定是否需要就每一岗位提供备用通信手段。

2）应急通信。紧急事件中的应急通信系统包括紧急响应者之间、紧急响应者与事故指挥官、事故指挥官与应急操作中心、事故指挥官与员工、应急操作中心与外部响应组织、应急操作中心与相邻企业、应急操作中心与员工家庭、应急操作中心与顾客以及应急操作中心与媒体等的通信。应急通信方法包括信使、电话、无线对讲机、传真机、微波通信、卫星通信、调制解调器、局域网和手势等。

3）家庭通信。要制定紧急事件中与员工家庭通信的预案，具体包括3个方面：①考虑在紧急事件中互相分离或受伤时怎样与家庭联系；②在紧急事件中安排与所有家庭成员进行电话联系；③一旦紧急事件中不能回家，安排会见家庭成员的地方。

4）通告。建立向员工报告紧急事件的程序，将紧急电话号码贴在每一部电话机旁、公告栏以及其他显著的位置，保持应急响应关键人员住址、电话号码或其他联系手段的更新，收听气象台发布的暴雨、飓风及其他恶劣天气的警报，预先确定政府机构需要的通告，通告应该在事故可能影响公众健康与安全时立即发出。

5）警报。设立紧急事件中警告个人的系统，包括能被设施中的人听见或看见、有辅助电力供应和清晰可分辨的信号，必须有警告残疾者的预案，例如，通过闪光灯警告听力下降者。建立报警程序，用来警告顾客、承包商、来访者和其他不熟悉设施报警系统的人。对于报警系统至少应每月进行一次测试。

## 3. 生命安全

紧急事件期间保护设施中每个人的健康和安全是最重要的。

1）撤离计划。撤离是最普通的保护措施。编写撤离政策的程序如下：①决定需要撤离的条件；②建立清晰的命令链，明确有发布撤离命令权力的人，任命撤离管理人员帮助他人撤离和清点人数；③建立特定撤离程序和清点人数的系统，较远撤离时应考虑员工的交通问题；④建立程序帮助有残疾的人员和语言不通的人员；⑤张贴撤离程序；⑥任命撤离过程中继续或中断关键操作的人员，他们必须有能力判断何时放弃操作，撤离自己。

2）撤离路线与出口。指定主要和备用的撤离路线和出口，要有清晰标记和照明，要安装应急照明以备撤离时停电。撤离路线和应急出口应有足够宽度以容纳撤离人数，任何时候都干净无障碍，不太可能暴露在另外的危险中。撤离路线须经非本单位人员评价过。

3）集合区与人数清点。集合区的混乱可能导致不必要的和危险的搜救操作，应明确撤离后的集合地点，撤离后清点人数，应确定未到者的姓名和最后所在位置并提交应急操作中心，建立清点供应商、顾客等其他非本单位员工的程序，并建立进一步撤离程序以防事故扩大，包括让员工回家或提供交通工具到安全地点。

4）躲避。在有些紧急事件中，不论在设施内还是设施外的公共建筑内，最好的保护措施就是躲避。在躲避中要考虑躲避的条件，确认设施内或社区的躲避空间，建立让个人躲避的程序，确定必需的应急供应，如水、食物和医疗设施等。如果需要，任命躲避场所管理者，制订与地方当局的协调计划。

5）训练与信息。训练员工撤离、躲避或其他安全程序。至少每年训练一次，对于新员工、撤离管理员、躲避场所管理者和其他有特殊安排的人必须进行训练。当引进新装备、材料或过程、更新或修订程序、改进员工的练习行动时，也必须进行训练。提供的应急信息包括检查表和撤离图、关键地方张贴的撤离图以及考虑顾客或其他来访者需要的信息。

6）家庭的准备。帮助员工安置家庭成员。以家庭为单元，做好应对紧急事件的准备，这将增加员工个人的安全性，减少其对家人的担忧，才能尽快投入新的救援或生产活动。

## 4. 财产保护

紧急事件发生时应保护设施、设备和关键的记录，这对以后恢复生产是必需的。保护的设施包括防火系统、防雷系统、液位监测系统、溢流检测装置、自动关闭装置和应急发电系统等。设施关闭通常是最后的措施，一些设施只需要简单的关闭程序，例如，关掉设备、锁门、发警报，但对大的设施需要复杂的关闭程序。保存必要记录对于恢复操作是非常重要的，这些记录包括财务与保险信息、工程计划与工程图、产品清单与说明书、员工、顾客、供应商数据库、配方与商业秘密、个人资料等。

## 5. 外部组织

与社区、外部组织的关系会影响保护人员和财产以及恢复操作的能力。应急预案中涉及的外部组织如下。

1）涉及社区。与社区领导、应急负责人、政府机构、社区组织与公共事业部门保持对话，定期会见社区应急人员，评审应急预案与程序，讨论为准备与防止紧急事故可以做些什么。

2）互助协议。为避免应急响应中的混乱和冲突，应与地方应急响应机构和相邻企业建立互助协议。包括确定帮助的类型、激活协议的命令链和确定通信程序。

3）为社区服务。在涉及整个社区的紧急事件中，企业需要在人员、设备、掩蔽设施、培训、储存、饲养设施、应急操作中心设施、食品、衣物、建筑材料、资金和运输等方面帮助社区。

4）公众信息。当紧急事件扩大至设施外时，社区要了解事故的性质、公众安全和健康是否处于危险中、怎么解决问题、如何阻止事态恶化，就要确定事件可能影响到的人，明确他们需要的信息。这些人包括公众、媒体、员工与退休员工、协会、承包商和供应商、顾客、股东、应急响应组织、管理机构、指定与选举的官员、特殊兴趣组织和邻居等。

5）与媒体的关系。媒体是紧急事件中与公众最重要的联系途径。紧急事件期间向媒体提供信息时，应做到给所有媒体接触信息的平等的机会，可能时发布简报或召开记者招待会。同时确保现场媒体代表的安全，保存发布信息的记录。

值得注意的是，要避免对有关事故进行猜测，不允许非授权人发表信息，不得掩盖事实或误导媒体，不得谴责事故。

**6. 恢复与重建**

事故过后应着手恢复操作。恢复操作包括以下内容。

1）建立恢复组织，建立恢复操作优先顺序。

2）继续保持个人与财产安全，评估残余危害，保留现场安全保卫。

3）召开员工会议。

4）保留详细记录，包括声音记录、损害的照片和录像带。

5）统计损失情况，建立损失的账目。

6）事件后通告程序，通报员工家庭有关个人的财产状况，通报不在岗人员的工作状态，通报保险公司和有关政府机构。

7）保护未损坏财产，关闭建筑进口，清除烟、水和其他残骸，保护设备防止受潮，恢复供电。

8）进行事故调查，与政府有关部门协调行动。

**7. 管理与后勤**

保持完整、准确的记录有助于更加有效地应急响应和恢复程序。

1）管理行为。事件前的管理行为包括建立书面的应急管理预案、保留培训记录、保留所有书面通信记录、演练与演习的文件与鉴定、预案编制活动中涉及的社区应急响应组织等。紧急事件期间和以后的管理行为包括保存电话记录、保存详细的事故记录、保存受伤及随后行为的记录、清点人数、协调家庭成员的通告、发布新闻、保存取样记录、管理资金、协调个人服务、事件调查与恢复操作文件等。

2）后勤。紧急事件前，后勤的主要工作为采购设备、储存供应、明确应急设施、建立培训设施、建立互助协议和准备资源清单。应急期间的后勤是为应急响应者提供设施图，向员工提供材料安全数据单，安装备用设备，维修零件，安排医疗支持、食物、交通以及躲避设施，提供备用电源和提供备用通信。

## 6.5　事故应急预案

### 6.5.1　应急预案及其作用

应急预案是指针对可能发生的事故，为最大程度减少事故损害而预先制定的应急准备工作方案。

应急预案的管理实行属地为主、分级负责、分类指导、综合协调、动态管理的原则。制定事故应急预案是贯彻落实"安全第一、预防为主、综合治理"方针，提高应对风险和防范事故能力，保证员工安全健康和公众生命安全，最大限度地减少财产损失、环境损害和社会影响的重要措施。

1）应急预案确定了应急救援的范围和体系，使应急管理不再无据可依、无章可循。尤其是通过培训和演习，可以使应急人员熟悉自己的任务，具备完成指定任务所需的相应能力，并检验预案和行动程序，评估应急人员的整体协调性。

2）应急预案有利于及时应急响应，降低事故后果。应急预案预先明确了应急各方的职责和响应程序，在应急资源等方面进行了先期准备，可以指导应急救援迅速、高效、有序地开展，将事故的人员伤亡、财产损失和环境破坏降到最低限度。

3）应急预案是各类突发事故的应急基础。通过编制应急预案，可以对那些事先无法预料到的突发事故起到基本的应急指导作用，成为开展应急救援的"底线"。在此基础上，可以针对特定事故类别，编制专项应急预案，并有针对性地开展专项应急准备活动。

4）应急预案建立了与上级单位和部门应急救援体系的衔接。通过编制应急预案，可以确保当发生超过本级应急能力的重大事故时与有关应急机构的联系和协调。

5）应急预案有利于提高风险防范意识。应急预案的编制、评审、发布、宣传、教育和培训，有利于各方了解可能面临的事故及其相应的应急措施，有利于促进各方提高风险防范意识和能力。

### 6.5.2　应急预案体系

《国家突发公共事件总体应急预案》规定全国应急预案体系有 6 大类。

1）总体应急预案。国务院制定国家突发事件总体应急预案，总体应急预案是全国应急预案体系的总纲，是国务院应对特别重大突发公共事件的规范性文件。

2）专项应急预案。国务院组织制定国家突发事件专项应急预案，专项应急预案是应对某一类型或某几种类型突发事件而制定的应急预案。

3）部门应急预案。国务院有关部门根据总体应急预案、专项应急预案和部门职责制定国家突发事件部门应急预案。

4）地方应急预案。地方应急预案包括省级人民政府总体应急预案、专项应急预案和部门应急预案。各市（地）、县（市）人民政府及其基层政权组织的应急预案。预案在省级人民政府的领导下，按照分类管理、分级负责的原则，由地方人民政府及其有关部门分别制定。

5）企事业单位应急预案。企事业单位根据有关法律法规制定的应急预案，由企事业单位结合各自特点和实际情况制定。预案明确了企事业单位是其内部发生的突发事件的责任主体，是各单位应对突发事件的操作指南。

6）重大活动应急预案。举办较大规模的集会、庆典、会展和文化体育等重大活动，主办单位按照"谁主办、谁负责"的原则，根据有关法律、法规和政府制定相关应急预案。

### 6.5.3 生产经营单位应急预案

**1. 应急预案分类**

生产经营单位的应急预案分为综合应急预案、专项应急预案和现场处置方案。生产经营单位应根据有关法律、法规和相关标准，结合本单位组织管理体系、生产规模和可能发生的事故特点，科学合理确立本单位的应急预案体系，并注意与其他类别应急预案相衔接。

A. 综合应急预案

综合应急预案是生产经营单位为应对各种生产安全事故而制定的综合性工作方案，是本单位应对生产安全事故的总体工作程序、措施和应急预案体系的总纲。

综合应急预案主要内容如下。

（1）总则

1）适用范围。说明应急预案适用的范围。

2）响应分级。依据事故危害程度、影响范围和生产经营单位控制事态的能力，对事故应急响应进行分级，明确分级响应的基本原则。响应分级不必照搬事故分级。

（2）应急组织机构及职责

明确应急组织形式（可用图示）及构成单位（部门）的应急处置职责。应急组织机构可设置相应的工作小组，各小组具体构成、职责分工及行动任务应以工作方案的形式作为附件。

（3）应急响应

1）信息报告。

信息接报：明确应急值守电话、事故信息接收、内部通报程序、方式和责任人，向上级主管部门、上级单位报告事故信息的流程、内容、时限和责任人，以及向本单位以外的有关部门或单位通报事故信息的方法、程序和责任人。

信息处置与研判：①明确响应启动的程序和方式。根据事故性质、严重程度、影响范围和可控性，结合响应分级明确的条件，可由应急领导小组做出响应启动的决策并宣布，或者依据事故信息是否达到响应启动的条件自动启动。②若未达到响应启动条件，应急领导小组可做出预警启动的决策，做好响应准备，实时跟踪事态发展。③响应启动后，应注意跟踪事态发展，科学分析处置需求，及时调整响应级别，避免响应不足或过度响应。

2）预警。

预警启动：明确预警信息发布渠道、方式和内容。

响应准备：明确做出预警启动后应开展的响应准备工作，包括队伍、物资、装备、后勤及通信。

预警解除：明确预警解除的基本条件、要求及责任人。

3）响应启动。确定响应级别，明确响应启动后的程序性工作，包括应急会议召开、信息上报、资源协调、信息公开、后勤及财力保障工作。

4）应急处置。明确事故现场的警戒疏散、人员搜救、医疗救治、现场监测、技术支持、工程抢险及环境保护方面的应急处置措施，并明确人员防护的要求。

5）应急支援。明确当事态无法控制情况下，向外部（救援）力量请求支援的程序及要求、联动程序及要求，以及外部（救援）力量到达后的指挥关系。

6）响应终止。明确响应终止的基本条件、要求和责任人。

（4）后期处置

明确污染物处理、生产秩序恢复、人员安置方面的内容。

（5）应急保障

1）通信与信息保障。明确应急保障的相关单位及人员通信联系方式和方法，以及备用方案和保障责任人。

2）应急队伍保障。明确相关的应急人力资源，包括专家、专兼职应急救援队伍及协议应急救援队伍。

3）物资装备保障。明确本单位的应急物资和装备的类型、数量、性能、存放位置、运输及使用条件、更新及补充时限、管理责任人及其联系方式，并建立台账。

4）其他保障。根据应急工作需求而确定的其他相关保障措施（如能源保障、经费保障、交通运输保障、治安保障、技术保障、医疗保障及后勤保障）。

B. 专项应急预案

专项应急预案是生产经营单位为应对某一种或者多种类型生产安全事故，或者针对重要生产设施、重大危险源、重大活动防止生产安全事故而制定的专项工作方案。

专项应急预案与综合应急预案中的应急组织机构、应急响应程序相近时，可不编写专项应急预案，相应的应急处置措施并入综合应急预案。

专项应急预案主要内容如下。

（1）适用范围

说明专项应急预案适用的范围，以及与综合应急预案的关系。

（2）应急组织机构及职责

明确应急组织形式（可用图示）及构成单位（部门）的应急处置职责、应急组织机构以及各成员单位或人员的具体职责。应急组织机构可以设置相应的应急工作小组，各小组具体构成、职责分工及行动任务建议以工作方案的形式作为附件。

（3）响应启动

明确响应启动后的程序性工作，包括应急会议召开、信息上报、资源协调、信息公开、后勤及财力保障工作。

（4）处置措施

针对可能发生的事故风险、危害程度和影响范围，明确应急处置指导原则，制定相应的应急处置措施。

（5）应急保障

根据应急工作需求明确保障的内容。

C. 现场处置方案

现场处置方案是生产经营单位根据不同生产安全事故类型，针对具体场所、装置或者设施所制定的应急处置措施。现场处置方案重点规范事故风险描述、应急工作职责、应急处置措施和注意事项，应体现自救互救、信息报告和先期处置的特点。

事故风险单一、危险性小的生产经营单位，可只编制现场处置方案。

现场处置方案主要内容如下。

（1）事故风险描述

简述事故风险评估的结果。事故风险描述主要包括：①事故类型；②事故发生的区域、地点或装置的名称；③事故发生的可能时间、事故的危害严重程度及其影响范围；④事故前可能出现的征兆；⑤事故可能引发的次生、衍生事故。

（2）应急工作职责

明确应急组织分工和职责。根据现场工作岗位、组织形式及人员构成，明确各岗位人员的应急工作分工和职责。

（3）应急处置

应急处置包括但不限于下列内容。

1）应急处置程序。根据可能发生的事故及现场情况，明确事故报警、各项应急措施启动、应急救护人员的引导、事故扩大及同生产经营单位应急预案的衔接程序。

2）现场应急处置措施。针对可能发生的事故从人员救护、工艺操作、事故控制、消防和现场恢复等方面制定明确的应急处置措施。

3）明确报警负责人和报警电话及上级管理部门、相关应急救援单位联络方式和联系人员，事故报告基本要求和内容。

（4）注意事项

注意事项包括人员防护和自救互救、装备使用和现场安全等方面的内容。①佩戴个人防护器具方面的注意事项；②使用抢险救援器材方面的注意事项；③采取救援对策或措施方面的注意事项；④现场自救和互救注意事项；⑤现场应急处置能力确认和人员安全防护等事项；⑥应急救援结束后的注意事项；⑦其他需要特别警示的事项。

**2. 应急预案编制程序**

生产经营单位主要负责人负责组织编制和实施本单位的应急预案，并对应急预案的真实性和实用性负责；各分管负责人应当按照职责分工落实应急预案规定的职责。生产经营单位应急预案应当包括向上级应急管理机构报告的内容、应急组织机构和人员的联系方式、应急物资储备清单等附件信息。附件信息发生变化时，应当及时更新，确保准确有效。

应急预案编制应当遵循以人为本、依法依规、符合实际、注重实效的原则，以应急处置为核心，体现自救互救和先期处置的特点，做到职责明确、程序规范、措施科学，尽可能简明化、图表化、流程化。

生产经营单位应急预案编制程序包括成立应急预案编制工作组、资料收集、风险评估、应急资源调查、应急预案编制、桌面推演、应急预案评审和批准实施8个步骤。

（1）成立应急预案编制工作组

结合本单位职能和分工，成立以单位有关负责人为组长，单位相关部门人员（如生产、技术、设备、安全、行政、人事和财务人员）参加的应急预案编制工作组，明确工作职责和任务分工，制订工作计划，组织开展应急预案编制工作。预案编制工作组中应邀请相关救援队伍以及周边相关企业、单位或社区代表参加。

（2）资料收集

应急预案编制工作组应收集的相关资料如下。

1）适用的法律法规、部门规章、地方性法规和政府规章、技术标准及规范性文件。

2）企业周边地质、地形、环境情况及气象、水文、交通资料。

3）企业现场功能区划分、建（构）筑物平面布置及安全距离资料。

4）企业工艺流程、工艺参数、作业条件、设备装置及风险评估资料。

5）本企业历史事故与隐患、国内外同行业事故资料。

6）属地政府及周边企业、单位应急预案。

（3）风险评估

开展生产安全事故风险评估，撰写评估报告，其内容包括但不限于以下 3 个方面。

1）辨识生产经营单位存在的危险有害因素，确定可能发生的生产安全事故类别。

2）分析各种事故类别发生的可能性、危害后果和影响范围。

3）评估确定相应事故类别的风险等级。

（4）应急资源调查

全面调查和客观分析本单位以及周边单位和政府部门可请求援助的应急资源状况，撰写应急资源调查报告，其内容包括但不限于以下 4 个方面。

1）本单位可调用的应急队伍、装备、物资和场所。

2）针对生产过程及存在的风险可采取的监测、监控和报警手段。

3）上级单位、当地政府及周边企业可提供的应急资源。

4）可协调使用的医疗、消防、专业抢险救援机构及其他社会应急救援力量。

（5）应急预案编制

应急预案编制工作包括但不限于以下 4 个方面。

1）依据事故风险评估及应急资源调查结果，结合本单位组织管理体系、生产规模及处置特点，合理确立本单位应急预案体系。

2）结合组织管理体系及部门业务职能划分，科学设定本单位应急组织机构及职责分工。

3）依据事故可能的危害程度和区域范围，结合应急处置权限及能力，清晰界定本单位的响应分级标准，制定相应层级的应急处置措施。

4）按照有关规定和要求，确定事故信息报告、响应分级与启动、指挥权移交、警戒疏散方面的内容，落实与相关部门和单位应急预案的衔接。

（6）桌面推演

按照应急预案明确的职责分工和应急响应程序，结合有关经验教训，相关部门及其人员可采取桌面推演的形式，模拟生产安全事故应对过程，逐步分析讨论并形成记录，检验应急预案的可行性，并进一步完善应急预案。

（7）应急预案评审

应急预案评审是对新编制或修订的应急预案内容的适用性所开展的分析评估及审定过程。

应急预案编制完成后，生产经营单位应按法律法规有关规定组织评审或论证。参加应急预案评审的人员可包括有关安全生产及应急管理方面的、有现场处置经验的专家。应急预案论证可通过推演的方式开展。

应急预案评审内容主要包括：风险评估和应急资源调查的全面性、应急预案体系设计的针对性、应急组织体系的合理性、应急响应程序和措施的科学性、应急保障措施的可行性和应急预案的衔接性。

应急预案评审程序包括下列步骤。

1）评审准备。成立应急预案评审工作组，落实参加评审的专家，将应急预案、编制说明、风险评估、应急资源调查报告及其他有关资料在评审前送达参加评审的单位或人员。

2）组织评审。评审采取会议审查形式，企业主要负责人参加会议，会议由参加评审的专家共同推选出的组长主持，按照议程组织评审；表决时，应有不少于出席会议专家人数的三分之二同意方为通过；评审会议应形成评审意见（经评审组组长签字），附参加评审会议的专家签字表。表决的投票情况应以书面材料记录在案，并作为评审意见的附件。

3）修改完善。生产经营单位应认真分析研究，按照评审意见对应急预案进行修订和完善。评审表决不通过的，生产经营单位应修改完善后按评审程序重新组织专家评审，生产经营单位应写出根据专家评审意见的修改情况说明，并经专家组组长签字确认。

（8）批准实施

通过评审的应急预案，由生产经营单位主要负责人签发实施。

**3. 应急预案附件**

（1）生产经营单位概况

简述本单位地址、从业人数、隶属关系、主要原材料、主要产品、产量，以及重点岗位、重点区域、周边重大危险源、重要设施、目标、场所和周边布局情况。

（2）风险评估的结果

简述本单位风险评估的结果。

（3）预案体系与衔接

简述本单位应急预案体系构成和分级情况，明确与地方政府及其有关部门、其他相关单位应急预案的衔接（可用图示）。

（4）应急物资装备的名录或清单

列出应急预案涉及的主要物资和装备名称、型号、性能、数量、存放地点、运输和使用条件、管理责任人和联系电话等。

（5）有关应急部门、机构或人员的联系方式

列出应急工作中需要联系的部门、机构或人员及其多种联系方式。

（6）格式化文本

列出信息接报、预案启动和信息发布等格式化文本。

（7）关键的路线、标识和图纸

关键的路线、标识和图纸包括但不限于：①警报系统分布及覆盖范围；②重要防护目标、风险清单及分布图；③应急指挥部（现场指挥部）位置及救援队伍行动路线；④疏散路线、集结点、警戒范围及重要地点的标识；⑤相关平面布置、应急资源分布的图纸；⑥生产经营单位的地理位置图、周边关系图及附近交通图；⑦事故风险可能导致的影响范围图；⑧附近医院地理位置图及路线图。

（8）有关协议或者备忘录

列出与相关应急救援部门签订的应急救援协议或备忘录。

附录 A（资料性附录）生产安全事故风险评估报告编制大纲

A.1　危险有害因素辨识。描述生产经营单位危险有害因素辨识的情况（可用列表形式表述）。

A.2　事故风险分析。描述生产经营单位事故风险的类型、事故发生的可能性、危害后果和影响范围（可用列表形式表述）。

A.3　事故风险评价。描述生产经营单位事故风险的类别及风险等级（可用列表形式表述）。

A.4　结论建议。得出生产经营单位应急预案体系建设的计划建议。

附录 B（资料性附录）生产安全事故应急资源调查报告编制大纲

B.1　单位内部应急资源。按照应急资源的分类，分别描述相关应急资源的基本现状、功能完善程度、受可能发生事故的影响程度（可用列表形式表述）。

B.2　单位外部应急资源。描述本单位能够调查或掌握可用于参与事故处置的外部应急资源情况（可用列表形式表述）。

B.3　应急资源差距分析。依据风险评估结果得出本单位的应急资源需求，与本单位现有内外部应急资源对比，提出本单位内外部应急资源补充建议。

附录 C（资料性附录）应急预案编制格式和要求

C.1　封面。应急预案封面主要包括应急预案编号、应急预案版本号、生产经营单位名称、应急预案名称及颁布日期。

C.2　批准页。应急预案应经生产经营单位主要负责人批准方可发布。

C.3　目次。应急预案应设置目次，目次中所列的内容及次序如下。

a）批准页；b）应急预案执行部门签署页；c）章的编号、标题；d）带有标题的条的编号、标题（需要时列出）；e）附件，用序号表明其顺序。

# 6.6　事故应急演练

应急演练是应急管理的重要环节，在应急管理工作中有着十分重要的作用。通过开展应急演练，可以实现评估应急准备状态，发现并及时修改应急预案、执行程序等相关工作的缺陷和不足；评估突发公共事件应急能力，识别资源需求，澄清相关机构、组织和人员的职责，改善不同机构、组织和人员之间的协调问题；检验应急响应人员对应急预案、执行程序的了解程度和实际操作技能，评估应急培训效果，分析培训需求。同时，作为一种培训手段，通过调整演练难度，可以进一步提高应急响应人员的业务素质和能力；促进公众、媒体对应急预案的理解，争取他们对应急工作的支持。

## 6.6.1　应急演练的目的与原则

应急演练是指针对可能发生的事故情景，依据应急预案模拟开展的应急活动。

**1. 应急演练的目的**

应急演练的目的主要包括：①检验预案。发现应急预案中存在的问题，提高应急预案的科学性、实用性和可操作性。②锻炼队伍。熟悉应急预案，提高应急人员在紧急情况下妥善处置事故的能力。③磨合机制。完善应急管理相关部门、单位和人员的工作职责，提高协调配合能力。④宣传教育。普及应急管理知识，提高参演和观摩人员风险防范意识和自救互救能力。⑤完善准备。完善应急管理和应急处置技术，补充应急装备和物资，提高其适用性和可靠性。

**3. 应急演练的原则**

1）符合相关规定。按照国家相关法律法规、标准及有关规定组织开展演练。

2）切合企业实际。结合企业生产安全事故特点和可能发生的事故类型组织开展演练。

3）注重能力提高。以提高指挥协调能力、应急处置能力为主要出发点组织开展演练。

4）确保安全有序。在保证参演人员及设备设施安全的条件下组织开展演练。

## 6.6.2　应急演练的类型

### 1. 按组织形式分类

按应急演练组织形式的不同，应急演练可分为桌面演练和现场演练两类。

1）桌面演练。桌面演练指针对事故情景，利用图纸、沙盘、流程图、计算机和视频等辅助手段，依据应急预案而进行交互式讨论或模拟应急状态下应急行动的演练活动。

2）现场演练。现场演练指选择（或模拟）生产经营活动中的设备设施、装置或场所，设定事故情景，依据应急预案而模拟开展的演练活动。

### 2. 按演练内容分类

按应急演练内容的不同，应急演练可以分为单项演练和综合演练两类。

1）单项演练。单项演练指针对应急预案中某项应急响应功能开展的演练活动。

2）综合演练。综合演练指针对应急预案中多项或全部应急响应功能开展的演练活动。

## 6.6.3　应急演练的内容

根据事故情景，应急演练的内容有以下几个方面。

1）预警与报告。向相关部门或人员发出预警信息，并向有关部门和人员报告事故情况。

2）指挥与协调。成立应急指挥部，调集应急救援队伍和相关资源，开展应急救援行动。

3）应急通信。在应急救援相关部门或人员之间进行音频、视频信号或数据信息互通。

4）事故监测。对事故现场进行观察、分析或测定，确定事故严重程度、影响范围和变化趋势等。

5）警戒与管制。建立应急处置现场警戒区域，实行交通管制，维护现场秩序。

6）疏散与安置。对事故可能波及范围内的相关人员进行疏散、转移和安置。

7）医疗卫生。调集医疗卫生专家和卫生应急队伍开展紧急医学救援，并开展卫生监测和防疫工作。

8）现场处置。按照相关应急预案和现场指挥部要求对事故现场进行控制和处理。

9）社会沟通。召开新闻发布会或事故情况通报会，通报事故有关情况。

10）后期处置。应急处置结束后，开展事故损失评估、事故原因调查、事故现场清理和相关善后工作。

11）其他。根据相关行业（领域）安全生产特点开展其他应急工作。

## 6.6.4　应急演练的组织与实施

**1. 演练计划**

演练计划应包括演练目的、类型（形式）、时间、地点、演练主要内容、参加单位和经费预算等。

**2. 演练准备**

（1）成立演练组织机构

综合演练通常成立演练领导小组，下设策划组、执行组、保障组和评估组等专业工作组。根据演练规模大小，其组织机构可进行调整。

1）领导小组。负责演练活动筹备和实施过程中的组织领导工作，具体负责审定演练工作方案、演练工作经费、演练评估总结以及其他需要决定的重要事项等。

2）策划组。负责编制演练工作方案、演练脚本、演练安全保障方案或应急预案、宣传报道材料、工作总结和改进计划等。

3）执行组。负责演练活动筹备及实施过程中与相关单位、工作组的联络和协调，事故情景布置，参演人员调度和演练进程控制等。

4）保障组。负责演练活动工作经费和后勤服务保障，确保演练安全保障方案或应急预案落实到位。

5）评估组。负责审定演练安全保障方案或应急预案，编制演练评估方案并实施，进行演练现场点评和总结评估，撰写演练评估报告。

（2）编制演练文件

1）演练工作方案。演练工作方案内容主要包括：①应急演练目的及要求；②应急演练事故情景设计；③应急演练规模及时间；④参演单位和人员主要任务及职责；⑤应急演练筹备工作内容；⑥应急演练主要步骤；⑦应急演练技术支撑及保障条件；⑧应急演练评估与总结。

2）演练脚本。根据需要，可编制演练脚本。演练脚本是应急演练工作方案具体操作实施的文件，帮助参演人员全面掌握演练进程和内容。演练脚本一般采用表格形式，主要内容包括：①演练模拟事故情景；②处置行动与执行人员；③指令与对白、步骤及时间安排；④视频背景与字幕；⑤演练解说词等。

3）演练评估方案。演练评估方案通常包括：①演练信息，即应急演练目的和目标、情景描述、应急行动与应对措施简介等；②评估内容，即应急演练准备、应急演练组织与实施、应急演练效果等；③评估标准，即应急演练各环节应达到的目标评判标准；④评估程序，即演练评估工作的主要步骤及任务分工；⑤附件，即演练评估所需要用到的相关表格等。

4）演练保障方案。针对应急演练活动可能发生的意外情况，制定演练保障方案或应急预案，并进行演练，做到相关人员应知应会，熟练掌握。演练保障方案应包括应急演练可能发生的意外情况、应急处置措施及责任部门、应急演练意外情况中止条件与程序等。

5）演练观摩手册。根据演练规模和观摩需要，可编制演练观摩手册。演练观摩手册通常包括应急演练时间、地点、情景描述、主要环节及演练内容、安全注意事项等。

（3）演练工作保障

1）人员保障。按照演练方案和有关要求，策划、执行、保障、评估和参演等人员参加演练活动，必要时考虑替补人员。

2）经费保障。根据演练工作需要，明确演练工作经费及承担单位。

3）物资和器材保障。根据演练工作需要，明确各参演单位所准备的演练物资和器材等。

4）场地保障。根据演练方式和内容，选择合适的演练场地。演练场地应满足演练活动需要，避免影响企业和公众正常生产、生活。

5）安全保障。根据演练工作需要，采取必要安全防护措施，确保参演、观摩等人员以及生产运行系统安全。

6）通信保障。根据演练工作需要，采用多种公用或专用通信系统，保证演练通信信息通畅。

7）其他保障。根据演练工作需要，提供其他的保障措施。

**3. 应急演练的实施**

1）熟悉演练任务和角色。组织各参演单位和参演人员熟悉各自参演任务和角色，并按照演练方案要求组织开展相应的演练准备工作。

2）组织预演。在综合应急演练前，演练组织单位或策划人员可按照演练方案或脚本组织桌面演练或现场预演，熟悉演练实施过程的各个环节。

3）安全检查。确认演练所需的工具、设备设施、技术资料以及参演人员到位。对应急演练安全保障方案以及设备设施进行检查确认，确保安全保障方案可行，所有设备设施完好。

4）应急演练。应急演练总指挥下达演练开始指令后，参演单位和人员按照设定的事故情景，实施相应的应急响应行动，直至完成全部演练工作。在演练实施过程中出现特殊或意外情况时，演练总指挥可决定中止演练。

5）演练记录。在演练实施过程中，安排专门人员采用文字、照片和音像等手段记录演练过程。

6）评估准备。演练评估人员根据演练事故情景设计以及具体分工，在演练现场实施过程中展开演练评估工作，记录演练中发现的问题或不足，收集演练评估需要的各种信息和资料。

7）演练结束。演练总指挥宣布演练结束，参演人员按预定方案集中进行现场讲评或者有序疏散。

**4. 应急演练频次**

各级人民政府应急管理部门应当至少每两年组织一次应急预案演练，提高本部门、本地区生产安全事故应急处置能力。

生产经营单位应当制定本单位的应急预案演练计划，根据本单位的事故风险特点，每年至少组织一次综合应急预案演练或者专项应急预案演练，每半年至少组织一次现场处置方案演练。

易燃易爆物品、危险化学品等危险物品的生产、经营、储存、运输单位，矿山、金属冶炼、城市轨道交通运营、建筑施工单位，以及宾馆、商场、娱乐场所、旅游景区等人员密集场所经营单位，应当至少每半年组织一次生产安全事故应急预案演练，并将演练情况报送所在地县级以上地方人民政府负有安全生产监督管理职责的部门。

## 6.6.5　应急演练评估、总结与修订

应急预案演练结束后，应急预案演练组织单位应当对应急预案演练效果进行评估，撰写应急预案演练评估报告，分析存在的问题，并对应急预案提出修订意见。

**1. 应急演练评估**

1）现场点评。应急演练结束后，在演练现场，评估人员或评估组负责人对演练中发现的问题、不足及取得的成效进行口头点评。

2）书面评估。评估人员针对演练中观察、记录以及收集的各种信息资料，依据评估标准对应急演练活动全过程进行科学分析和客观评价，并撰写书面评估报告。评估报告的重点是对演练活动的组织和实施、演练目标的实现、参演人员的表现以及演练中暴露的问题进行评估。

矿山、金属冶炼、建筑施工企业和易燃易爆物品、危险化学品等危险物品的生产、经营、储存、运输企业，使用危险化学品达到国家规定数量的化工企业，烟花爆竹生产、批发经营企业和中型规模以上的其他生产经营单位，应当每3年进行一次应急预案评估。

应急预案评估可以邀请相关专业机构或者有关专家、有实际应急救援工作经验的人员参加，必要时可以委托安全生产技术服务机构实施。

**2. 应急演练总结**

演练结束后，由演练组织单位根据演练记录、演练评估报告、应急预案和现场总结等材料，对演练进行全面总结，并形成演练书面总结报告。报告可对应急演练准备、策划等工作进行简要总结分析。参与单位也可对本单位的演练情况进行总结。演练总结报告的内容主要包括：①演练基本概要；②演练发现的问题、取得的经验和教训；③应急管理工作建议。

**3. 演练资料归档与备案**

1）应急演练活动结束后，将应急演练工作方案以及应急演练评估、总结报告等文字资料，以及记录演练实施过程的相关图片、视频、音频等资料归档保存。

2）对主管部门要求备案的应急演练资料，演练组织部门（单位）应将相关资料报主管部门备案。

**4. 应急预案修订**

根据演练评估报告中对应急预案的改进建议，由应急预案编制部门按程序对预案进行修订完善。有下列情形之一的，应急预案应当及时修订并归档。

1）依据的法律、法规、规章、标准及上位预案中的有关规定发生重大变化的。

2）应急指挥机构及其职责发生调整的。

3）安全生产面临的风险发生重大变化的。

4）重要应急资源发生重大变化的。

5）在应急演练和事故应急救援中发现需要修订预案的重大问题的。

6）编制单位认为应当修订的其他情况。

应急预案修订涉及组织指挥体系与职责、应急处置程序、主要处置措施和应急响应分级

等内容变更的，修订工作应当参照应急预案编制程序进行，并按照有关应急预案报备程序重新备案。

## 典型例题

6.1 生产安全事故应急预案的及时修订是保证生产安全事故应急预案针对性、时效性的重要措施。根据《生产安全事故应急预案管理办法》，不属于应当及时修订生产安全事故应急预案的情形是（　　　）。

A. 安全生产风险发生重大变化的　　　B. 重要应急资源发生重大变化的

C. 企业主要负责人发生重大变化的　　D. 在应急演练中发现重大问题的

6.2 某企业安全生产管理部门牵头起草专项应急预案，组织各部门对预案内审，又邀请相关专家外审，由企业主要负责人签发实施。各相关部门组织人员对新颁布的应急预案进行培训，培训过程中，设备部人员提出应急预案中涉及设备部的相关职责与部门实际不符，认为该预案无法有效实施。关于该企业安全生产规章制度管理程序的说法，错误的是（　　　）。

A. 宣布该应急预案无效，重新修订评审发布

B. 该应急预案编制过程符合程序，应继续保持有效性

C. 应按程序完善应急预案中设备部相关职责

D. 该应急预案若存在争议应及时修订后发布执行

6.3 某市某食品加工企业根据相关法规要求，成立应急预案编制小组，制定的应急预案中明确了应急队伍的保障。关于应急队伍的组成，错误的是（　　　）。

A. 专家、专兼职应急救援队伍、周边相关单位或社区代表

B. 应急救援小组、应急救援指挥部、专兼职应急救援队伍

C. 协议应急救援队伍、专家、专兼职应急救援队伍

D. 应急救援小组、协议应急救援队伍、专兼职应急救援队伍

6.4 某石化公司组织了催化裂化装置管线泄漏的现场演练，演练完成后，进行了评估与总结。下列工作内容中，不属于评估与总结阶段的是（　　　）。

A. 在演练现场，评估人员或评估组负责人对演练效果及发现的问题进行口头点评

B. 应急演练结束后，组织应急演练的部门根据问题和建议进行改进

C. 演练组织单位根据演练情况对演练进行全面总结

D. 应急演练结束后，将应急演练文字资料等归档

6.5 甲企业是一家建筑施工企业，乙企业是一家服装生产加工企业，丙企业是一家存在重大危险源的化工生产企业，丁企业是一家办公软件销售与服务企业。甲、乙、丙、丁4家企业根据《生产安全事故应急预案管理办法》开展预案编制工作。关于生产经营单位应急预案编制的做法，错误的是（　　　）。

A. 甲企业董事长指定安全总监为应急预案编制工作组组长

B. 乙企业在编制预案前，开展了事故风险评估和应急资源调查

C. 丁企业编写了火灾、触电现场处置方案

D. 丙企业应急预案经过外部专家评审后，由安全总监签发后实施

## 复习思考题

6.1 简述应急管理的作用。

6.2 什么是应急管理？

6.3 应急管理体系由哪几部分构成？

6.4 生产经营单位的应急预案有哪些？

6.5 如何组织与实施应急演练？

# 第7章

# 法 律 责 任

法律责任是国家管理社会事务所采用的强制当事人依法办事的法律措施。安全生产法律责任主体亦称安全生产法律关系主体，是指依照《安全生产法》的规定享有安全生产权利、负有相应安全生产义务和承担相应责任的社会组织和公民。在安全生产工作中，各类法律关系主体必须履行各自的安全生产法律义务，保障安全生产。法律关系主体如果违反安全生产法律法规，不履行法定义务，就要承担相应法律责任。

## 7.1 法律责任概述

### 7.1.1 法律责任的概念

法律责任是指公民、法人或其他组织实施违法行为而受到的相应法律制裁。法律责任是由国家强制力来保障实施的，对于维护法律尊严、教育违法者和广大公民自觉守法具有重要意义。

法律责任的构成要件是指构成法律责任必须具备的各种条件或必须符合的标准，它是国家机关要求行为人承担法律责任时进行分析、判断的标准。根据违法行为的一般特点，法律责任的构成要件可分为主体、过错、违法行为、损害事实和因果关系5个方面。

1）主体。法律责任主体，是指违法主体或者承担法律责任的主体。责任主体不完全等同于违法主体。

2）过错。过错即承担法律责任的主观故意或者过失。

3）违法行为。违法行为是指违反法律所规定的义务、超越权利的界限行使权利以及侵权行为的总称，一般认为违法行为包括犯罪行为和一般违法行为。

4）损害事实。损害事实即受到的损失和伤害的事实，包括对人身、对财产、对精神（或者三方面兼有的）的损失和伤害。

5）因果关系。因果关系即行为与损害之间的因果关系，是存在于自然界和人类社会中的各种因果关系的特殊形式。

法律责任的特点：①法律责任是一种因违反法律上的义务（包括违约等）关系而形成的责任关系，是以法律义务的存在为前提的；②法律责任表示一种责任方式，即承担不利后果；③法律责任具有内在逻辑性，即存在前因与后果的逻辑关系；④法律责任的追究是由国家强制力来保障实施的。

追究法律责任的原则包括：个人负责，不株连原则；重在教育原则；依法追究法律责任原则。

## 7.1.2　法律责任的形式

安全生产活动中，违法行为法律责任的形式有 3 种：行政责任、民事责任和刑事责任。在现行有关安全生产的法律、行政法规中，《安全生产法》采用的法律责任形式最全，设定的处罚种类最多，实施处罚的力度最大。

（1）行政责任

行政责任是指责任主体违反安全生产法律规定，由有关人民政府和负有安全生产监督管理职责的部门、公安机关依法对其实施行政处罚的一种法律责任。行政责任在追究安全生产违法行为的法律责任方式中运用最多。《安全生产法》针对安全生产违法行为设定的行政处罚有：责令停产停业整顿、责令停止建设、停止使用、罚款、没收违法所得、吊销证照、行政拘留、关闭等多种行政处罚，这在我国有关安全生产的法律、行政法规设定行政处罚的种类中是最多的。

（2）民事责任

民事责任是指责任主体违反安全生产法律规定造成民事损害，由人民法院依照民事法律强制其进行民事赔偿的一种法律责任。民事责任的追究是为了最大限度地维护当事人受到民事损害时享有获得民事赔偿的权利。《安全生产法》是我国众多的安全生产法律、行政法规中首先设定民事责任的法律。

（3）刑事责任

刑事责任是指责任主体违反安全生产法律规定构成犯罪，由司法机关依照刑事法律给予刑罚的一种法律责任。依法处以剥夺犯罪分子人身自由的刑罚，是 3 种法律责任中最严厉的。为了制裁那些严重的安全生产违法犯罪分子，《安全生产法》设定了刑事责任。《刑法》有关安全生产违法行为的罪名，主要有重大责任事故罪，重大劳动安全事故罪，强令、组织他人违章冒险作业罪，危险作业罪，危险物品肇事罪，不报、谎报安全事故罪，提供虚假证明文件罪，以及国家工作人员职务犯罪等。

## 7.1.3　违法行为的责任主体

安全生产违法行为的责任主体，是指依照《安全生产法》的规定享有安全生产权利、负有安全生产义务和承担法律责任的社会组织和公民。责任主体主要包括 4 种。

（1）有关人民政府和负有安全生产监督管理职责的部门及其领导人、负责人

《安全生产法》明确规定了地方各级人民政府和负有安全生产监督管理职责的部门对其管辖行政区域和职权范围内的安全生产工作进行监督管理。监督管理既是法定职权，又是法定职责。如果由于有关地方人民政府和负有安全生产监督管理职责的部门的领导人和负责人违反法律规定而导致重大、特别重大事故，执法机关将依法追究因其失职、渎职和负有领导责任的行为所应承担的法律责任。

（2）生产经营单位及其负责人、有关主管人员

《安全生产法》对生产经营单位的安全生产行为做出了规定，生产经营单位必须依法从事生产经营活动，否则将负法律责任。《安全生产法》第二十一条规定了生产经营单位主要负责人应负的七项安全生产职责；第二十五条、第二十六条对安全生产管理机构以及安全生

产管理人员的职责做出了规定；《安全生产法》第五条对其他负责人的安全生产管理职责作了规定。生产经营单位的主要负责人、其他负责人和安全生产管理人员是安全生产工作的直接管理者，保障安全生产是他们义不容辞的责任。

（3）生产经营单位的从业人员

从业人员直接从事生产经营活动，他们往往是各种事故隐患和不安全因素的第一知情者和直接受害者。从业人员的安全素质高低，对安全生产至关重要。所以，《安全生产法》在赋予他们必要的安全生产权利的同时，设定了他们必须履行的安全生产义务。如果因从业人员违反安全生产义务而导致事故，那么必须承担相应的法律责任。

（4）安全生产专业服务机构和安全生产专业服务人员

《安全生产法》第十五条规定："依法设立的为安全生产提供技术、管理服务的机构，依照法律、行政法规和执业准则，接受生产经营单位的委托为其安全生产工作提供技术、管理服务。生产经营单位委托前款规定的机构提供安全生产技术、管理服务的，保证安全生产的责任仍由本单位负责。"从事安全生产评价认证、检测检验、咨询服务等工作的机构及其安全生产的专业工程技术人员，必须具有执业资质才能依法为生产经营单位提供服务。如果专业机构及其工作人员对其承担的安全评价、认证、检测、检验事项出具虚假明，视其情节轻重，将追究其行政责任、民事责任和刑事责任。

## 7.1.4　行政处罚的决定机关

安全生产违法行为行政处罚的决定机关亦称行政执法主体，是指法律、法规授权履行法律实施职权和负责追究有关法律责任的国家行政机关。《安全生产法》是安全产领域的基本法律，其实施涉及多个行政机关，其执法主体不是一个而是多个。依法实施行政处罚是有关行政机关的法定职权。行政责任是采用最多的法律责任形式，它是国家机关依法行政的主要手段。具体地说，《安全生产法》规定的行政执法主体有4种。

（1）县级以上人民政府应急管理部门

《安全生产法》第十条第一款规定："国务院应急管理部门依照本法，对全国安全产工作实施综合监督管理；县级以上地方各级人民政府应急管理部门依照本法，对本行区域内安全生产工作实施综合监督管理。"第一百一十五条规定："本法规定的行政处罚，由应急管理部门和其他负有安全生产监督管理职责的部门按照职责分工决定。"应急管部门有权依据《安全生产法》的规定做出处罚决定。

（2）县级以上人民政府其他负有安全生产监督管理职责的部门

《安全生产法》第十条第二款规定："国务院交通运输、住房和城乡建设、水利、民航等有关部门依照本法和其他有关法律、行政法规的规定，在各自的职责范围内对有关行业、领域的安全生产工作实施监督管理；县级以上地方各级人民政府有关部门依照本法和其他有关法律、法规的规定，在各自的职责范围内对有关行业、领域的安全生产工作实施监督管理。对新兴行业、领域的安全生产监督管理职责不明确的，由县级以上地方各级人民政府按照业务相近的原则确定监督管理部门。"第一百一十五条规定：本法规定的处罚，由应急管理部门和其他负有安全生产监督管理职责的部门按照职责分工决定。

（3）县级以上人民政府

生产经营单位存在《安全生产法》第一百一十三条规定的应关闭情形之一的，负有安全生产监督管理职责的部门应当提请地方人民政府予以关闭，有关部门应当依法吊销其有关证照。《安全生产法》第一百一十五条也规定"予以关闭的行政处罚，由负有安全生产监督管理职责的部门报请县级以上人民政府按照国务院规定的权限决定"。这就是说，关闭的行政处罚的执法主体只能是县级以上人民政府，其他部门无权决定此项行政处罚。这是考虑到关闭一个生产经营单位会牵涉一些有关部门的参加或配合，由政府做出关闭决定并且组织实施将比有关部门执法的力度更大。

（4）公安机关

《安全生产法》第一百一十条规定，生产经营单位的主要负责人在本单位发生生产安全事故时，不立即组织抢救或者在事故调查处理期间擅离职守或者逃匿的，给予降级、撤职的处分，并由应急管理部门处上一年年收入百分之六十至百分之一百的罚款；对逃匿的处十五日以下拘留；构成犯罪的，依照刑法有关规定追究刑事责任。生产经营单位的主要负责人对生产安全事故隐瞒不报、谎报或者迟报的，依照前款规定处罚。拘留是限制人身自由的行政处罚，由公安机关实施。为了保证对限制人身自由行政处罚执法主体的一致性，《安全生产法》第一百一十五条规定：给予拘留的行政处罚，由公安机关依照治安管理处罚的规定决定。对违反《安全生产法》有关规定需要予以拘留的，公安机关以外的其他部门、单位和公民，都无权擅自实施。

## 7.1.5 法律责任的归责与免责

法律责任的认定和归结简称"归责"，它是指对违法行为所引起的法律责任进行判断、确认、归结、缓减以及免除的活动。

### 1. 归责原则

归责原则体现了立法者的价值取向，是责任立法的指导方针，也是指导法律适用的基本准则。一般必须遵循以下法律原则。

1）责任法定原则。其含义包括：①违法行为发生后应当按照法律事先规定的性质、范围、程度、期限和方式追究违法者的责任；作为一种否定性法律后果，它应当由法律规范预先规定。②排除无法律依据的责任，即责任擅断和"非法责罚"。③在一般情况下要排除对行为人有害的既往追溯。

2）因果联系原则。其含义包括：①在认定行为人违法责任之前，应当首先确认行为与危害或损害结果之间的因果联系，这是认定法律责任的重要事实依据；②在认定行为人违法责任之前，应当首先确认意志、思想等主观方面因素与外部行为之间的因果联系，有时这也是区分有责任与无责任的重要因素；③在认定行为人违法责任之前，应当区分这种因果联系是必然的还是偶然的、直接的还是间接的。

3）责任相称原则。其含义包括：①法律责任的性质与违法行为性质相适应；②法律责任的轻重和种类应当与违法行为的危害或者损害相适应；③法律责任的轻重和种类还应当与行为人主观恶性相适应。

4）责任自负原则。其含义包括：①违法行为人应当对自己的违法行为负责；②不能让没有违法行为的人承担法律责任，即反对株连或变相株连；③要保证责任人受到法律追究，也要保证无责任者不受法律追究，做到不枉不纵。

**2. 免责**

免责是指行为人实施了违法行为，应当承担法律责任，但由于法律的特别规定，可以部分或全部免除其法律责任，即不实际承担法律责任。

免责的条件和方式可以分为以下几种：①时效免责。②不诉免责。③自首、立功免责。④有效补救免责。即对于那些实施违法行为，造成一定损害，但在国家机关归责之前，采取及时补救措施的人，免除其部分或全部责任。⑤协议免责或意定免责。这是指双方当事人在法律允许的范围内，通过协商所达成的免责，即所谓"私了"。⑥自助免责。自助免责是对自助行为所引起的法律责任的减轻或免除。所谓自助行为是指权利人为保护自己的权利，在情势紧迫而又不能及时请求国家机关予以救助的情况下，对他人的财产或自由施加扣押、拘束或其他相应措施，而为法律或公共道德所认可的行为。⑦人道主义免责。在权利相对人没有能力履行责任或全部责任的情况下，有关的国家机关或权利主体可以出于人道主义考虑，免除或部分免除有责主体的法律责任。

# 7.2 相关法律责任

## 7.2.1 《安全生产法》

（中华人民共和国主席令（第88号），2021年9月1日起施行）

第九十条 负有安全生产监督管理职责的部门的工作人员，有下列行为之一的，给予降级或者撤职的处分；构成犯罪的，依照刑法有关规定追究刑事责任：

1）对不符合法定安全生产条件的涉及安全生产的事项予以批准或者验收通过的。

2）发现未依法取得批准、验收的单位擅自从事有关活动或者接到举报后不予取缔或者不依法予以处理的。

3）对已经依法取得批准的单位不履行监督管理职责，发现其不再具备安全生产条件而不撤销原批准或者发现安全生产违法行为不予查处的。

4）在监督检查中发现重大事故隐患，不依法及时处理的。

负有安全生产监督管理职责的部门的工作人员有前款规定以外的滥用职权、玩忽职守、徇私舞弊行为的，依法给予处分；构成犯罪的，依照刑法有关规定追究刑事责任。

第九十一条 负有安全生产监督管理职责的部门，要求被审查、验收的单位购买其指定的安全设备、器材或者其他产品的，在对安全生产事项的审查、验收中收取费用的，由其上级机关责令改正，责令退还收取的费用；情节严重的，对直接负责的主管人员和其他直接责任人员依法给予处分。

第九十二条 承担安全评价、认证、检测、检验职责的机构出具失实报告的，责令停业整顿，并处三万元以上十万元以下的罚款；给他人造成损害的，依法承担赔偿责任。

承担安全评价、认证、检测、检验职责的机构租借资质、挂靠、出具虚假报告的，没收违法所得；违法所得在十万元以上的，并处违法所得二倍以上五倍以下的罚款；没有违法所得或者违法所得不足十万元的，单处或者并处十万元以上二十万元以下的罚款；对其直接负责的主管人员和其他直接责任人员处五万元以上十万元以下的罚款；给他人造成损害的，与生产经营单位承担连带赔偿责任；构成犯罪的，依照刑法有关规定追究刑事责任。

对有前款违法行为的机构及其直接责任人员，吊销其相应资质和资格，五年内不得从事安全评价、认证、检测、检验等工作，情节严重的，实行终身行业和职业禁入。

第九十三条　生产经营单位的决策机构、主要负责人或者个人经营的投资人不依照本法规定保证安全生产所必需的资金投入，致使生产经营单位不具备安全生产条件的，责令限期改正，提供必需的资金；逾期未改正的，责令生产经营单位停产停业整顿。

有前款违法行为，导致发生生产安全事故的，对生产经营单位的主要负责人给予撤职处分，对个人经营的投资人处二万元以上二十万元以下的罚款；构成犯罪的，依照刑法有关规定追究刑事责任。

第九十四条　生产经营单位的主要负责人未履行本法规定的安全生产管理职责的，责令限期改正，处二万元以上五万元以下的罚款；逾期未改正的，处五万元以上十万元以下的罚款，责令生产经营单位停产停业整顿。

生产经营单位的主要负责人有前款违法行为，导致发生生产安全事故的，给予撤职处分；构成犯罪的，依照刑法有关规定追究刑事责任。

生产经营单位的主要负责人依照前款规定受刑事处罚或者撤职处分的，自刑罚执行完毕或者受处分之日起，五年内不得担任任何生产经营单位的主要负责人；对重大、特别重大生产安全事故负有责任的，终身不得担任本行业生产经营单位的主要负责人。

第九十五条　生产经营单位的主要负责人未履行本法规定的安全生产管理职责，导致发生生产安全事故的，由应急管理部门依照下列规定处以罚款：

1）发生一般事故的，处上一年年收入百分之四十的罚款。

2）发生较大事故的，处上一年年收入百分之六十的罚款。

3）发生重大事故的，处上一年年收入百分之八十的罚款。

4）发生特别重大事故的，处上一年年收入百分之一百的罚款。

第九十六条　生产经营单位的其他负责人和安全生产管理人员未履行本法规定的安全生产管理职责的，责令限期改正，处一万元以上三万元以下的罚款；导致发生生产安全事故的，暂停或者吊销其与安全生产有关的资格，并处上一年年收入百分之二十以上百分之五十以下的罚款；构成犯罪的，依照刑法有关规定追究刑事责任。

第九十七条　生产经营单位有下列行为之一的，责令限期改正，处十万元以下的罚款；逾期未改正的，责令停产停业整顿，并处十万元以上二十万元以下的罚款，对其直接负责的主管人员和其他直接责任人员处二万元以上五万元以下的罚款：

1）未按照规定设置安全生产管理机构或者配备安全生产管理人员、注册安全工程师的。

2）危险物品的生产、经营、储存、装卸单位以及矿山、金属冶炼、建筑施工、运输单位的主要负责人和安全生产管理人员未按照规定经考核合格的。

3）未按照规定对从业人员、被派遣劳动者、实习学生进行安全生产教育和培训，或者未按照规定如实告知有关的安全生产事项的。

4）未如实记录安全生产教育和培训情况的。

5）未将事故隐患排查治理情况如实记录或者未向从业人员通报的。

6）未按照规定制定生产安全事故应急救援预案或者未定期组织演练的。

7）特种作业人员未按照规定经专门的安全作业培训并取得相应资格，上岗作业的。

第九十八条 生产经营单位有下列行为之一的，责令停止建设或者停产停业整顿，限期改正，并处十万元以上五十万元以下的罚款，对其直接负责的主管人员和其他直接责任人员处二万元以上五万元以下的罚款；逾期未改正的，处五十万元以上一百万元以下的罚款，对其直接负责的主管人员和其他直接责任人员处五万元以上十万元以下的罚款；构成犯罪的，依照刑法有关规定追究刑事责任：

1）未按照规定对矿山、金属冶炼建设项目或者用于生产、储存、装卸危险物品的建设项目进行安全评价的。

2）矿山、金属冶炼建设项目或者用于生产、储存、装卸危险物品的建设项目没有安全设施设计或者安全设施设计未按照规定报经有关部门审查同意的。

3）矿山、金属冶炼建设项目或者用于生产、储存、装卸危险物品的建设项目的施工单位未按照批准的安全设施设计施工的。

4）矿山、金属冶炼建设项目或者用于生产、储存、装卸危险物品的建设项目竣工投入生产或者使用前，安全设施未经验收合格的。

第九十九条 生产经营单位有下列行为之一的，责令限期改正，处五万元以下的罚款；逾期未改正的，处五万元以上二十万元以下的罚款，对其直接负责的主管人员和其他直接责任人员处一万元以上二万元以下的罚款；情节严重的，责令停产停业整顿；构成犯罪的，依照刑法有关规定追究刑事责任：

1）未在有较大危险因素的生产经营场所和有关设施、设备上设置明显的安全警示标志的。

2）安全设备的安装、使用、检测、改造和报废不符合国家标准或者行业标准的。

3）未对安全设备进行经常性维护、保养和定期检测的。

4）关闭、破坏直接关系生产安全的监控、报警、防护、救生设备、设施，或者篡改、隐瞒、销毁其相关数据、信息的。

5）未为从业人员提供符合国家标准或者行业标准的劳动防护用品的。

6）危险物品的容器、运输工具，以及涉及人身安全、危险性较大的海洋石油开采特种设备和矿山井下特种设备未经具有专业资质的机构检测、检验合格，取得安全使用证或者安全标志，投入使用的。

7）使用应当淘汰的危及生产安全的工艺、设备的。

8）餐饮等行业的生产经营单位使用燃气未安装可燃气体报警装置的。

第一百条 未经依法批准，擅自生产、经营、运输、储存、使用危险物品或者处置废弃危险物品的，依照有关危险物品安全管理的法律、行政法规的规定予以处罚；构成犯罪的，依照刑法有关规定追究刑事责任。

第一百零一条 生产经营单位有下列行为之一的，责令限期改正，处十万元以下的罚款；逾期未改正的，责令停产停业整顿，并处十万元以上二十万元以下的罚款，对其直接负责的主管人员和其他直接责任人员处二万元以上五万元以下的罚款；构成犯罪的，依照刑法有关规定追究刑事责任：

1）生产、经营、运输、储存、使用危险物品或者处置废弃危险物品，未建立专门安全管理制度、未采取可靠的安全措施的。

2）对重大危险源未登记建档，未进行定期检测、评估、监控，未制定应急预案，或者未告知应急措施的。

3）进行爆破、吊装、动火、临时用电以及国务院应急管理部门会同国务院有关部门规定的其他危险作业，未安排专门人员进行现场安全管理的。

4）未建立安全风险分级管控制度或者未按照安全风险分级采取相应管控措施的。

5）未建立事故隐患排查治理制度，或者重大事故隐患排查治理情况未按照规定报告的。

第一百零二条　生产经营单位未采取措施消除事故隐患的，责令立即消除或者限期消除，处五万元以下的罚款；生产经营单位拒不执行的，责令停产停业整顿；对其直接负责的主管人员和其他直接责任人员处五万元以上十万元以下的罚款；构成犯罪的，依照刑法有关规定追究刑事责任。

第一百零三条　生产经营单位将生产经营项目、场所、设备发包或者出租给不具备安全生产条件或者相应资质的单位或者个人的，责令限期改正，没收违法所得；违法所得十万元以上的，并处违法所得二倍以上五倍以下的罚款；没有违法所得或者违法所得不足十万元的，单处或者并处十万元以上二十万元以下的罚款；对其直接负责的主管人员和其他直接责任人员处一万元以上二万元以下的罚款；导致发生生产安全事故给他人造成损害的，与承包方、承租方承担连带赔偿责任。

生产经营单位未与承包单位、承租单位签订专门的安全生产管理协议或者未在承包合同、租赁合同中明确各自的安全生产管理职责，或者未对承包单位、承租单位的安全生产统一协调、管理的，责令限期改正，处五万元以下的罚款，对其直接负责的主管人员和其他直接责任人员处一万元以下的罚款；逾期未改正的，责令停产停业整顿。

矿山、金属冶炼建设项目和用于生产、储存、装卸危险物品的建设项目的施工单位未按照规定对施工项目进行安全管理的，责令限期改正，处十万元以下的罚款，对其直接负责的主管人员和其他直接责任人员处二万元以下的罚款；逾期未改正的，责令停产停业整顿；以上施工单位倒卖、出租、出借、挂靠或者以其他形式非法转让施工资质的，责令停产停业整顿，吊销资质证书，没收违法所得；违法所得十万元以上的，并处违法所得二倍以上五倍以下的罚款；没有违法所得或者违法所得不足十万元的，单处或者并处十万元以上二十万元以下的罚款；对其直接负责的主管人员和其他直接责任人员处五万元以上十万元以下的罚款；构成犯罪的，依照刑法有关规定追究刑事责任。

第一百零四条　两个以上生产经营单位在同一作业区域内进行可能危及对方安全生产的生产经营活动，未签订安全生产管理协议或者未指定专职安全生产管理人员进行安全检查与协调的，责令限期改正，处五万元以下的罚款，对其直接负责的主管人员和其他直接责任人员处一万元以下的罚款；逾期未改正的，责令停产停业。

第一百零五条　生产经营单位有下列行为之一的，责令限期改正，处五万元以下的罚款，对其直接负责的主管人员和其他直接责任人员处一万元以下的罚款；逾期未改正的，责令停产停业整顿；构成犯罪的，依照刑法有关规定追究刑事责任：

1）生产、经营、储存、使用危险物品的车间、商店、仓库与员工宿舍在同一座建筑内，或者与员工宿舍的距离不符合安全要求的。

2）生产经营场所和员工宿舍未设有符合紧急疏散需要、标志明显、保持畅通的出口、疏散通道，或者占用、锁闭、封堵生产经营场所或者员工宿舍出口、疏散通道的。

第一百零六条　生产经营单位与从业人员订立协议，免除或者减轻其对从业人员因生产安全事故伤亡依法应承担的责任的，该协议无效；对生产经营单位的主要负责人、个人经营的投资人处二万元以上十万元以下的罚款。

第一百零七条　生产经营单位的从业人员不落实岗位安全责任，不服从管理，违反安全生产规章制度或者操作规程的，由生产经营单位给予批评教育，依照有关规章制度给予处分；构成犯罪的，依照刑法有关规定追究刑事责任。

第一百零八条　违反本法规定，生产经营单位拒绝、阻碍负有安全生产监督管理职责的部门依法实施监督检查的，责令改正；拒不改正的，处二万元以上二十万元以下的罚款；对其直接负责的主管人员和其他直接责任人员处一万元以上二万元以下的罚款；构成犯罪的，依照刑法有关规定追究刑事责任。

第一百零九条　高危行业、领域的生产经营单位未按照国家规定投保安全生产责任保险的，责令限期改正，处五万元以上十万元以下的罚款；逾期未改正的，处十万元以上二十万元以下的罚款。

第一百一十条　生产经营单位的主要负责人在本单位发生生产安全事故时，不立即组织抢救或者在事故调查处理期间擅离职守或者逃匿的，给予降级、撤职的处分，并由应急管理部门处上一年年收入百分之六十至百分之一百的罚款；对逃匿的处十五日以下拘留；构成犯罪的，依照刑法有关规定追究刑事责任。

生产经营单位的主要负责人对生产安全事故隐瞒不报、谎报或者迟报的，依照前款规定处罚。

第一百一十一条　有关地方人民政府、负有安全生产监督管理职责的部门，对生产安全事故隐瞒不报、谎报或者迟报的，对直接负责的主管人员和其他直接责任人员依法给予处分；构成犯罪的，依照刑法有关规定追究刑事责任。

第一百一十二条　生产经营单位违反本法规定，被责令改正且受到罚款处罚，拒不改正的，负有安全生产监督管理职责的部门可以自作出责令改正之日的次日起，按照原处罚数额按日连续处罚。

第一百一十三条　生产经营单位存在下列情形之一的，负有安全生产监督管理职责的部门应当提请地方人民政府予以关闭，有关部门应当依法吊销其有关证照。生产经营单位主要负责人五年内不得担任任何生产经营单位的主要负责人；情节严重的，终身不得担任本行业生产经营单位的主要负责人：

1）存在重大事故隐患，一百八十日内三次或者一年内四次受到本法规定的行政处罚的。

2）经停产停业整顿，仍不具备法律、行政法规和国家标准或者行业标准规定的安全生产条件的。

3）不具备法律、行政法规和国家标准或者行业标准规定的安全生产条件，导致发生重大、特别重大生产安全事故的。

4）拒不执行负有安全生产监督管理职责的部门做出的停产停业整顿决定的。

第一百一十四条　发生生产安全事故，对负有责任的生产经营单位除要求其依法承担相应的赔偿等责任外，由应急管理部门依照下列规定处以罚款：

1）发生一般事故的，处三十万元以上一百万元以下的罚款。

2）发生较大事故的，处一百万元以上二百万元以下的罚款。

3）发生重大事故的，处二百万元以上一千万元以下的罚款。

4）发生特别重大事故的，处一千万元以上二千万元以下的罚款。

发生生产安全事故，情节特别严重、影响特别恶劣的，应急管理部门可以按照前款罚款数额的二倍以上五倍以下对负有责任的生产经营单位处以罚款。

第一百一十五条 本法规定的行政处罚，由应急管理部门和其他负有安全生产监督管理职责的部门按照职责分工决定。其中，根据本法第九十五条、第一百一十条、第一百一十四条的规定应当给予民航、铁路、电力行业的生产经营单位及其主要负责人行政处罚的，也可以由主管的负有安全生产监督管理职责的部门进行处罚。予以关闭的行政处罚，由负有安全生产监督管理职责的部门报请县级以上人民政府按照国务院规定的权限决定；给予拘留的行政处罚，由公安机关依照治安管理处罚的规定决定。

第一百一十六条 生产经营单位发生生产安全事故造成人员伤亡、他人财产损失的，应当依法承担赔偿责任；拒不承担或者其负责人逃匿的，由人民法院依法强制执行。

生产安全事故的责任人未依法承担赔偿责任，经人民法院依法采取执行措施后，仍不能对受害人给予足额赔偿的，应当继续履行赔偿义务；受害人发现责任人有其他财产的，可以随时请求人民法院执行。

## 7.2.2 《刑法》

第一百三十一条 航空人员违反规章制度，致使发生重大飞行事故，造成严重后果的，处三年以下有期徒刑或者拘役；造成飞机坠毁或者人员死亡的，处三年以上七年以下有期徒刑。

第一百三十二条 铁路职工违反规章制度，致使发生铁路运营安全事故，造成严重后果的，处三年以下有期徒刑或者拘役；造成特别严重后果的，处三年以上七年以下有期徒刑。

第一百三十三条 违反交通运输管理法规，因而发生重大事故，致人重伤、死亡或者使公私财产遭受重大损失的，处三年以下有期徒刑或者拘役；交通运输肇事后逃逸或者有其他特别恶劣情节的，处三年以上七年以下有期徒刑；因逃逸致人死亡的，处七年以上有期徒刑。

第一百三十三条之一 在道路上驾驶机动车，有下列情形之一的，处拘役，并处罚金：

1）追逐竞驶，情节恶劣的。

2）醉酒驾驶机动车的。

3）从事校车业务或者旅客运输，严重超过额定乘员载客，或者严重超过规定时速行驶的。

4）违反危险化学品安全管理规定运输危险化学品，危及公共安全的。

机动车所有人、管理人对前款第三项、第四项行为负有直接责任的，依照前款的规定处罚。

有前两款行为，同时构成其他犯罪的，依照处罚较重的规定定罪处罚。

第一百三十三条之二 对行驶中的公共交通工具的驾驶人员使用暴力或者抢控驾驶操纵装置，干扰公共交通工具正常行驶，危及公共安全的，处一年以下有期徒刑、拘役或者管制，并处或者单处罚金。

前款规定的驾驶人员在行驶的公共交通工具上擅离职守，与他人互殴或者殴打他人，危及公共安全的，依照前款的规定处罚。

有前两款行为，同时构成其他犯罪的，依照处罚较重的规定定罪处罚。

第一百三十四条在生产、作业中违反有关安全管理的规定，因而发生重大伤亡事故或者造成其他严重后果的，处三年以下有期徒刑或者拘役；情节特别恶劣的，处三年以上七年以下有期徒刑。

强令他人违章冒险作业，或者明知存在重大事故隐患而不排除，仍冒险组织作业，因而发生重大伤亡事故或者造成其他严重后果的，处五年以下有期徒刑或者拘役；情节特别恶劣的，处五年以上有期徒刑。

第一百三十四条之一 在生产、作业中违反有关安全管理的规定，有下列情形之一，具有发生重大伤亡事故或者其他严重后果的现实危险的，处一年以下有期徒刑、拘役或者管制：

1）关闭、破坏直接关系生产安全的监控、报警、防护、救生设备、设施，或者篡改、隐瞒、销毁其相关数据、信息的。

2）因存在重大事故隐患被依法责令停产停业、停止施工、停止使用有关设备、设施、场所或者立即采取排除危险的整改措施，而拒不执行的。

3）涉及安全生产的事项未经依法批准或者许可，擅自从事矿山开采、金属冶炼、建筑施工，以及危险物品生产、经营、储存等高度危险的生产作业活动的。

第一百三十五条安全生产设施或者安全生产条件不符合国家规定，因而发生重大伤亡事故或者造成其他严重后果的，对直接负责的主管人员和其他直接责任人员，处三年以下有期徒刑或者拘役；情节特别恶劣的，处三年以上七年以下有期徒刑。

第一百三十五条之一 举办大型群众性活动违反安全管理规定，因而发生重大伤亡事故或者造成其他严重后果的，对直接负责的主管人员和其他直接责任人员，处三年以下有期徒刑或者拘役；情节特别恶劣的，处三年以上七年以下有期徒刑。

第一百三十六条违反爆炸性、易燃性、放射性、毒害性、腐蚀性物品的管理规定，在生产、储存、运输、使用中发生重大事故，造成严重后果的，处三年以下有期徒刑或者拘役；后果特别严重的，处三年以上七年以下有期徒刑。

第一百三十七条建设单位、设计单位、施工单位、工程监理单位违反国家规定，降低工程质量标准，造成重大安全事故的，对直接责任人员，处五年以下有期徒刑或者拘役，并处罚金；后果特别严重的，处五年以上十年以下有期徒刑，并处罚金。

第一百三十八条明知校舍或者教育教学设施有危险，而不采取措施或者不及时报告，致使发生重大伤亡事故的，对直接责任人员，处三年以下有期徒刑或者拘役；后果特别严重的，处三年以上七年以下有期徒刑。

第一百三十九条违反消防管理法规，经消防监督机构通知采取改正措施而拒绝执行，造成严重后果的，对直接责任人员，处三年以下有期徒刑或者拘役；后果特别严重的，处三年以上七年以下有期徒刑。

第一百三十九条之一 在安全事故发生后，负有报告职责的人员不报或者谎报事故情况，贻误事故抢救，情节严重的，处三年以下有期徒刑或者拘役；情节特别严重的，处三年以上七年以下有期徒刑。

## 7.2.3 《突发事件应对法》

（中华人民共和国主席令（第 25 号），2024 年 11 月 1 日起施行）

第九十五条 地方各级人民政府和县级以上人民政府有关部门违反本法规定，不履行或者不正确履行法定职责的，由其上级行政机关责令改正；有下列情形之一，由有关机关综合考虑突发事件发生的原因、后果、应对处置情况、行为人过错等因素，对负有责任的领导人员和直接责任人员依法给予处分：

1）未按照规定采取预防措施，导致发生突发事件，或者未采取必要的防范措施，导致发生次生、衍生事件的。

2）迟报、谎报、瞒报、漏报或者授意他人迟报、谎报、瞒报以及阻碍他人报告有关突发事件的信息，或者通报、报送、公布虚假信息，造成后果的。

3）未按照规定及时发布突发事件警报、采取预警期的措施，导致损害发生的。

4）未按照规定及时采取措施处置突发事件或者处置不当，造成后果的。

5）违反法律规定采取应对措施，侵犯公民生命健康权益的。

6）不服从上级人民政府对突发事件应急处置工作的统一领导、指挥和协调的。

7）未及时组织开展生产自救、恢复重建等善后工作的。

8）截留、挪用、私分或者变相私分应急救援资金、物资的。

9）不及时归还征用的单位和个人的财产，或者对被征用财产的单位和个人不按照规定给予补偿的。

第九十六条 有关单位有下列情形之一，由所在地履行统一领导职责的人民政府有关部门责令停产停业，暂扣或者吊销许可证件，并处五万元以上二十万元以下的罚款；情节特别严重的，并处二十万元以上一百万元以下的罚款：

1）未按照规定采取预防措施，导致发生较大以上突发事件的。

2）未及时消除已发现的可能引发突发事件的隐患，导致发生较大以上突发事件的。

3）未做好应急物资储备和应急设备、设施日常维护、检测工作，导致发生较大以上突发事件或者突发事件危害扩大的。

4）突发事件发生后，不及时组织开展应急救援工作，造成严重后果的。

其他法律对前款行为规定了处罚的，依照较重的规定处罚。

第九十七条 违反本法规定，编造并传播有关突发事件的虚假信息，或者明知是有关突发事件的虚假信息而进行传播的，责令改正，给予警告；造成严重后果的，依法暂停其业务活动或者吊销其许可证件；负有直接责任的人员是公职人员的，还应当依法给予处分。

第九十八条 单位或者个人违反本法规定，不服从所在地人民政府及其有关部门依法发布的决定、命令或者不配合其依法采取的措施的，责令改正；造成严重后果的，依法给予行政处罚；负有直接责任的人员是公职人员的，还应当依法给予处分。

第九十九条 单位或者个人违反本法第八十四条、第八十五条关于个人信息保护规定的，由主管部门依照有关法律规定给予处罚。

第一百条 单位或者个人违反本法规定，导致突发事件发生或者危害扩大，造成人身、财产或者其他损害的，应当依法承担民事责任。

第一百零一条 为了使本人或者他人的人身、财产免受正在发生的危险而采取避险措施的，依照《中华人民共和国民法典》、《中华人民共和国刑法》等法律关于紧急避险的规定处理。

第一百零二条 违反本法规定，构成违反治安管理行为的，依法给予治安管理处罚；构成犯罪的，依法追究刑事责任。

### 7.2.4 《生产安全事故应急条例》

（中华人民共和国国务院令（第708号），2019年4月1日起施行）

第二十九条 地方各级人民政府和街道办事处等地方人民政府派出机关以及县级以上人民政府有关部门违反本条例规定的，由其上级行政机关责令改正；情节严重的，对直接负责的主管人员和其他直接责任人员依法给予处分。

第三十条 生产经营单位未制定生产安全事故应急救援预案、未定期组织应急救援预案演练、未对从业人员进行应急教育和培训，生产经营单位的主要负责人在本单位发生生产安全事故时不立即组织抢救的，由县级以上人民政府负有安全生产监督管理职责的部门依照《中华人民共和国安全生产法》有关规定追究法律责任。

第三十一条 生产经营单位未对应急救援器材、设备和物资进行经常性维护、保养，导致发生严重生产安全事故或者生产安全事故危害扩大，或者在本单位发生生产安全事故后未立即采取相应的应急救援措施，造成严重后果的，由县级以上人民政府负有安全生产监督管理职责的部门依照《中华人民共和国突发事件应对法》有关规定追究法律责任。

第三十二条 生产经营单位未将生产安全事故应急救援预案报送备案、未建立应急值班制度或者配备应急值班人员的，由县级以上人民政府负有安全生产监督管理职责的部门责令限期改正；逾期未改正的，处3万元以上5万元以下的罚款，对直接负责的主管人员和其他直接责任人员处1万元以上2万元以下的罚款。

第三十三条 违反本条例规定，构成违反治安管理行为的，由公安机关依法给予处罚；构成犯罪的，依法追究刑事责任。

### 7.2.5 《安全评价检测检验机构管理办法》

（中华人民共和国应急管理部令（第1号），2019年5月1日起施行）

第二十七条 申请人隐瞒有关情况或者提供虚假材料申请资质（包括资质延续、资质变更、增加业务范围等）的，资质认可机关不予受理或者不予行政许可，并给予警告。该申请人在一年内不得再次申请。

第二十八条 申请人以欺骗、贿赂等不正当手段取得资质（包括资质延续、资质变更、增加业务范围等）的，应当予以撤销。该申请人在三年内不得再次申请；构成犯罪的，依法追究刑事责任。

第二十九条 未取得资质的机构及其有关人员擅自从事安全评价、检测检验服务的，责令立即停止违法行为，依照下列规定给予处罚：

1）机构有违法所得的，没收其违法所得，并处违法所得一倍以上三倍以下的罚款，但最高不得超过三万元；没有违法所得的，处五千元以上一万元以下的罚款。

2）有关人员处五千元以上一万元以下的罚款。

对有前款违法行为的机构及其人员，由资质认可机关记入有关机构和人员的信用记录，并依照有关规定予以公告。

第三十条　安全评价检测检验机构有下列情形之一的，责令改正或者责令限期改正，给予警告，可以并处一万元以下的罚款；逾期未改正的，处一万元以上三万元以下的罚款，对相关责任人处一千元以上五千元以下的罚款；情节严重的，处一万元以上三万元以下的罚款，对相关责任人处五千元以上一万元以下的罚款：

1）未依法与委托方签订技术服务合同的。

2）违反法规标准规定更改或者简化安全评价、检测检验程序和相关内容的。

3）未按规定公开安全评价报告、安全生产检测检验报告相关信息及现场勘验图像影像资料的。

4）未在开展现场技术服务前七个工作日内，书面告知项目实施地资质认可机关的。

5）机构名称、注册地址、实验室条件、法定代表人、专职技术负责人、授权签字人发生变化之日起三十日内未向原资质认可机关提出变更申请的。

6）未按照有关法规标准的强制性规定从事安全评价、检测检验活动的。

7）出租、出借安全评价检测检验资质证书的。

8）安全评价项目组组长及负责勘验人员不到现场实际地点开展勘验等有关工作的。

9）承担现场检测检验的人员不到现场实际地点开展设备检测检验等有关工作的。

10）安全评价报告存在法规标准引用错误、关键危险有害因素漏项、重大危险源辨识错误、对策措施建议与存在问题严重不符等重大疏漏，但尚未造成重大损失的。

11）安全生产检测检验报告存在法规标准引用错误、关键项目漏检、结论不明确等重大疏漏，但尚未造成重大损失的。

第三十一条　承担安全评价、检测检验工作的机构，出具虚假证明的，没收违法所得；违法所得在十万元以上的，并处违法所得二倍以上五倍以下的罚款；没有违法所得或者违法所得不足十万元的，单处或者并处十万元以上二十万元以下的罚款；对其直接负责的主管人员和其他直接责任人员处二万元以上五万元以下的罚款；给他人造成损害的，与生产经营单位承担连带赔偿责任；构成犯罪的，依照刑法有关规定追究刑事责任。

对有前款违法行为的机构，由资质认可机关吊销其相应资质，向社会公告，按照国家有关规定对相关机构及其责任人员实行行业禁入，纳入不良记录"黑名单"管理，以及安全评价检测检验机构信息查询系统。

## 7.2.6　《生产经营单位安全培训规定》

第二十九条　生产经营单位有下列行为之一的，由安全生产监管监察部门责令其限期改正，可以处 1 万元以上 3 万元以下的罚款：

1）未将安全培训工作纳入本单位工作计划并保证安全培训工作所需资金的。

2）从业人员进行安全培训期间未支付工资并承担安全培训费用的。

第三十条　生产经营单位有下列行为之一的，由安全生产监管监察部门责令其限期改正，可以处 5 万元以下的罚款；逾期未改正的，责令停产停业整顿，并处 5 万元以上 10 万元以下的罚款，对其直接负责的主管人员和其他直接责任人员处 1 万元以上 2 万元以下的罚款：

1）煤矿、非煤矿山、危险化学品、烟花爆竹、金属冶炼等生产经营单位主要负责人和安全管理人员未按照规定经考核合格的。

2）未按照规定对从业人员、被派遣劳动者、实习学生进行安全生产教育和培训或者未如实告知其有关安全生产事项的。

3）未如实记录安全生产教育和培训情况的。

4）特种作业人员未按照规定经专门的安全技术培训并取得特种作业人员操作资格证书，上岗作业的。

县级以上地方人民政府负责煤矿安全生产监督管理的部门发现煤矿未按照本规定对井下作业人员进行安全培训的，责令限期改正，处 10 万元以上 50 万元以下的罚款；逾期未改正的，责令停产停业整顿。

煤矿安全监察机构发现煤矿特种作业人员无证上岗作业的，责令限期改正，处 10 万元以上 50 万元以下的罚款；逾期未改正的，责令停产停业整顿。

第三十一条　安全生产监管监察部门有关人员在考核、发证工作中玩忽职守、滥用职权的，由上级安全生产监管监察部门或者行政监察部门给予记过、记大过的行政处分。

### 7.2.7　《工伤保险条例》

（中华人民共和国国务院令（第 586 号），2011 年 1 月 1 日起施行）

第五十六条　单位或者个人违反本条例第十二条规定挪用工伤保险基金，构成犯罪的，依法追究刑事责任；尚不构成犯罪的，依法给予处分或者纪律处分。被挪用的基金由社会保险行政部门追回，并入工伤保险基金；没收的违法所得依法上缴国库。

第五十七条　社会保险行政部门工作人员有下列情形之一的，依法给予处分；情节严重，构成犯罪的，依法追究刑事责任：

1）无正当理由不受理工伤认定申请，或者弄虚作假将不符合工伤条件的人员认定为工伤职工的。

2）未妥善保管申请工伤认定的证据材料，致使有关证据灭失的。

3）收受当事人财物的。

第五十八条　经办机构有下列行为之一的，由社会保险行政部门责令改正，对直接负责的主管人员和其他责任人员依法给予纪律处分；情节严重，构成犯罪的，依法追究刑事责任；造成当事人经济损失的，由经办机构依法承担赔偿责任：

1）未按规定保存用人单位缴费和职工享受工伤保险待遇情况记录的。

2）不按规定核定工伤保险待遇的。

3）收受当事人财物的。

第五十九条　医疗机构、辅助器具配置机构不按服务协议提供服务的，经办机构可以解除服务协议。

经办机构不按时足额结算费用的，由社会保险行政部门责令改正；医疗机构、辅助器具配置机构可以解除服务协议。

第六十条　用人单位、工伤职工或者其近亲属骗取工伤保险待遇，医疗机构、辅助器具配置机构骗取工伤保险基金支出的，由社会保险行政部门责令退还，处骗取金额 2 倍以上 5 倍以下的罚款；情节严重，构成犯罪的，依法追究刑事责任。

第六十一条　从事劳动能力鉴定的组织或者个人有下列情形之一的，由社会保险行政部门责令改正，处 2000 元以上 1 万元以下的罚款；情节严重，构成犯罪的，依法追究刑事责任：

1）提供虚假鉴定意见的。

2）提供虚假诊断证明的。

3）收受当事人财物的。

第六十二条　用人单位依照本条例规定应当参加工伤保险而未参加的，由社会保险行政部门责令限期参加，补缴应当缴纳的工伤保险费，并自欠缴之日起，按日加收万分之五的滞纳金；逾期仍不缴纳的，处欠缴数额 1 倍以上 3 倍以下的罚款。

依照本条例规定应当参加工伤保险而未参加工伤保险的用人单位职工发生工伤的，由该用人单位按照本条例规定的工伤保险待遇项目和标准支付费用。

用人单位参加工伤保险并补缴应当缴纳的工伤保险费、滞纳金后，由工伤保险基金和用人单位依照本条例的规定支付新发生的费用。

第六十三条　用人单位违反本条例第十九条的规定，拒不协助社会保险行政部门对事故进行调查核实的，由社会保险行政部门责令改正，处 2000 元以上 2 万元以下的罚款。

## 7.2.8　《生产安全事故应急预案管理办法》

第四十四条　生产经营单位有下列情形之一的，由县级以上人民政府应急管理等部门依照《中华人民共和国安全生产法》第九十四条的规定，责令限期改正，可以处 5 万元以下罚款；逾期未改正的，责令停产停业整顿，并处 5 万元以上 10 万元以下的罚款，对直接负责的主管人员和其他直接责任人员处 1 万元以上 2 万元以下的罚款：

1）未按照规定编制应急预案的。

2）未按照规定定期组织应急预案演练的。

第四十五条　生产经营单位有下列情形之一的，由县级以上人民政府应急管理部门责令限期改正，可以处 1 万元以上 3 万元以下的罚款：

1）在应急预案编制前未按照规定开展风险辨识、评估和应急资源调查的。

2）未按照规定开展应急预案评审的。

3）事故风险可能影响周边单位、人员的，未将事故风险的性质、影响范围和应急防范措施告知周边单位和人员的。

4）未按照规定开展应急预案评估的。

5）未按照规定进行应急预案修订的。

6）未落实应急预案规定的应急物资及装备的。

生产经营单位未按照规定进行应急预案备案的，由县级以上人民政府应急管理等部门依照职责责令限期改正；逾期未改正的，处 3 万元以上 5 万元以下的罚款，对直接负责的主管人员和其他直接责任人员处 1 万元以上 2 万元以下的罚款。

## 典型例题

7.1　某企业的主要负责人甲某因未履行安全生产管理职责，导致发生生产安全事故，于 2016 年 9 月 12 日受到撤职处分。该企业改制分立新企业拟聘甲某为主要负责人。依据规定，甲某可以任职的时间是（　　　）。

A. 2018 年 9 月 12 日后　　　　　　B. 2019 年 9 月 12 日后

C. 2020 年 9 月 12 日后　　　　　　D. 2021 年 9 月 12 日后

7.2　某矿井井下工人在工作时发现矿井通风设施出现故障，遂向当班副矿长报告。副矿长因急于下班回家，未及时安排人员维修，导致瓦斯聚集发生爆炸，造成 21 人死亡、1 人重伤。依据《刑法》的规定，副矿长的行为构成（　　）。

A. 重大责任事故罪　　　　　　　　B. 玩忽职守罪

C. 重大劳动安全事故罪　　　　　　D. 危险物品肇事罪

7.3　某企业生产厂长助理张某，在明知危险化学品传感器位置不当，不能准确检测危险化学品数据，安全生产存在重大隐患的情况下，仍强行组织超过作业人数限制的大批工人进行作业，最终导致 7 人死亡的严重后果。依据《刑法》的有关规定，对张某应予判处（　　）。

A. 3 年以下有期徒刑　　　　　　　B. 3 年以上 7 年以下有期徒刑

C. 5 年以下有期徒刑　　　　　　　D. 5 年以上有期徒刑

7.4　依据《职业病防治法》的规定，产生职业病危害的用人单位的设立，除应当符合法律、行政法规规定的设立条件外，其作业场所布局应遵循的原则是（　　）。

A. 生产作业与储存作业分开　　　　B. 加工作业与包装作业分开

C. 有害作业与无害作业分开　　　　D. 吊装作业与维修作业分开

7.5　某公司法定代表人是周某，该公司发生爆炸事故，共造成 10 人死亡，15 人重伤，直接经济损失 6000 多万元。事故调查报告显示，该公司安全设备管理存在重大缺陷，需要时无法启动，造成本次事故的发生。法定代表人周某被依法追究刑事责任。根据《安全生产法》，关于该起事故责任追究的说法，正确的是（　　）。

A. 应当对周某处上一年年收入 60% 的罚款

B. 应当对该公司处 1000 万元以上 2000 万元以下的罚款

C. 可以对周某和该公司同时给予罚款

D. 周某终身不得担任任何行业生产经营单位的主要负责人

# 复习思考题

7.1　什么是法律责任？

7.2　简述法律责任的构成要件。

7.3　法律责任的归责必须遵循哪些法律原则？

7.4　生产经营单位主要负责人未履行安全生产管理职责，需承担哪些法律责任？

7.5　工程单位违反国家规定，造成重大安全事故，直接责任人需承担什么法律责任？

# 参 考 文 献

[1] 田水承，景国勋. 安全管理学 [M]. 2 版. 北京：机械工业出版社，2016.

[2] 中国安全生产科学研究院. 安全生产管理 [M]. 北京：应急管理出版社，2022.

[3] 中国安全生产科学研究院. 安全生产法律法规 [M]. 北京：应急管理出版社，2022.

[4] 应急管理部培训中心. 生产经营单位主要负责人和安全生产管理人员安全培训通用教材 [M]. 徐州：中国矿业大学出版社，2019.

[5] 吴穹. 安全管理学 [M]. 北京：煤炭工业出版社，2016.

[6] 邵辉，赵庆贤，葛秀坤. 安全心理与行为管理 [M]. 2 版. 北京：化学工业出版社，2017.

[7] 齐黎明，朱建芳，张跃兵. 安全管理学 [M]. 北京：煤炭工业出版社，2015.

[8] 张英奎，孙军. 现代管理学 [M]. 3 版. 北京：机械工业出版社，2021.

[9] 周德红. 现代安全管理学 [M]. 武汉：中国地质大学出版社，2015.

[10] 傅贵. 安全管理学 [M]. 北京：科学出版社，2013.

[11] 贾文耀. 员工不安全行为的自我识别与防范 [M]. 北京：人民日报出版社，2018.

[12] 罗云. 现代安全管理 [M]. 北京：化学工业出版社，2010.

[13] 姜真，袁博，姜培生. 安全管理 [M]. 北京：化学工业出版社，2004.

[14] 李志宪，刘咸卫. 现代企业安全管理全书 [M]. 北京：中国石化出版社，2000.

[15] 罗云，李峰，王永潭. 员工安全行为管理 [M]. 2 版. 北京：化学工业出版社，2017.

[16] 陈宝智. 安全原理 [M]. 北京：化学工业出版社，2013.

[17] 毛海峰. 现代安全管础理论与实务 [M]. 北京：首都经济贸易大学出版社，2000.

[18] 国家安全生产监督管理总局宣传教育中心. 安全生产应急管理人员培训教材 [M]. 北京：团结出版社，2012.